印前处理和制作员职业技能培训教程编写组

一、编写机构

1. 组织编写单位

中国印刷技术协会、上海新闻出版职业教育集团

2. 参与编写单位

上海出版印刷高等专科学校、山东工业技师学院、东莞职业技术学院、杭州科雷工业机电有限公司、上海烟草包装印刷有限公司、中国印刷技术协会网印及制像分会、中国印刷技术协会柔性版印刷分会

二、编审人员

1. 基础知识

主　编：王旭红

副主编：李小东　龚修端

参　编：李　娜　魏　华

主　审：程杰铭

副主审：朱道光　姜婷婷

2. 印前处理

主　编：文孟俊

副主编：金志敏

参　编：盛云云　刘金玉　潘晓倩　刘　芳

主　审：程杰铭

副主审：朱道光　姜婷婷

3. 平版制版

主　编：田全慧

副主编：李纯弟

参　编：李　刚

主　审：程杰铭

副主审：朱道光　姜婷婷

4. 柔性版制版

主　编：田东文

副主编：陈勇波　吴宏宇

参　编：霍红波　李纯弟　殷金华

主　审：程杰铭

副主审：朱道光　姜婷婷

5. 凹版制版

主　编：肖　颖

副主编：淮登顺　马静君

参　编：许宝卉　施海卿　苏　娜　郝发义　张鑫悦　宁建良　韩　潮
刘　骏　裴靖妮　石艳琴　汪　伟　陈春霞

主　审：程杰铭

副主审：朱道光　姜婷婷

6. 网版制版

主　编：纪家岩

副主编：高　媛　王　岩

参　编：宋　强　张为海

主　审：程杰铭

副主审：朱道光　姜婷婷

印前处理和制作员职业技能培训教程

凹版制版

中国印刷技术协会
上海新闻出版职业教育集团　组织编写

中国轻工业出版社

图书在版编目（CIP）数据

凹版制版：印前处理和制作员职业技能培训教程 / 中国印刷技术协会，上海新闻出版职业教育集团组织编写. 北京：中国轻工业出版社，2025. 4. --（印前处理和制作员职业技能培训教程）. -- ISBN 978-7-5184-5404-4

Ⅰ. TS833

中国国家版本馆CIP数据核字第2025ZZ4720号

责任编辑：杜宇芳

文字编辑：刘梓萱　　责任终审：腾炎福　　整体设计：锋尚设计

策划编辑：杜宇芳　　责任校对：刘小透　晋　洁　　责任监印：张　可

出版发行：中国轻工业出版社（北京鲁谷东街5号，邮编：100040）

印　　刷：艺堂印刷（天津）有限公司

经　　销：各地新华书店

版　　次：2025年4月第1版第1次印刷

开　　本：787 × 1092　1/16　印张：17.5

字　　数：415千字

书　　号：ISBN 978-7-5184-5404-4　定价：79.80元

邮购电话：010-85119873

发行电话：010-85119832　010-85119912

网　　址：http://www.chlip.com.cn

Email：club@chlip.com.cn

190142J4X101ZBW

前言

“印前处理和制作员”是自2015年始列入《中华人民共和国职业分类大典》中的印刷职业之一。印前处理和制作员是整个印刷工艺流程中的第一道工序，对印刷品质量的控制起着关键的作用。依据中华人民共和国人力资源和社会保障部颁布的《印前处理和制作员国家职业技能标准（2019年版）》中，对不同等级操作人员的基本要求、知识要求和工作要求，并结合国内外印前处理和制版的新设备、新技术、新工艺、新材料。中国印刷技术协会和上海新闻出版职业教育集团组织编写了印前处理和制作员职业技能培训教程。本套教材分为《基础知识》《印前处理》《平版制版》《柔性版制版》《凹版制版》《网版制版》六部分，以职业技能等级为基础，以职业功能和工作内容为主线，以相关知识和技能要求为主体，讲述了行业不同等级从业人员的知识要求和技能要求。通过学习，受训人员不仅能掌握印前处理技术的职业知识，还能提高专业技能水平，为职业技能等级的提升打下良好的基础。

《凹版制版》培训教程主要内容包括雕刻前准备、实施电子雕刻、激光雕刻前滚筒涂胶、实施激光雕刻、腐蚀滚筒、打样、设备维护与保养、培训指导和管理等。本教材根据《印前处理和制作员国家职业技能标准（2019年版）》对该职业技能等级鉴定5个等级（初级工、中级工、高级工、技师、高级技师）的各项要求进行编写，各个等级的相关内容与职业标准中“职业功能、工作内容、技能要求、相关知识”的要求相对应。本教材全面涵盖了国家职业技能标准中的各个知识点；以能力培养为导向，突出技能实际操作要求，文字通俗易懂、深浅适度、条理清晰，便于学员全面掌握凹版制版的相关技能，可供相关从业人员参加印前处理和制作员职业技能等级考试及相关职业大赛时学习使用，也可供相关从业人员自觉使用。

《凹版制版》的第一篇初级工由肖颖、刘骏、史秉乾、张鑫悦等编写，第二篇中级工由肖颖、淮登顺、许宝卉、陈春霞、朱修泉等编写，第三篇高级工由肖颖、马静君、许宝卉、汪伟、宁建良等编写，第四篇技师由肖颖、许宝卉、石艳琴、施卿海、苏娜等编写，第五篇高级技师由肖颖、许宝卉、裴靖妮、郝发义、韩潮等编写，肖颖、马静君、淮登顺、张鑫悦、朱修泉、史秉乾统稿，郭明、程杰铭审阅。本书在编写过程中得到了上海出版印刷高等专科学校、运城制版集团、北京汉德图像设备有限公司、运城学院、运城职业技术大学、运城博艺制版印刷学校、山东工业技师学院、宁波市古林职业高级中学等单位的大力支持和帮助，在此表示深深的谢意。

印前处理和制作员职业技能培训教程在编写过程中得到了上海出版印刷高等专科学校、中国印刷技术协会网印及制像分会、中国印刷技术协会柔性版印刷分会、杭州科雷机电工业有限公司、上海烟草包装印刷有限公司、山东工业技师学院、东莞职业技术学院、运城学院等单位的支持和帮助。

本书编写内容难免挂一漏万和有不妥之处，恳请专家和读者批评指正。

印前处理和制作员职业技能培训教程编写组

目录

第三篇

凹版制版

（高级工）

第四篇

凹版制版

（技师）

第五篇

凹版制版

（高级技师）

第一篇

凹版制版

（初级工）

第一章

雕刻前准备

第一节　领取滚筒与质量确认

学习目标

1. 了解雕刻工艺单的作用和构成。
2. 根据雕刻工艺单确定滚筒的规格、数量，并领取滚筒。
3. 检查滚筒质量。

一、操作步骤

① 根据雕刻工艺单上注明的滚筒规格和数量，准确领取滚筒。

② 认真检查滚筒的质量，并再次核验滚筒的加工精度，即同心度、直径精度误差和直径递增量。

③ 当发现滚筒质量有问题或不再需要时，退回物料仓库。

将外观质量不合格的滚筒放回装版小车（如超重，使用行车吊装到装版小车上），并在退料单上填写好数量、滚筒质量异常内容、日期等，退回物料仓库。

二、相关知识

（一）雕刻工艺单

雕刻工艺单，也称雕刻工艺记录表，其作用是让操作人员了解编程及雕刻的要求，并审核其中是否存在明显的错误或疑问，如发现错误或疑问，需及时与相关工作人员联系并落实修改。雕刻工艺单通常分为电子雕刻工艺单和激光雕刻工艺单。

1. 电子雕刻工艺单

在电子雕刻工艺单（表1-1-1）中，第一行的信息为版号、版长、离边、正版、反版以及起雕方向，第二行的信息为状态、序号、色名、分雕、曲线、网线、网角、暗调值、通沟值、高光、针角、边缘增强、拼版和雕刻。其中，暗调值和通沟值均设置了标准、左和右的选项；高光设置了标准和试雕的选项；拼版则要求确定是否步进，同时设置了操作者和时间的填写要求，操作人员完成操作后需填写姓名和时间；雕刻部分设置了防拖道值、操作者、时间、机号、雕刻频率和雕车数据，操作人员在完成操作后需进行相应内容的填写。

表1-1-1　电子雕刻工艺单

版号					版长			离边						正版□　反版□					起雕方向					
状态	序号	色名	分雕	曲线	网线	网角	暗调值			通沟值			高光		针角	边缘增强	拼版			雕刻					
							标准	左	右	标准	左	右	标准	试雕			是否步进	操作者	时间	防拖道值	操作者	时间	机号	雕刻频率	雕车数据
N	1	浅黄		FL-8	60	45	178			28			40		120	5520									
	2	深黄		FL-8	70	38	170			28			40		120	5520									
	3	光油		FL-8	60	45	178			28			40		120	5520									
备注		1. 试雕块位置（　　　　） 2. 其他特殊要求： 3. 特殊处理记录：A. 修实地点（　　　　）B. 修文字（　　　　）C. 修线条（　　　　）																		特殊工艺指示：					

2．激光雕刻工艺单

激光雕刻工艺单（表1-1-2）则分为两个部分的内容：雕刻参数和腐蚀参数。雕刻参数部分的第一行信息为版号、版长、离边、正版、反版以及起雕方向；第二行的信息为状态、序号、色名、分雕、网线、网角、网墙宽度、刻边宽度、文件读取分辨率、缩放、雕刻宽度、机号、光束、转速、焦距、功率、操作者和雕刻时间。其中网墙宽度设置了标准和试雕的选项，操作人员核对各参数信息后进行雕刻操作，在完成雕刻后需填写姓名和时间。腐蚀参数部分的信息为波美度、电位、液温、腐蚀时间、余留网墙、深度、操作者和时间，其中余留网墙中设置有标准和实测，操作人员在完成腐蚀后同样需要填写姓名和时间。

表1-1-2　激光雕刻工艺单

雕刻参数																			腐蚀参数								
版号					版长			离边				正版□　反版□			起雕方向				波美度	电位	液温	腐蚀时间	余留网墙		深度	操作者	时间
状态	序号	色名	分雕	网线	网角	网墙宽度		刻边宽度	文件读取分辨率	缩放	雕刻宽度	机号	光束	转速	焦距	功率	操作者	雕刻时间									
						标准	试雕																标准	实测			
—	1	金	竖条	B70	45	40																	4-5u				
			小字	B80	45	45		5u																			
	2	专红		B80	45	30																	4-5u				
合雕块位置： 特殊要求：																			特殊工艺指示：								

（二）凹版滚筒的种类和质量要求

1．种类

凹版滚筒有整体式和套筒式两类，套筒式又包括芯轴式和锥顶式两种结构。图1–1–1中的（a）图为带轴的整体式滚筒，图1–1–1中的（b）图为不带轴的套筒式空心滚筒。

（a）整体式滚筒　（b）套筒式空心滚筒

图1–1–1　凹版滚筒种类

2．镀铜层的质量要求

对于电子雕刻和激光雕刻制版使用的凹版滚筒的最外层是铜层，在进行雕刻前需对铜层的质量进行评价。镀铜层的质量主要包括外观、厚度和硬度是否合规。合格镀铜层的表面颜色应为玫瑰红色，表面光亮细致，不应有毛刺、油污点、起泡和起皮等现象，常见的镀铜层外观弊病如图1–1–2所示。

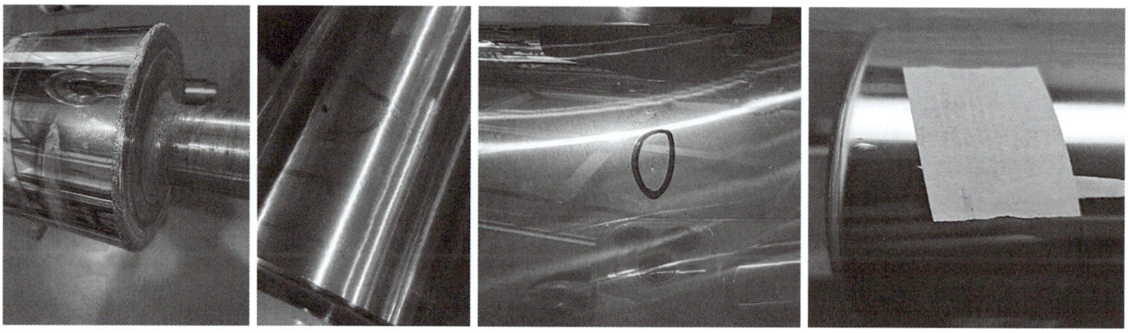

（a）倒角毛刺　（b）版面有纹路　（c）镀铜点　（d）铜面鼓泡

图1–1–2　镀铜层外观弊病

镀铜层的厚度是需要使用触点测厚仪或射线测厚仪测量，通常要求厚度应在0.07～0.08mm。镀铜层的硬度要求十分严格，必须达到HV170～190，以满足电子雕刻工艺、激光雕刻工艺中腐蚀制版的要求，硬度的测量可使用铜层硬度检测仪完成。

如发现滚筒铜层存在着质量问题，应及时退回物料仓库。

（三）滚筒的加工精度要求

凹版滚筒的加工精度将直接影响到凹版印版的质量和耐印力，通常滚筒的加工精度包括以下几个方面：

1．同心度

滚筒的同心度是指套筒形滚筒两端法兰的圆孔中心在旋转运动时应在一条直线上，轴形滚筒两端的轴心和滚筒外圆中心也应在一条直线上。如果不在一条直线上，滚筒在旋转时就会出现摆动。摆动严重时，将无法进行电镀、雕刻和正常印刷，通常滚筒在加工时要求同心度不能超过0.02mm。

2. 滚筒直径精度

在滚筒外圆加工时要求滚筒两端直径应一致，不能出现椭圆，滚筒直径精度误差应小于±0.01mm。

3. 滚筒径差

滚筒径差应视承印物的种类、环境温度和湿度等因素而定。一般情况，纸张类滚筒的直径递增量约为0.05mm，印刷塑料薄膜时，滚筒直径递增量约为0.02mm。

三、注意事项

① 领取滚筒时，应核对滚筒版号、版长、正反版信息和数量是否与雕刻工艺单的信息一致。

② 将检查合格的滚筒按车间定置规定摆放在合理位置，等待装卡和雕刻。

③ 规范使用滚筒表面质量检查工具，使用完毕应归位放置。

第二节　装卸滚筒

学习目标

1. 了解电子雕刻机和涂胶机的种类、工作原理和操作规程。
2. 规范完成电子雕刻机上滚筒的装卸。
3. 规范完成激光雕刻之前涂胶机上滚筒的装卸。
4. 按照工艺要求完成滚筒表面的清洁，并再次检查滚筒表面质量。

一、操作步骤

① 对领取的滚筒进行再次目测检查，确保表面光洁，倒角圆滑，且无明显的划伤、碰伤或砂眼等。

② 根据电子雕刻机的工作状态，规范完成带轴滚筒或空心滚筒的装卡，如果电子雕刻机上已装有滚筒，需规范完成卸版后方可进行新滚筒的装卡。

③ 规范完成涂胶机上带轴滚筒或空心滚筒的装卡，如果涂胶机上已装有滚筒，需规范完成卸版后方可进行新滚筒的装卡。

④ 选用合适的清洁剂和擦拭材料，完成滚筒的表面清洁，并进行再次检查，确保滚筒无表观弊病，且不得有水印和手印。

二、相关知识

（一）电子雕刻机的工作原理

电子雕刻机是应用集成自动化控制等现代化技术，具有高度质量稳定性的精密机械，主要分低速机和高速机，雕刻频率8000Hz以下为低速机，雕刻频率8000Hz以上为高速机。

电子雕刻机由印版滚筒、雕刻头、传动系统、电子控制系统等组成，如图1-1-3所示。印前电子图文经过电子计算机使数字信号转换成电信号，再通过放大器和数据处理，使光的强弱转换为电流的大小，当雕刻电流到达电磁体时，磁场吸引雕刻头杠杆的一端，使带雕刻刀的另一端向滚筒方向运动，控制雕刻头在铜滚筒上进行雕刻，同时雕刻系统沿着滚筒轴向移动，用尖锐的钻石刀在雕刻滚筒上按信号雕刻出网穴，如图1-1-4所示。

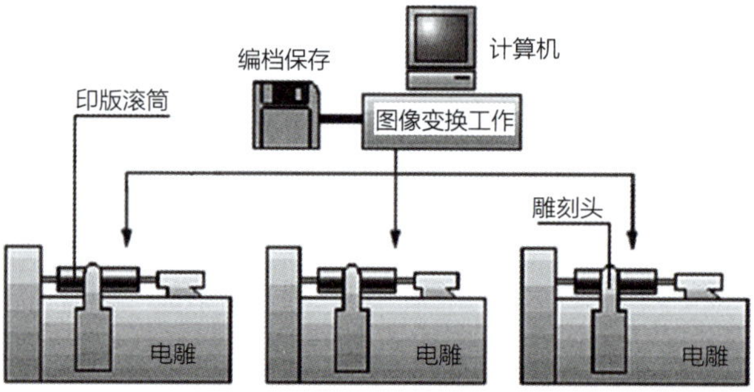

图1-1-3　电子雕刻机/系统的组成

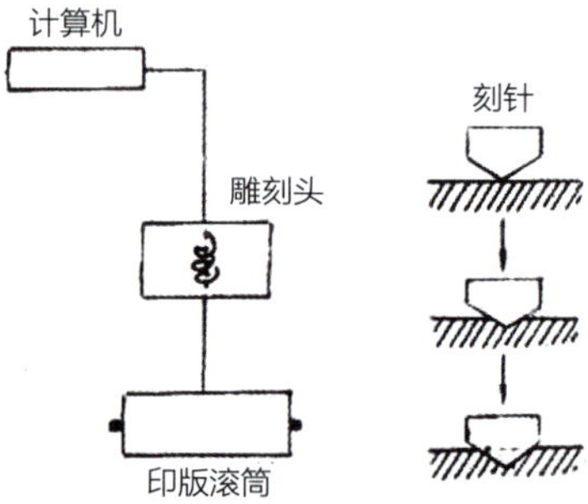

图1-1-4　电子雕刻机工作原理

雕刻系统通过计算机来控制，铜滚筒上形成的穴网，是计算机中附加信号生成的，此信号能使刻刀连续有规则地振动，网穴的大小及深度由原稿的密度来决定，印前电子原稿的密度和被刻出的网穴深度之间的数量关系，可以在计算机上调整。图像信号的强弱决定了电磁力的大小。与此同时，雕刻头杠杆带雕刻刀的一端却受到弹性阻力的制约，它必须克服此弹性阻力才能真正完成网穴雕刻。当弹性阻力与电磁力平衡时，此时达到了该图像信号所雕刻的深度。此后，雕刻刀在弹性的作用下反向运动并回到原位。

（二）电子雕刻机的操作规程

1．滚筒初检

操作人员对上道工序（车磨或研磨）送来的版辊先进行初检。首先，确认滚筒的表面是否光洁，倒角是否圆滑，无明显的划伤、碰伤或砂眼等弊病，且无水印和手印；其次，对照雕刻工艺单（或检验卡MES台账）检查滚筒的版号、序号是否正确，确认两端的版号、序号是否一致。

2．滚筒的装卸

在装卡滚筒前，要将版孔或版轴与顶尖的接触面用百洁布打磨干净，并且用铜层硬度检测仪检测滚筒表面铜层的硬度。如果电子雕刻机上已装有滚筒，需将原有滚筒卸下并放在车间指定位置后，方可进行新滚筒的装卡。

根据工作状态，可将电子雕刻机分为两类：一类是主轴不动，仅尾座可移动的电子雕刻机；另外一类是主轴和尾座可同时移动的电子雕刻机。这两类机器在装卡带轴滚筒和空心滚筒的步骤也各不相同。

（1）带轴滚筒的装卡

对于主轴不动，仅尾座可移动的电子雕刻机而言，其装卡步骤为：

① 使用铜层硬度检测仪检测准备雕刻滚筒的硬度。

② 用推版车将硬度检测合格的滚筒运至电子雕刻机的上版台前。

③ 将行车移至上版台上方，用专用皮带将滚筒扎紧，挂上行车吊钩，然后左手把持行车控制开关，右手扶住滚筒一端，点动上升键将滚筒缓缓吊起移至主轴与尾座之间。

④ 点动行车下降键，使滚筒缓缓下落，在滚筒距离尾座约20cm时，将滚筒一端（传动面方向）向下倾斜，推动滚筒一端使轴头嵌入卡盘中。

⑤ 调整卡盘，适量锁紧版轴。

⑥ 一手扶住吊钩，点动行车下降键，使皮带松开，然后取下吊钩，解开皮带，将行车移回原位。

⑦ 调整卡盘锁紧版轴。

带轴滚筒如果在装卡过程中不用行车进行操作，则需视滚筒重量确定相应人数小心抬放，此后可将滚筒一端轴头嵌入卡盘，接着点动电子雕刻机的上版键将滚筒的另一端轴头也嵌入卡盘，最后调整卡盘后锁紧版轴。

对于主轴和尾座可同时移动的电子雕刻机而言，其装卡步骤为：

① 使用铜层硬度检测仪检测准备雕刻滚筒的硬度。

② 用推版车将硬度检测合格的滚筒运至电子雕刻机的上版台前。

③ 点动行车下降键，使滚筒缓缓下落，将滚筒移至主轴与尾座中心处。

④ 点动电子雕刻机的上版键将滚筒轴头嵌入卡盘。

⑤ 调整卡盘，适量锁紧版轴。

⑥ 一手扶住吊钩，点动行车下降键，使皮带松开，然后取下吊钩，解开皮带，将行车移回原位。

⑦ 调整卡盘锁紧版轴。

图1-1-5所示为电子雕刻机上进行带轴滚筒装卡的现场操作图。

图1-1-5　电子雕刻机上进行带轴滚筒装卡的现场操作图

（2）空心滚筒的装卡

对于主轴不动，仅尾座可移动的电子雕刻机而言，其装卡步骤为：

① 使用铜层硬度检测仪检测准备雕刻滚筒的硬度。

② 用推版车将硬度检测合格的滚筒运至电子雕刻机的上版台前。

③ 将行车移至上版台上方，用专用皮带将滚筒扎紧，挂上行车吊钩，然后左手把持行车控制开关，右手扶住滚筒一端，点动上升键将滚筒缓缓吊起，移至主轴与尾座之间。

④ 点动行车下降键，使滚筒缓缓下落，在滚筒距离尾座约20cm时，将滚筒一端（传动面方向）向下倾斜，推动滚筒一端使版孔套入窝头。

⑤ 继续点动行车下降键，将滚筒另一端的版孔与窝头对正，然后点动电子雕刻机的上版键将滚筒夹紧至指示器显示。

⑥ 一手扶住吊钩，点动行车下降键，使皮带松开，然后取下吊钩，解开皮带，将行车移回原位。

空心滚筒如果在装卡过程中不用行车进行操作，则需视滚筒重量确定相应人数小心抬放，此后可将滚筒一端套入窝头，然后点动电子雕刻机的上版键将版辊另一端夹紧至指示器显示。

对于主轴和尾座可同时移动的电子雕刻机而言，其装卡步骤为：

① 使用铜层硬度检测仪检测准备雕刻滚筒的硬度。

② 用推版车将硬度检测合格的滚筒运至电子雕刻机的上版台前。

③ 点动行车下降键，使滚筒缓缓下落，将滚筒移至主轴与尾座中心处。

④ 点动电子雕刻机的上版键将滚筒夹紧。

滚筒装卡完毕，需要测调同轴度，即用百分表测量版辊圆周方向的跳动，纸张类产品滚筒的同轴度允差为0.02mm，软包装类产品滚筒的同轴度允差为0.03mm。当同轴度允差不在规定范围的时候，需要进行调整：带轴滚筒适量调整卡盘四爪直至同轴度在规定范围内；空心滚筒用垫纸的方法移动滚筒中心，直至同轴度在规定范围内；当滚筒的同轴度偏差量大于0.05mm时，必须重新修孔。

（3）卸版

当滚筒雕刻完毕，需要将其从电子雕刻机上卸下，其步骤为：

① 使用清洁剂（通常为酒精），将滚筒表面残留的白油清洁干净。

② 将行车移至版辊上方，把专用皮带放在版辊中间，挂上行车吊钩，然后左手把持行车控制开关，右手扶住行车吊钩，点动上升键使皮带缓缓伸直。

③ 一边扶住版辊靠近尾座一端，一边点动电子雕刻机的松辊键，使尾座顶尖缓缓离开版孔20cm左右。

④ 尾座顶尖移出后，用左手扶住版辊左端，右手把持行车控制开关，点动上升键将版辊缓缓吊起移至装版车上方并平稳地放到装版车上。

⑤ 取下吊钩，解开皮带，将版辊抬放到指定位置。

3．程序编制

程序编制是指对客户的电子文件输入相应数据和工作指令。程序编制必须熟悉产品规格尺寸、客户要求，并根据图案内容和规格尺寸选用合适的网线、网角和层次曲线。

4．试雕与正式雕刻

试雕是电子雕刻过程中必不可少的步骤，通过试雕能确定雕刻过程中最合适的暗调和高光网点的大小，以及通沟的大小，其参数的确定将直接影响最终印刷品的阶段层次。试雕时应根据不同的网屏线、网点形状、承印材料，选用相应的暗调、高光网点，这可通过网点测试仪测定网点的对角线和通沟尺寸来确定。

网点试雕合格后，根据设备实际雕刻时的变化特点，将暗调值或正电流做适当调整，方可进行正式雕刻。正式雕刻前，再次检查保证吸屑系统部分连接良好，关闭机器外罩后启动机器进行雕刻。

5．检查雕刻质量

雕刻完毕，打开电子雕刻机的外罩，首先检查是否有漏雕图案、打刀、行距变化、震纹、划伤等现象，并按要求作相应的处理；然后使用网点检测仪对实地网点进行测量，常规要求测左、中、右3点，3点圆周方向尽量错开，高质量的电雕网点和光洁的、适宜的网穴深度，是提高制版、印刷质量的关键技术之一。

6．记录与存档

检查合格，对雕刻后实地网点做好测量打印，并认真如实地填写雕刻工艺单或雕刻工艺记录表，同时将雕刻用的文件资料放入产品档案袋中，并按相关要求放在指定的档案柜中。

（三）涂胶机的工作原理

涂胶是激光雕刻工艺步骤中的第一步，是使用专门的涂胶机对滚筒表面涂布黑胶，而后进行激光雕刻成像。涂胶机是由主控制屏、加湿机、驱动轴承座、储胶装置、尾座控制面板、空气净化抽风口和机罩构成，如图1–1–6所示。

图1-1-6 涂胶机整体结构图

供胶系统、智能控胶系统、智能雾化系统、机电控制系统、智能循环系统和空气净化系统彼此有效配合，可高效地完成黑胶的均匀涂布、飞溅胶料的回收和空气的净化。涂胶前，需预先将配制好的黑胶存放进储胶容器中，智能控胶系统会根据喷枪的行车速度适当控制和调节出胶量，将黑胶从导管向喷枪口输送，在智能雾化系统的作用下黑胶雾化，实现更加均匀的喷涂效果，也确保黑胶的粘接效果达到最佳。而机电控制系统能保证涂胶机实现喷涂的定位、移动、喷涂以及喷涂图形的输入等一系列的作业；智能循环系统则控制涂胶机循环喷涂的厚度、宽度、胶量及雾化程度；空气净化系统则将原本可能飞溅在空气中的涂料吸回，并通过系统循环功能再次利用，一方面实现空气的净化功能，另一方面也节省涂料。

（四）涂胶机的操作规程

1．滚筒初检

涂胶机的滚筒初检内容与电子雕刻工艺操作时的滚筒初检内容一致，均需要操作人员确认滚筒的表面是否光洁，倒角是否圆滑，无明显的划伤、碰伤或砂眼等弊病，且无水印和手印，并对照雕刻工艺单（或检验卡MES台账）检查滚筒的版号、序号是否正确，确认两端的版号、序号是否一致。

2．涂胶机上滚筒的装卡

（1）带轴滚筒的装卡

① 使用铜层硬度检测仪检测准备涂胶的滚筒硬度。

② 用推版车将硬度检测合格的滚筒运至涂胶机的上版台前。

③ 将行车移至上版台上方，用专用皮带放在滚筒两侧轴上，挂上行车吊钩，然后右手把持行车控制开关，左手扶住滚筒一端，点动上升键将滚筒缓缓吊起移至尾座之间。

④ 点动行车下降键，使滚筒缓缓下落，在滚筒距离尾座约20cm时，将滚筒一端（传动面方向）向下倾斜，推动滚筒一端使轴头嵌入轴瓦内顶尖中，然后点动涂胶机尾座控制面板开关，将滚筒另一端轴头也嵌入尾座轴瓦内顶尖中。

⑤ 一手扶住吊钩，点动行车下降键，使皮带松开，然后取下吊钩，松开皮带，将行车移回原位。

⑥ 调整尾座控制面板开关锁紧版轴。

图1-1-7所示为涂胶机上进行带轴滚筒装卡的现场操作图。

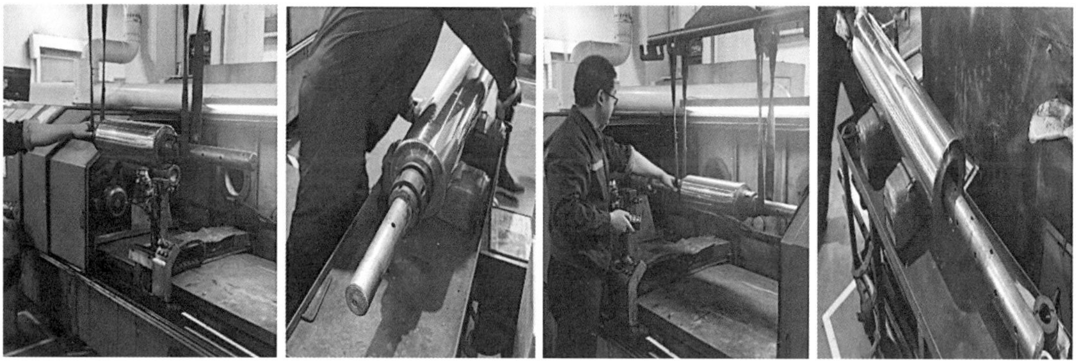

图1-1-7　涂胶机上进行带轴滚筒装卡的现场操作图

（2）空心滚筒的装卡

① 使用铜层硬度检测仪检测准备涂胶的滚筒硬度。

② 用推版车将硬度检测合格的滚筒运至涂胶机上版台前。

③ 用月牙扳手和橡皮锤，通过顶尖和锁紧装置将空心滚筒与串杠连成一个整体。

④ 将行车移至上版台上方，用专用皮带放滚筒两侧串杠上，挂上行车吊钩，然后右手把持行车控制开关，左手扶住滚筒一端，点动上升键将滚筒缓缓吊起移至尾座之间。

⑤ 点动行车下降键，使版辊缓缓下落，在滚筒距离尾座约20cm时，将滚筒一端（传动面方向）向下倾斜，推动滚筒一端使串杠端嵌入轴瓦内顶尖中，然后点动涂胶机的尾座控制面板开关，将滚筒另一端串杠端也嵌入尾座轴瓦内顶尖中。

⑥ 一手扶住吊钩，点动行车下降键，使皮带松开，然后取下吊钩，松开皮带，将行车

移回原位。

⑦ 调整尾座控制面板开关锁紧版轴。

（3）卸版

当滚筒涂胶完毕，需要将其从涂胶机上卸下，其步骤为：

① 将行车移至滚筒上方，用专用皮带放滚筒两端串杠或轴上，挂上行车吊钩，然后右手把持行车控制开关，左手扶住行车吊钩，点动上升键使皮带缓缓伸直。

② 一边扶住滚筒靠近尾座一端的串杠或轴，一边点动尾座控制开关，使尾座轴瓦内顶尖缓缓离开串杠或轴20cm左右。

③ 尾座顶尖移出后，用左手扶住滚筒左端，右手把持行车控制开关，点动上升键将滚筒缓缓吊起，移至装版车上方并平稳地放到装版车上。

④ 取下吊钩，松开皮带，将滚筒抬放到指定位置。

3．试涂与正式涂布

在正式涂布前，需对滚筒进行边缘试涂，预判正式涂胶时黑胶的变化特点，将喷胶压力、喷头行车速度、涂胶次数和微调参数做适当调整，再次检查空气净化抽风口和加湿机、确认运行良好，关闭机器外罩，开始正式涂胶。在涂胶过程中要时刻巡视设备监视仪，保证涂胶厚度变化在正常范围内。

4．检查涂胶质量

涂胶完毕，打开涂胶机外罩，先目测检查胶面是否均匀，如发现有发灰、发花、云雾状不匀等现象时，需剥胶重喷；接着在验版灯架下检查胶面是否有橘皮、毛毛、胶子、漏点、划痕、蹭胶等不合格现象，如有，需剥胶重喷。

涂胶合格的滚筒按照车间定置要求放指定位置。

（五）滚筒的表面清洁与检查

带轴滚筒和空心滚筒装卡完毕，在进行电子雕刻或涂胶之前，需进行表面清洁和检查。

1．滚筒表面的检查

表1-1-3为滚筒表面的检查内容。

表1-1-3　滚筒表面的检查内容

序号	检验项目		技术要求	检验工具	检验方法
1	外观质量		铜层不起皮、没有砂眼、无毛刺	—	目测
2	厚度	研磨版	单边留量≥0.08mm 单边加工量（0.02±0.01）mm	厚度仪	常规
		车磨版	单边留量≥0.12mm 单边加工量（0.04±0.01）mm	厚度仪	常规
		带轴版	单边留量≥0.10mm 单边加工量（0.02±0.01）mm	厚度仪	常规
3	硬度		维氏硬度180～210HV	硬度仪	常规

根据表1-1-3检查内容对滚筒进行表面检查，确保版辊表面整洁光亮，且无污迹、划道、凹坑、鼓泡、镀铜点，倒角光滑、无毛刺、无砂眼，版堵无起皮、无腐蚀；轴孔无腐蚀、无毛刺等。如发现版面存有细小的划伤、碰伤，可用3000 #砂轮片轻轻将其打磨掉，打磨时要打磨一较宽的平面（宽度为20mm左右），最后用棉花蘸取适量的抛光膏，将打磨的痕迹进行抛光处理。

滚筒表面检查完毕后需对滚筒表面进行清洁，以清洁表面的油污、灰尘和氧化物。

2．油污的清洁

① 将版辊平放在专用托架上。

② 用干净的卫生纸蘸取适量乙酸乙酯溶液。

③ 左手扶住版头，右手对油污处进行来回擦洗，直至清洗干净。

④ 将清洁合格的版辊按车间定置规定摆放在合理位置待雕。

3．灰尘的清洁

① 将版辊平放在专用托架上。

② 用干净的卫生纸蘸取适量的酒精或乙酸乙酯溶液。

③ 左手扶住版头，右手对版面进行来回擦洗，直至清洗干净。

④ 将清洁合格的版辊按车间定置规定摆放在合理位置待雕。

4．氧化物的清洁

① 将版辊平放在专用托架上。

② 用干净的卫生纸蘸取5%稀盐酸溶液。

③ 左手扶住版头，右手对版面氧化物进行来回擦洗，直至清洗干净。

④ 将清洁合格的版辊按车间定置规定摆放在合理位置待雕。

清洁完毕的滚筒表面不得有水印、手印。

三、注意事项

① 滚筒在搬运过程中应戴好手套，避免手汗污染滚筒表面。如需要用小车帮运时，在小车与滚筒接触的部分包好衬垫，防止表面在搬运过程中被擦伤；安装滚筒时，应避免滚筒意外砸下，砸伤机器或部件。对手动搬运有困难的大版辊，应考虑安装吊车或龙门架，也可以使用液压小车。

② 装卡滚筒前，要将版孔或版轴与顶尖的接触面用百洁布打磨干净，再用铜层硬度检测仪检测表面硬度，硬度合格的滚筒才能进行装卡。

③ 滚筒版号、序号必须正确，滚筒两端的版号、序号必须一致。

④ 滚筒硬度检测时，通常应检测滚筒的左、中、右3点，要求这3点不能在一条轴线上且圆周方向要尽量错开。

⑤ 长、短轴，大、小孔等有特殊要求的滚筒要明确上版方向，要严格按排版图上的标示上版。

第二章

实施电子雕刻

第一节　设置雕刻参数

学习目标

1. 了解电子雕刻机控制面板的功能与作用。
2. 根据雕刻工艺单设置单个产品的雕刻参数。

一、操作步骤

① 认真阅读并核对电雕工艺单上单个产品的雕刻数据。

② 根据产品所用承印材料的印刷适性，确定雕刻的基础参数是否正确，如发现错误需及时上报。

③ 在电子雕刻机控制面板上完成雕刻线数、网线角度、雕刻针角、试雕值等基础参数的设置。

④ 设置、调整符合电雕工艺单上产品所用承印材料印刷适性的电雕层次曲线。

二、相关知识

（一）电子雕刻机控制面板

控制面板是典型的输入装置，是电子雕刻机中与操作人员交互最频繁的部件之一，面板上的各类操作功能键，能完成雕刻机的状态显示和控制、数据编辑等功能。虽然电子雕刻机品牌和控制系统的种类存在差异，控制面板也不尽相同，但是操作功能键的基本功能基本相似。

1. HELL电子雕刻机控制面板

图1–2–1所示为HELL电子雕刻机控制面板，图1–2–2所示为HELL电子雕刻机控制面板上各按钮的名称。

其中按下后选择“序列”选线卡后出现序列列表，按下后会出现3个选项卡用于输入必需的雕刻参数，此外，通过不仅能在列表中列出现有活件，还能刷新列表。

2. OHIO电子雕刻机控制面板

图1–2–3所示为OHIO电子雕刻机控制面板，图1–2–4所示为OHIO电子雕刻机控制面板上各按钮的名称。

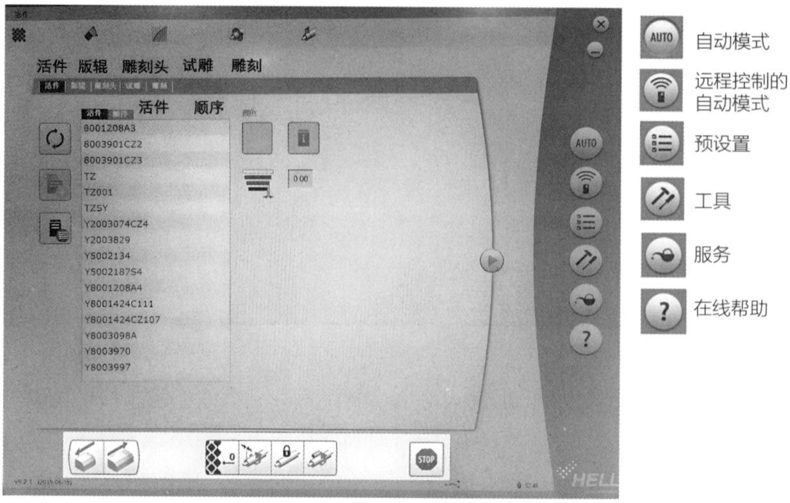

图1-2-1　HELL电子雕刻机控制面板

图1-2-2　HELL电子雕刻机控制面板按钮名称

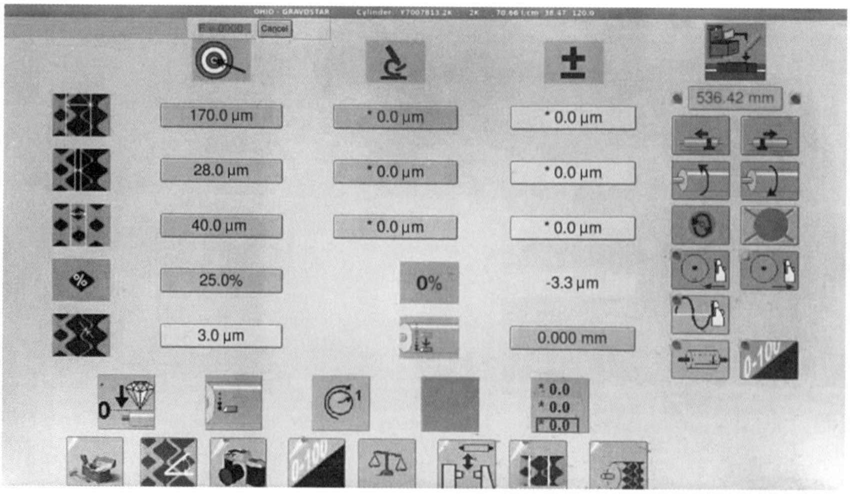

图1-2-3　OHIO电子雕刻机控制面板

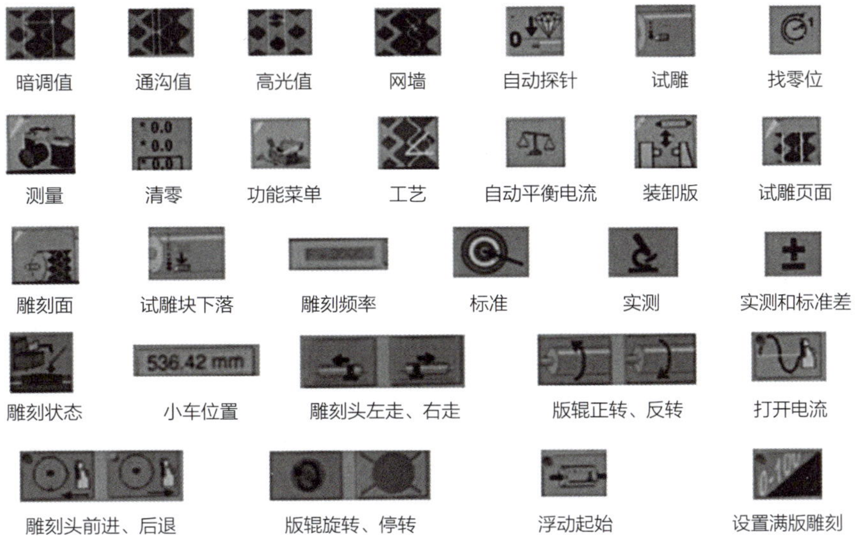

图1-2-4　OHIO电子雕刻机控制面板按钮名称

此外，OHIO电子雕刻机控制面板上应显示雕刻文件名，该文件名是工作站传后唯一的文件名，例如：OHIO · GRAVOSTAR Cylinder：Y7007813_2K 2% 70.88L/cm 38.47 120.0。

（二）雕刻参数的种类和含义

电子雕刻机的雕刻参数设置决定凹版版辊的雕刻质量，其工艺参数主要包括雕刻线数、雕刻网角、通沟值、电雕层次曲线、雕刻针角、试雕值等。

1. 雕刻线数

雕刻线数是指单位长度内网点排列的个数，它主要决定了凹版印刷品所表现图像层次的丰富程度。雕刻线数越高，凹版版辊表面网穴数目也就越多，版辊上的墨层就越接近“连续”状态，墨层薄而均匀，能满足印刷层次丰富的印品要求，尤其满足高光部分的需要。

常用电雕凹版的雕刻线数一般为45～120lpc，低档产品、实地和文字一般宜用45～65lpc低线数的凹版版辊，普通产品一般用65～75lpc凹版版辊，高档纸制品则用80～120lpc凹版版辊为佳。

2. 雕刻网角

雕刻网角是指通过水平网穴最大宽度的直线与通过距离最近的两个网穴的中心的直线之夹角，通常是锐角。电子雕刻凹版常用的雕刻网角在30°～60°，最常用的角度有30°、38°、45°、60°。

相同网线情况下不同网角会影响到网穴的深度，30°角最深，38°角次之，不同网角也会影响到图文的精细程度及印刷转移情况。

3. 通沟值

通沟是指网点与网点间流通带的宽度，是网点间油墨相互流动的通道。通沟值的大小取决于雕刻电流的频率。

4．电雕层次曲线

电雕层次曲线同电分、Photoshop软件中的层次曲线差不多，分为输入值和输出值，其横坐标可理解为网点百分比输入值，纵坐标为电流输出值，雕刻头就是在电流值的驱动下进行工作的。不同的电子雕刻机，这方面的数值表示方式不一样，但原理相同。

在实际生产过程中，通常会事先调整出一套成熟的电雕层次曲线，将其稳定下来，便于随时调用。

5．雕刻针角

雕刻针角是指雕刻针的工作面角度，常用的针角有110°、120°、130°三种，雕刻工艺相同的情况下，不同针角也会影响到网穴的深度，角度越小，雕刻的网穴越深。

6．试雕值

凹版滚筒在进行雕刻之前，首先要进行试雕，来检查高光及暗调网点的大小是否合适。试雕值可分为高光试雕值和暗调试雕值，试雕值与实际网穴值成正比，其大小在一定程度上代表了实际雕刻网穴值的大小。试雕值越大，实际雕刻中得到的网穴就越大越深，储墨量越多，印刷品上的油墨也越多。

通常情况高光试雕值为暗调试雕值的1/4（理论值）时雕刻出来的图文层次表现较好。改变暗调试雕值对原稿暗调、中间调部分影响较显著，对高光的影响较小。

三、注意事项

① 在设置雕刻参数前，需了解产品印刷过程中所使用承印材料的印刷适性，做到心中有数。

② 在设置、调整电雕层次曲线前，需保证雕刻线数、雕刻网角、网点值和通沟值等基础数据的设置正确。

③ 在进行稿件的雕刻前，需做充分的分析，考虑各颜色之间的关系，合理的选用各类参数。

第二节　雕刻滚筒

学习目标

1. 了解雕刻软件的种类和作用。
2. 规范完成单个产品的试雕与正式雕刻。
3. 掌握雕刻头的清洁方法，并对其实施清洁。

一、操作步骤

1．试雕

① 雕刻参数设置完毕后，检查雕刻针角度，如果发现与电雕工艺单上的要求不符，则

更换雕刻针。

② 规范安装雕刻针。

③ 打开电子雕刻机雕刻部分的电流控制装置，预热雕刻头5～10min（连续作业时不用预热）。

④ 正确测量出雕刻离边及试雕位置，并根据电雕工艺单上的要求输入实地、高光、通沟值等参数值（若有要求还要输入中间调值），如图1-2-5所示。

⑤ 设置完成后启动试雕。雕刻刀在指定的试雕位置进行高光、暗调和中间调试雕，试雕完成后的结果会在控制电脑屏幕上显示，如图1-2-6所示。

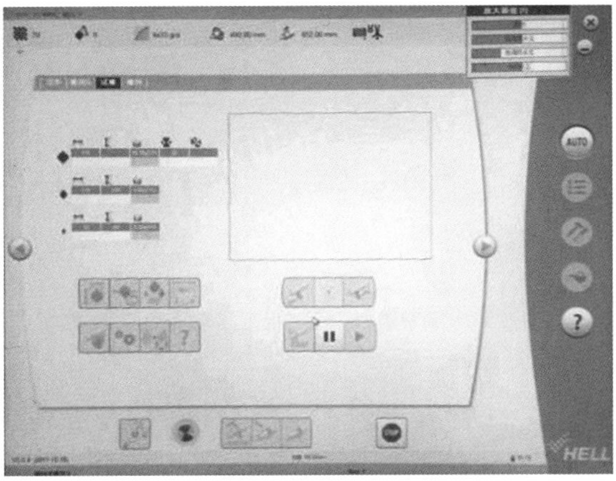

图1-2-5　试雕参数设置

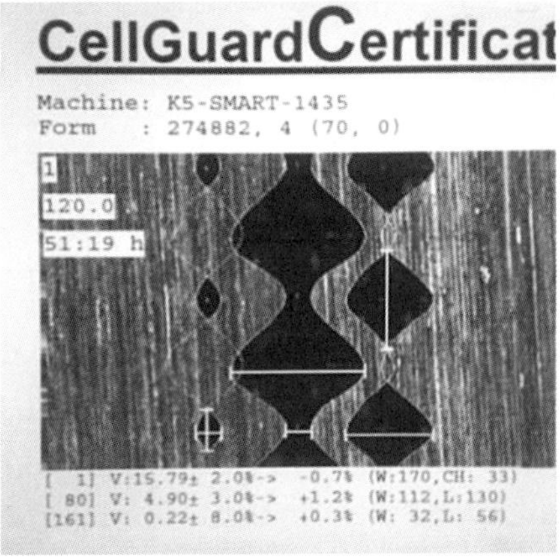

图1-2-6　高光、暗调、中间调试雕结果显示

⑥ 分析试雕后的高光、暗调和中间调参数值，并根据分析的结果对试雕过程进行调试，以达到雕刻工艺参数的要求。

⑦ 打开雕刻部分的电流，使雕刻头预热5～10min（连续作业时不用预热）。正确量出雕刻离边及试雕位置。

⑧ 按电雕工艺单上的要求输入实地、高光、通沟值（若有要求还要输入中间调值），点动试雕键开始试雕（试雕块设定标准：K500电雕机为10mm×1mm，OHIO电雕机为5mm×1mm）。

⑨ 测量最终试雕网值并打印，认真如实填写网点记录卡。

2. 正式雕刻

网值测量、打印后填写网点记录卡后，就进行正式雕刻，雕刻步骤为：

① 网点试雕合格后，根据设备实际雕刻时变化特点，将暗调值或正电流做适当调整，开始正式雕刻。

② 再次检查保证吸屑系统部分连接良好，关闭机器外罩。

③ 雕刻过程中要巡视网值监视仪，保证网值变化在正常范围。

④ 雕刻完毕，打开电雕机外罩，检查是否有漏雕图案、打刀、行距变化、木纹、划伤等现象，并按要求作相应的处理。

⑤ 使用网点检测仪对实地网点进行测量，常规要求测左、中、右3点，3点圆周方向尽

量错开。

⑥ 检查合格后，对雕刻完毕的实地网点做好测量打印，并认真如实地填写网点记录卡。

⑦ 最后将文件资料放入产品档案袋中，并按相关要求放在指定的档案柜中。

3．雕刻头的清洁

正式雕刻完毕，用毛刷刷雕刻头上的铜屑，用软布头清洁雕刻头上的灰尘，同时使用吸尘器把雕刻头四周及雕刻支架、风琴罩上的铜屑清理干净。

二、相关知识

1．雕刻软件的种类和作用

目前雕刻软件全部集成于电子雕刻机的控制面板中。

2．雕刻针的驱动原理

雕刻针（也称雕刻刀）雕刻铜层的驱动原理如图1-2-7所示。

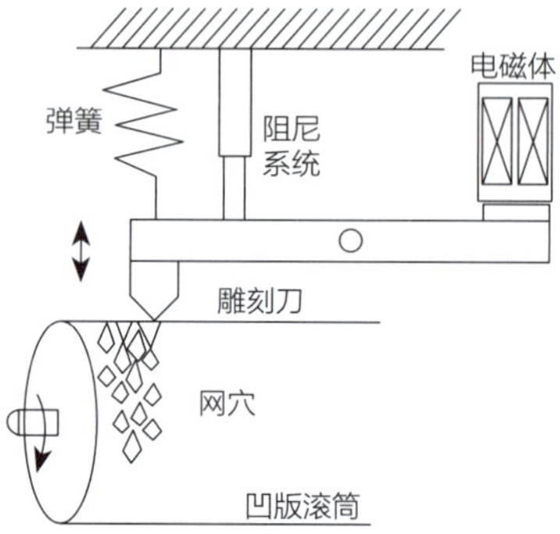

图1-2-7　雕刻针驱动原理

印前电子图文经过电子计算机使数字信号转换成电信号，再经过放大器和数据的处理，使数字信号的强弱转换成电流的大小。当雕刻的电流到达电磁体时，磁场吸引雕刻头杠杆的一端，使带雕刻针的另一端向滚筒方向运动，对滚筒做切入雕刻。图像新号的强弱决定了电磁力的大小。与此同时，雕刻头杠杆带雕刻针的一端却受到弹性阻力的制约，它必须克服此弹性阻力才能真正完成网穴雕刻。当弹性阻力与电磁力平衡时，此时达到了该图像信号所雕刻的深度。此后雕刻针在弹性的作用下反向运动并回到原位。

雕刻刀沿滚筒轴向的运动方式有两种：一种为连续进给，另一种为间歇进给。前者比后者的雕刻效率略高，而在雕刻沿滚筒圆周方向的直线条状图案时，后者比前者的雕刻质量略好。

3．雕刻头清洁的目的和方法

电子雕刻机的雕刻头需保证定期清理铜屑，以避免雕刻时雕刻头发烫，出现打针、网变等质量故障。清洁时使用毛刷清洁头部铜屑，用软布清洁头部灰尘，用吸尘器清洁雕刻头周围与雕刻支架、风琴罩上的铜屑。

三、注意事项

1．试雕的注意事项

在试雕过程中应注意按照试雕工艺规范操作，主要注意以下几点：

① 试雕前应认真检查雕刻针的角度是否符合电雕工艺单的要求，如发现不符时要更换雕刻针。

② 高光试雕值是正式雕刻前，选择直流电作为信号输入源，电雕机用直流电压（一般

为）来模拟电子稿件中的高光部分的雕刻输出信号，再测试雕刻出的高光网穴值，该值在一定程度上代表了实际雕刻中得到的高光网穴值，高光试雕值对小网点的影响很大，要特别重视。

③ 暗调试雕值是正式雕刻前选择直流电作为信号输入源，电子雕刻机用直流电压来模拟扫描原稿时暗调部分的雕刻输出信号，再测试雕刻出的暗调网值，该值在一定程度上代表了实际雕刻中得到的暗调网穴值。

2. 正式雕刻的注意事项

（1）调整滑脚校正雕刻网值

① 滑脚移动1/4螺距，雕刻网值变化量约为20μm；电流值变化0.1～0.2V，雕刻网值变化量约为5μm。

② 试雕前机器上显示的电流值为雕刻前一块版辊所用的值。

（2）网值测量时，OHIO-M500、720设备必须先平衡电流，使正负电流绝对值的差值不超过1。

3. 清洁雕刻头的注意事项

① 清洁雕刻头注意不能用水和溶剂清理，避免损坏镜头等零件。

② 清理雕刻针后探头时动作一定要小心，以免碰伤。

③ HELL雕刻头散热过滤网需每周用吸尘器清理清洁，每个月更换一次。

第三节　测量网点参数

学习目标

1. 了解电子雕刻机测量头的结构和工作原理。
2. 操作测量头测量网点基本参数。

一、操作步骤

① 旋转电子雕刻机上测量头的镜头，保证镜头内打出的光线位于滚筒的最顶端。

② 点击测量APP程序REDOT图标，选择合适的镜头。

③ 调节*XY*平台，使镜头内部打出的光线移动至需要测量的版辊检测点位上，手动调节快速聚焦旋钮，直至屏幕出现拍摄画面，旋钮位置如图1-2-8所示。

④ 使用鼠标点击屏幕右边镜头上下图标，也可通过鼠标滚轮上下滚动来实现精细聚焦调节。

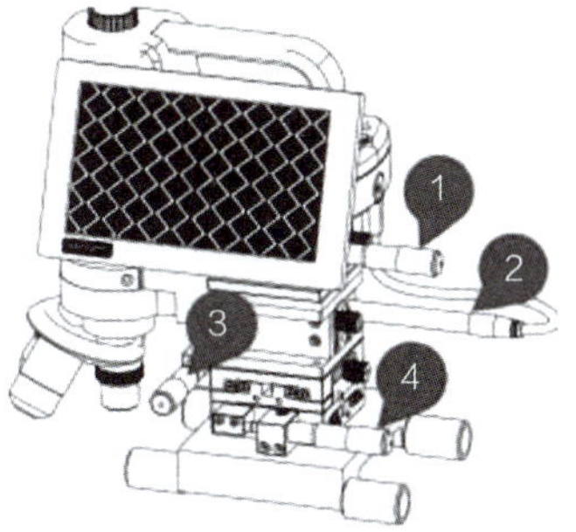

图1-2-8　测量头调节旋钮位置图

1—手动调焦旋钮　2—电动调焦电机　3—*Y*方向移动调节旋钮　4—*X*方向移动调节旋钮

⑤ 拧动拍摄角度旋钮（图1-2-9），以获得最佳拍摄图像角度。

⑥ 点击电机微调上下移动图标，电机会带动仪器向上或向下移动进行聚焦。

⑦ 点击“0”深度传感器起始位图标，屏幕左下角Z方向数据将处于起始0数值，用于测量网穴深度时使用，测试时显示的数据为网穴深度信息。

各图标显示位置如图1-2-10所示。

⑧ 测量被测网点的X、Y及深度Z三维数据，并通过USB接口将三维数据及图像输出到电脑屏幕，提供进一步的分析及存档使用。

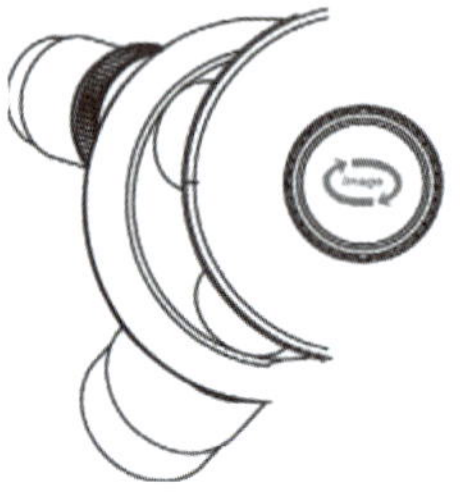

图1-2-9　拍摄角度旋钮位置图

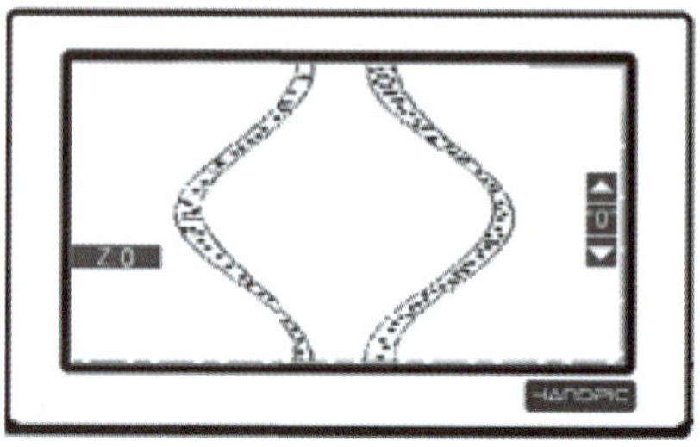

图1-2-10　各图标显示位置图

二、相关知识

1. 电子雕刻机测量头

（1）测量头的结构

电子雕刻机上测量头的结构与Redot网点测试仪的结构相类似，其区别在于前者是固定在电子雕刻机上，后者则为便携式。它们的作用都是用于凹版滚筒制版与凹版印刷过程中的质量控制，能实现对化学蚀刻、机械雕刻及激光雕刻等方式加工的凹版滚筒上网点及线条的三维测量显示、分析处理和打印输出。

Redot网点测试仪结构组成如图1-2-11所示。

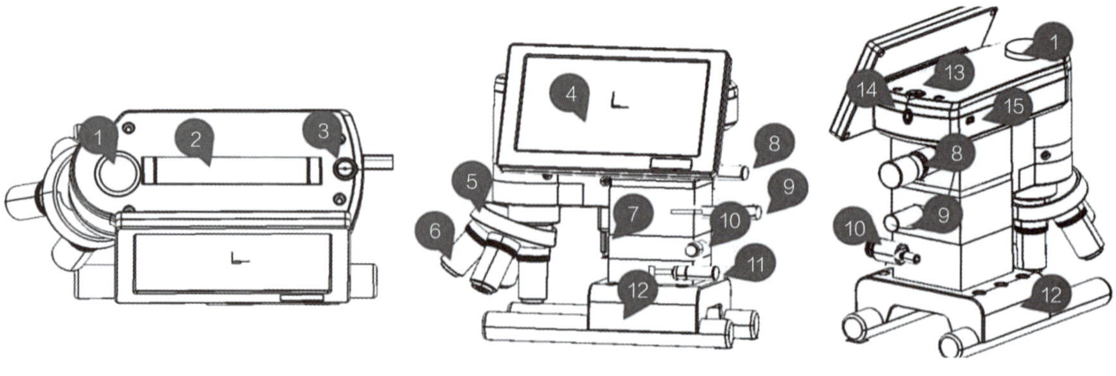

图1-2-11　Redot网点测试仪的结构图

1—图像角度调节旋钮　2—仪器把手　3—仪器电源开关　4—高清触摸屏　5—镜头旋转器　6—4X10X20X 镜头　7—深度传感器　8—手动聚焦旋钮　9—电动聚焦旋钮　10—Y方向移动　11—X方向移动旋钮　12—滚筒支架　13—仪器上面板　14—充电接口　15—USB 接口

（2）测量头的工作原理

测量头在工作时，通过工业相机对显微镜头下的网穴进行拍照，获取网穴清晰图像，再通过遥控器和聚焦旋钮调节，直接测量被测网点的*X*、*Y*及深度*Z*三维数据，并通过USB接口将三维数据及图像输出到电脑屏幕，提供进一步的分析及存档使用。设备中的内置*XY*移动支架能方便操作者根据需求移动镜头，随时测试不同待检查区域的网穴。

2. 网点参数

测量头测量网点参数时，主要是测量网点的网穴深度和开口。

凹版滚筒表面用于贮存油墨的凹坑称为网穴，即印刷时的网点，在制版时操作者根据印刷时产品所需墨量改变网穴的开口和深度。网穴深度是指网穴的深浅程度，通常用h表示；网穴开口指网穴表面开口的宽度，通常用a来表示，如图1–2–12所示。

在凹版印刷中，印品上图像层次的变化主要取决于墨层厚度变化，而着墨量则取决于网穴的深度、形状和油墨的黏度等。网穴太浅时，印品层次平淡，细微层次损失；网穴太深，则墨层太厚，印刷后难以干燥，造成印品蹭脏。因此，印刷前对网穴深度进行检查是非常必要的。通常情况下，电子雕刻凹版网穴的深度应在5 ~ 50μm，形状是倒菱形方锥体。

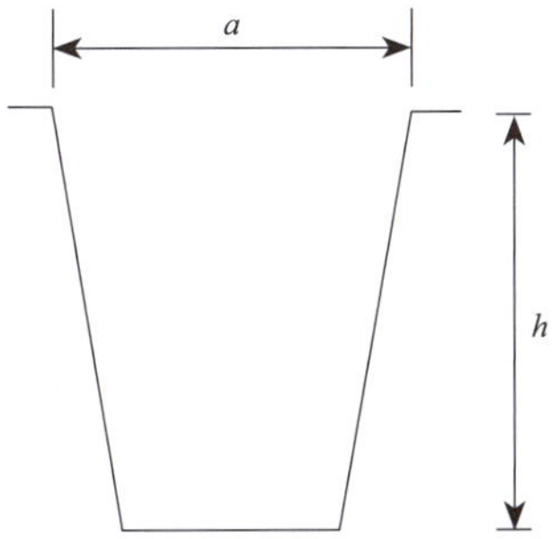

图1–2–12　网穴的深度和开口

凹版版辊表面的加网线数决定单位面积上网穴的数目和网穴开口大小，直接决定版辊传墨的均匀性、传墨量及释墨能力，网线数越大，网穴开口面积就越小，网穴深度也将会变浅。

油墨从网穴中向印版上转移的量除了与油墨性质、印刷速度等有关外，还与网穴深度与网穴开口的比值有关，该比值被称为网穴的开口度（$K=h/a$）。一般情况下，网穴的开口度在28%左右比较合适。若以相同的K值雕刻不同线数的辊，当网线数提高一倍时，网穴开口和深度均减半，忽略网墙的存在，将整个网纹辊的网穴合为一个，由于深度减半，所以供墨量减半，如图1–2–13所示。由此可知，当网穴的开口度确定后，印版的供墨量显然与网线数有直接关系。

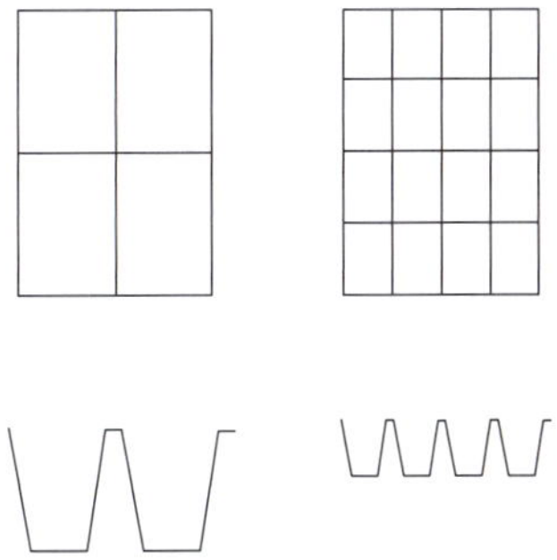
图1–2–13　网线数提高一倍，供墨量减半

理想的凹印网点呈枣核形状，网墙均匀，网壁光亮，边缘清晰无锯齿形状，油墨传递顺畅，不得出现边缘起毛、变形等弊病。

三、注意事项

① 电子雕刻机测量头或网点测试仪需确保每月使用自带校准工具进行校准。

② 测量时均以网点外切点为准。

第三章

激光雕刻前滚筒涂胶

第一节　调配涂胶液

学习目标　独立完成涂胶液的调配，并进行黏度测试。

一、操作步骤

① 取出胶桶，在烧杯中倒入400mL黑胶。

② 继续在烧杯中加入600mL的乙酸乙酯（稀料），确保胶与稀料的配比为4∶6。

③ 再加入5mL（约一盖）丙二醇乙醚。

④ 用黏度杯顺时和逆时反复搅拌，时间不低于半分钟，直至胶充分溶解。

⑤ 黏度杯中盛满胶，开始漏胶的同时用秒表开始计时，漏胶结束计时，确保漏胶时间控制在15.0～15.3s。

⑥ 将黏度杯浸泡在盛有乙酸乙酯（稀料）的收纳箱中进行浸泡，以备后续使用。

二、相关知识

1．涂胶的作用

激光雕刻凹版需进行滚筒的涂胶，其目的是印前图文信息可通过激光雕刻去除滚筒体表面胶层，生成裸露的铜层图文，用于后续腐蚀加工；另一方面，未被雕刻的胶层作为抗蚀层，能保护滚筒体表面的铜层不被腐蚀。

2．涂胶液的成分和黏度要求

涂胶液在业内俗称黑胶。常用于激光雕刻的涂胶液成分是：硝化棉10%，无机颜料4%，乙氧基丙醇21%，异丙醇4%，甲基乙基酮13%，乙酸乙酯47%，其他1%。胶液在调配过程中需要对其黏度进行测试，通常会使用2#蔡恩杯（漏孔孔径为2.7mm）进行测量，胶液浓度标准为15.0～15.3s。

3．蔡恩杯

蔡恩杯也称ZAHN杯、柴氏杯，能快速判定任何类型流体的黏度。常见的蔡恩杯是用不锈钢材料制成，杯子底部中心位置开有小孔，有很长的柄连接杯的两端，是根据美国材料实验室学会油漆及原材料标准ASTM编号D4212—93《浸入式黏度杯的标准试验方法》中有关规定并结合实际生产制造的。

常见蔡恩杯的技术参数见表1-3-1。

表1-3-1　常见蔡恩杯的技术参数

型号	孔径 /mm	测试黏度范围 /s	被测流体特征	*k*	*c*
1#	约2.0	5～60	很稀的液体	1.1	29
2#	约2.7	20～250	黏度较低的薄油、混合涂料、清漆	3.5	14
3#	约3.8	100～800	中黏度的薄油、混合涂料、清漆	11.7	7.5
4#	约4.3	200～1200	较稠的流体和混合物	14.8	5
5#	约5.3	400～1800	特别黏稠的流体和混合物	23	0

测试时用食指提着手柄上的圆环确保蔡恩杯垂直于涂胶液，浸入并装满涂胶液。将蔡恩杯快速、稳定地提起，当蔡恩杯离开液面的时候按下秒表，此时要求秒表的精度较高。在涂胶液流出的过程中，杯底的高度不能高于液面15cm。当观察到胶液发生第一次确切断流的时候，停止计时，此时的秒数代表一定大小的黏度值。通常需要测试两次，取平均值。

黏度的计算公式为：$v=k(t-c)$，其中v为运动黏度，t为流出时间，k、c为相应的常数（表1-3-1）。

三、注意事项

① 胶液使用前确保黏度达标。

② 胶液中无杂质。

③ 黏度测试时，要求涂胶液温度控制在（25 ± 0.5）℃，蔡恩杯杯底的高度不能高于液面15cm。

④ 黏度测试至少需要2次，两次测定值之差应小于平均值的5%。

第二节　涂胶

学习目标　了解涂胶机的操作规程，规范完成滚筒的涂胶，并判定涂胶质量。

一、操作步骤

1．准备工具

检查月牙扳手、橡皮锤、烘枪、胶厚仪、缠绕膜、无纺纸、花瑶布、9U砂带等设备与材料是否准备齐全。

2．装版

空心滚筒的装版步骤为：

① 根据堵孔规格选用合适的钛杠、顶尖和锁紧块。

② 将串杠穿进滚筒体并确保在滚筒体两头露出的长短合适，然后依次将顶尖、垫片、锁紧块分别套到串杠的两头，插上圆柱销。

③ 用月牙扳手扣紧锁紧块，再用橡皮锤用力敲击扳手，夹紧锁紧块。

④ 用天车把凹版滚筒装到喷胶机上，开关夹紧版辊。

带轴滚筒则无须串杠，可以直接进行装版。

3．凹版滚筒的清洗、检查与干燥

① 点击洗版按钮，用加有稀盐酸和稀料的餐巾纸同时擦拭版面。

② 检查版面有无氧化腐蚀点、碰划伤点。

③ 用9μm光刻砂带或金相砂纸均匀抛光版面两个来回，如果版面粗糙度要求在RZ0.5以上的，则用1000#砂纸抛光。

④ 再用餐巾纸加稀料清洗版面两个来回以上，如果是合雕版则要清洗3个来回以上，确保版面白油彻底清洗干净。

⑤ 用烘枪将版面烘干1个来回，对于60线以上满版图案和烟包版必须烘干。

⑥ 最后用花瑶布清洁版面1个来回。

4．输入参数，进行喷胶

① 检查涂胶机的喷壶内是否有足够胶液。

② 手动将涂胶机喷嘴移至辊头外约30mm处。

③ 在面板上输入版长，数值为实际版长加30mm。

④ 版辊速度设定为75（线速度值），固定不变。

⑤ 涂胶机速度应按照直径进行设置，通常是滚筒直径在100～200mm设置为0.5，直径200～300mm设置为0.2，直径大于300mm设置为0.1。

⑥ 喷头气压设置为6，固定不变。

⑦ 喷胶次数设置为1，固定不变。

⑧ 喷胶完毕，用胶厚仪在离边外进行胶厚测量。

5．卸版检查

① 在验版灯下，用无纺纸边擦拭边检查胶面，转动版辊直至检查完整个版面，确保整个版面胶层表面无弊病。

② 卸版至激光专用版车上。

二、相关知识

1．涂胶机的种类、结构和工作原理

常见的涂胶机有两种：一种为喷涂式，另一种为挂涂式。本文主要介绍下挂涂式涂胶机的结构与工作原理。图1-3-1所示为下挂涂式涂胶机整体结构图。

下挂涂式涂胶机的工作原理是：把凹版滚筒通过版辊装夹丝杆和夹紧丝杆安装在涂胶机上，把胶环装在胶环安装架上；将配制好的涂胶液（黑胶）倒入胶环的储胶池中，通过涂胶机操作面板启动智能控胶系统来控制胶环的涂胶量，直至胶环运行到滚筒底部，其中胶环移动速度决定了涂胶层厚度；当完成均匀涂布后，等待胶层自然干燥。如果胶环运行过程中发现储胶池胶量不足以保证滚筒全部涂布，则需要用烧杯舀取涂胶液倒入储胶池予以补充。

2．涂胶机的操作规程

以下还是以下挂涂式涂胶机为例，介绍此类机器的操作规程：

（1）准备工作

涂胶前，首先要确认有无适合所挂胶辊的胶环，其次要检查所用胶环的内圆是否光滑，不能有裂口、毛刺，否则必须更换。此外还要检查烧杯、漏斗是否干净、齐全；温度是否符合工艺操作要求（20～24℃），如果温度达不到要求则需开启空调来调节室温，直至符合温度区间要求。

（2）安装凹版滚筒

将凹版滚筒运送到涂胶机旁边，并轻放到升版车上，同时从材料柜取出合适的胶环并

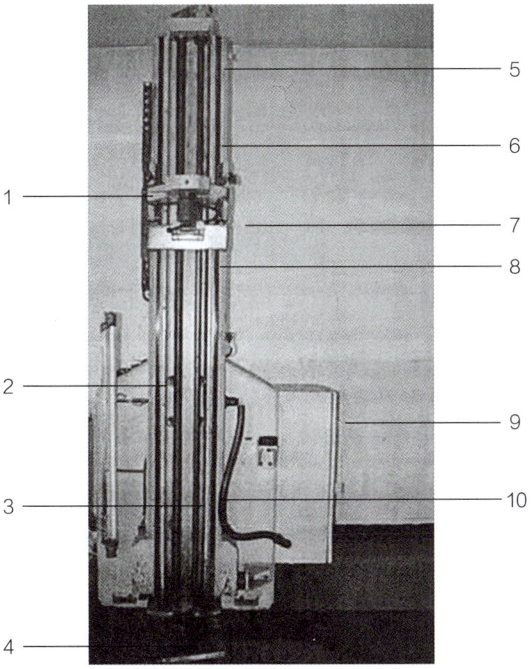

图1-3-1　下挂涂式涂胶机整体结构图

1—版辊装夹丝杆　2—涂胶机操作面板　3—版辊夹紧丝杆　4—版辊旋转驱动头座　5—涂胶机驱动电机　6—主机旋转大架　7—尾座　8—胶环安装架　9—控制电柜箱　10—摩擦轮驱动光杆

装到涂胶机上。此时需注意在刮涂每一支滚筒时，都需精确测量胶环内径，通常要保证胶环内径比滚筒的直径小10mm左右，对于离边小于20mm的凹版滚筒，胶环内径应比滚筒的直径小16～18mm。

在安装凹版滚筒时，需二次确认滚筒是否夹紧。当夹版键不亮时，应按键走动胶环，再按下夹版键；当夹版键再次不亮时，方可降下升版架，以防止夹版堵孔两边没夹紧滚筒而导致滚筒掉下损伤，或损伤夹版堵孔。

（3）滤胶

用500目过滤网做成一个漏斗的形状，取干净的漏斗紧贴在其内；将漏斗放在干净的烧杯上，让漏斗的下端紧贴住烧杯壁；然后缓缓向漏斗中倒入搅拌后的黑胶，倒胶时应确保胶液沿着烧杯壁流入烧杯中（防止气泡产生），一般倒入量在150mL左右。

（4）清洁胶环

取出绸布浇上乙醇擦洗胶环，先擦里面再擦外面，确保环上无纸毛、线头等杂物；擦拭顶尖，确保顶尖无异物，以免后续在挂涂过程中异物落入胶层。注意此时凹版滚筒不能转动。

（5）清洁凹版滚筒

转动滚筒，保持直立。取出绸布折成手掌大小，在绸布的一边（通常是绸布1/3处）浇上适量无水乙醇，先用手指将浇有乙醇的绸布边按到滚筒上，从右往左擦滚筒表面，尽量减少擦版次数，以免绸布上的丝线脱落附着到滚筒上。按键下移胶环，胶环快接近版头时将拨码拨到“4.0”，下移过程中仔细观察胶环是否紧贴滚筒，如发现胶环与滚筒之间存在漏缝现象，则必须换用胶环；下移的距离依离边而定，胶环下移的距离不能大于离边；此时再次检查胶环内是否干净，有无纸毛之类杂物，若有可用玻璃棒清理出来。

（6）倒胶

倒胶前首先要检查烧杯中的涂胶液有无气泡，需确保胶液无气泡；其次再次确认胶环无误后，沿着胶环内侧把涂胶液缓缓倒入储胶池，若不小心将胶倒在版辊端面上应立即擦掉，以免挂涂过程中流到版面上，造成胶层不匀。

对于离边小于30mm的凹版滚筒，将胶倒至与版头平齐后立即开始挂涂，以免耽误时间造成版头与中间的胶层厚度不同。

（7）挂涂

确认挂涂速度为4.0时，按键开始，一直挂涂至超过滚筒端，当胶滴落胶盘时挂涂自动停止，并清理胶盘。注意挂涂过程中不要随意走动，不要大声说话。

挂涂完毕，等待胶层完全干了之后才可按键让凹版滚筒处于水平状态，然后检查滚筒表面的胶层有无脏点、露铜点、纸毛、线头等异物，并测量胶厚是否达标，测量时必须在离边外进行。检查合格后，先卸滚筒再卸胶环，然后把胶环放入酒精桶中清洗干净，待晾干后放到定置位置保存起来。

3. 涂胶的质量要求

① 胶面均匀，胶厚不合格时需剥胶重新挂涂。

② 胶面不得出现发灰、发花、云雾状不匀、橘皮、毛毛、胶子、漏点、划痕、蹭胶等弊病。

③ 不同用途的凹版滚筒，其腐蚀深度不同，它们的胶厚要求：

a．防伪版的胶厚在3.0～3.5μm。

b．腐蚀深度≤0.1mm的凹版滚筒，胶厚为（4±1）μm。

c．0.1mm<腐蚀深度≤0.2mm的凹版滚筒，胶厚为（5±1）μm。

d．腐蚀深度>0.2mm的凹版滚筒，需挂涂两遍胶，胶厚为6～7μm。

三、注意事项

① 装版时要注意防护，注意力要集中，防止敲到版面或扳手滑动造成人员受伤与滚筒碰伤。

② 进行日常维护时，应关闭设备上的总电源。

③ 在餐巾纸上加稀盐酸和稀料准备清洗滚筒时，注意倾倒顺序，要求盐酸在前，稀料在后。

④ 挂涂每支滚筒时都要精确测量胶环内径。

⑤ 滤胶前要确保漏斗和烧杯务必干净且干燥，以防挂涂后出现漏点等问题，滤胶时漏斗的下端一定要紧贴住烧杯壁。

⑥ 清洁胶环时，切勿能让版辊转动。

⑦ 测量胶厚必须在离边外进行。

第四章

设备维护与保养

第一节　维护和保养的基础知识

学习目标

1. 了解凹版制版过程中进行维护和保养时常见专用工具的使用方法。
2. 掌握消防灭火器的使用方法。

一、操作步骤

1. 清点、整理专用工具

根据维护和保养要求清点：电子手提秤、万用表、内六角扳手套装（公制和英制）、毛刷、黄油枪（润滑油枪）、吸尘器（桶状）、百分表、螺钉旋具、活扳手、老虎钳、活口钳、斜口钳、尖嘴钳、卡簧钳、网线钳、寻线器（网络线用）、示波器和电烙铁等，并放于指定位置。

2. 按照规定使用消防灭火器

发生火灾时，需按照规定使用灭火器。

二、相关知识

1. 专用工具的种类和使用方法

凹版制版中专用工具和使用场合见表1-4-1。

表1-4-1　凹版制版中维护和保养常见专用工具表

序号	工具名称	数量	备注
1	电子手提秤	1	检测雕刻头压力
2	万用表	1	检测电阻、电压等
3	内六角扳手套装（公制）	1	拧深孔螺钉
4	内六角扳手套装（英制）	1	拧深孔螺钉
5	毛刷	1	死角清理
6	黄油枪（润滑油枪）	1	设备润滑

续表

序号	工具名称	数量	备注
7	吸尘器（桶状）	1	吸铜屑
8	百分表（检测导轨精度）	1	测量位置误差
9	螺钉旋具	1	拧转螺钉
10	活扳手	1	紧固和起松
11	老虎钳、活口钳、斜口钳、尖嘴钳、卡簧钳、网线钳	各×1	夹钳和剪切
12	寻线器（网络线用）	1	测试网线是否接通
13	示波器（用示波器能观察各种不同电信号幅度随时间变化的波形曲线）	1	检测电流、电压等
14	电烙铁	1	焊接元器件及导线

（1）电子手提秤

取下电子秤背面的电池挡板，放入干电池（注意：最好选择碱性电池，以免电子秤长期不用时电池漏液，从而损害电子秤）。放好电池后，将电子秤正面朝上，按下电源开关，显示屏上初始会显示出“0”的字样。

如果物品适合于直接放置在电子秤上称重，则可将物品直接称重，此时得到的读数即是物品的重量。如果物品不便直接称重，则可先将容器放到电子秤上按清零键（有些电子秤的清零键和电源是同一个键），完成清零后再将物品放入容器中进行称重，此时读数即为物品的重量。通常需要使用容器进行称重的物品往往为液体。

（2）万用表

将万用表的量程选择到自己想要测量的区域，优先选择较大量程。

以测电阻为例，将红色表笔插入万用表中带有电阻符号的插口中，将黑色表笔插入带有COM字样的插孔中。将红黑表笔连接测量万用表内阻，万用表上出现的数值即为内阻，然后再将万用表与被测物体连接，红色表笔接左边，黑色表笔接右边。在屏幕上就会显示出物体的阻值，将万用表上出现的数值减去内阻，即为物体自身电阻。

（3）电烙铁

准备焊锡丝和松香，将电烙铁插上电源，此时如果使用新买的电烙铁可以拿小刀挂烙铁头（因为有氧化层）；等烙铁温度上来了，把烙铁头点上松香，点上焊锡；先把需要焊接的线上点上松香，再点上焊锡，然后焊在需要焊接的元器件上面，注意速度要快，否则温度过高容易烧毁元器件。

电烙铁不用的时候，把烙铁头上面点上焊锡（防止烙铁干烧）。助焊剂尽量使用松香，焊锡膏会有点腐蚀性。

（4）示波器

示波器是一种用来测量交流电或脉冲电流波的形状的仪器，由电子管放大器、扫描振荡器、阴极射线管等组成。除观测电流的波形外，还可以测定频率、电压强度等。凡可以变为电效应的周期性物理过程都可以用示波器进行观测。示波器的使用方法：

① 选择*Y*轴耦合方式。根据被测信号频率的高低，将*Y*轴输入耦合方式，选择“AC-

地–DC”开关置于AC或DC。

② 选择Y轴灵敏度。根据被测信号的大约峰–峰值（如果采用衰减探头，应除以衰减倍数；在耦合方式取DC挡时，还要考虑叠加的直流电压值），将Y轴灵敏度选择V/div开关（或Y轴衰减开关）置于适当挡级。实际使用中如不需读测电压值，则可适当调节Y轴灵敏度微调（或Y轴增益）旋钮，使屏幕上显现所需要高度的波形。

③ 选择触发（或同步）信号来源与极性。通常将触发（或同步）信号极性开关置于“+”或“–”挡。

④ 选择扫描速度。根据被测信号周期（或频率）的大约值，将X轴扫描速度t/div（或扫描范围）开关置于适当挡级。实际使用中如不需读测时间值，则可适当调节扫速t/div微调（或扫描微调）旋钮，使屏幕上显示测试所需周期数的波形。如果需要观察的是信号的边沿部分，则扫速t/div开关应置于最快扫速挡。

⑤ 输入被测信号。被测信号由探头衰减后（或由同轴电缆不衰减直接输入，但此时的输入阻抗降低、输入电容增大），通过Y轴输入端输入示波器。

（5）寻线器的使用方法

寻线器主要有测试、寻线和网线线序校对等功能。

① 测试功能。将需测试线路的一端接入发射器的端口（可插RJ45和RJ11端头）、将发射器的开关拨至“测线”位置，测线指示LED灯亮起，表示发射器可以正常工作。将待寻线器的一端接入接收器的端口（接收器不用打开电源）即可以根据接收器上的8个LED信号指示灯的状态，来判断线路是否有开短路、交叉、混线和线路不通等状态。

② 寻线功能。将需寻线线路的一端接入发射器的端口（可插RJ45和RJ11端头，或通过鳄鱼嘴夹接无端头的金属线缆上），将发射器的开关拨至“寻线”位置，寻线指示LED灯亮起。打开接收器的电源开关，电源指示LED灯亮起，即可进行寻线，在待寻线路的一端接收器，用探测金属头侦听众多无端头的线缆或线芯（无须剥线皮、无须接触上，只需靠近即可），接收器会发出“嘟嘟”的声音。声音最大、最清晰的就是要寻找的目标线。在环境噪声较大情况下避免声音影响他人时，可戴上耳机侦听，同时可调节音量大小至最舒适的位置。

③ 网线线序校对。寻线器可以检测双绞线网络线路（8芯）的线序和线号，直接显示线路的直流通路状态，具体为线路的混线、断线、线序及其他。例如：超五/六类双绞线的直流通路8芯线序的状况。1，2，3，4，5，6，7，8的线序分别有对应的指示LED灯按顺序显示。

（6）活扳手

活动扳手由扳手本体、固定钳口、活动钳口和蜗杆组成，其开口大小可通过蜗杆在一定范围内调节。使用时，根据要拧的零件调整扳手的大小，不能有间隙，以防打滑和损坏零件；扳手的开口线平行于螺母的六角边，不要把扳手放在螺母的六角边上开始使用，这样会损坏部件；不要用大扳手拧小螺钉；不要反方向，让固定钳口受主要力，防止松动的活动钳口造成人身伤害和部件损坏。

活动扳手就是活动扳手，不要当锤子工具用，也不要随意延长扳手手柄。在使用过程中不要站在受力方向，防止受力不当造成人身伤害。扳手用后用酒精或除锈剂清洗干净，防止生锈，造成后续使用不便。

（7）百分表

百分表在使用前需转动表盘，观察大指针是否在零位，并用手轻轻触动表杆底部，观察指针是否可以灵敏回到原位。测杆在套中的滑动是否没有卡壳现象。测量时要把百分表固定在夹持架上，测杆要垂直于地面，注意固定一定要稳，且测杆要对准被测物体。测量时要根据被测物体的方向和形状，调整磁性表座的微调螺栓或夹具，读取表盘读数。

如果是测量车床的径向跳动、端面跳动，百分表一定要放在平面上，可以夹在磁性表架或万能表架上来使用，要确保磁头接触于被测物体的表面，上下前后任意位置都可以调节即可。如果是测量圆柱形产品，测杆轴线与产品直径方向一致。如果测量的是工件的平整度，需要把测量头与工件表面接触，调整指针，刻度盘零位对准指针，接着慢慢地移动表座或工件，当指针顺时针摆动时，说明工件偏高，逆时针摆动，则说明工件偏低。如果检测的是偏心度，把被测轴装在两顶尖之间，测量头接触在偏心部位最高点，用手转动轴，最大数字和最小数字之差的二分之一就等于偏心距。如果偏心度太大，百分表无法直接读数，就需要采用间接方法测数了，把工件放在一块V形铁中，转动偏心轴，测量出偏心轴的最高点，保持工件固定不动，再水平移动，测出偏心轴外圆到基准外圆之间的距离a，套用下面这个公式计算偏心度e。

$$\frac{D}{2}=e+\frac{d}{2}+a$$

$$e=\frac{D}{2}-\frac{d}{2}-a$$

式中　e——偏心距，mm；

D——基准轴外径，mm；

d——偏心轴直径，mm；

a——基准轴外圆到偏心轴之间最小距离，mm。

此外，测量动作要保持缓慢。提起表杆，把被测物体移到测杆下面，缓慢移动，千万不要猛地放下去，对测量物体调整时也同样如此。

2. 凹版制版车间防火、防爆风险点和防控措施

凹版制版车间主要火灾爆炸风险点及防火、防爆措施见表1–4–2。

表1–4–2　凹版制版车间主要火灾爆炸风险点及防火、防爆措施

风险点描述	防火防爆指能描述
制版车间通用区域	① 禁带火种进入车间 ② 建议在车间内尽量采用防爆电气 ③ 车间通风系统建议采用顶送底侧排的方式避免有机蒸汽聚集达到爆炸极限 ④ 在制版车间各设备处放置便于快速取放且数量足够的手持灭火器
电气柜	① 每周检查电气柜通风风扇情况确保散热良好 ② 确保电气柜定期除尘清洁

3. 常用灭火器的使用方法

表1-4-3所示为常用灭火器所应用的火灾类型。

表1-4-3　常用灭火器与火灾类型的适用关系表

灭火器类型		火灾种类					
		固体	液体		气体	带电火灾	金属
			油类	水溶性液体			
水型		√	×	×	×	×	×
干粉	ABC	√	√	√	√	√	×
	BC	×	√	√	√	√	×
二氧化碳泡沫		√	√	×	×	×	×
二氧化碳		一般不用	√	√	√	√	×

注："√"表示适用，"×"表示不适用。

（1）手提式灭火器的使用方法

① 右手拖着压把，左手拖着灭火器底部，轻轻取下灭火器。

② 右手提着灭火器到现场。

③ 除掉铅封。

④ 拔掉保险销。

⑤ 左手握着喷管，右手提着压把。

⑥ 在距离火焰两米的地方，右手用力压下压把，左手拿着喷管左右摆动，喷射干粉覆盖整个燃烧区。

（2）推车式干粉灭火器使用方法

① 把干粉车拉或推到现场。

② 右手抓着喷粉枪，左手顺势展开喷粉管，直至平直，不能弯折或打圈。

③ 除掉铅封，拔出保险销。

④ 用手掌使劲按下供气阀门。

⑤ 左手持喷粉枪管托，右手把持枪把，用手指扣动喷粉开关，对准火焰喷射，不断靠前左右摆动喷粉枪，把干粉笼罩在燃烧区，直至把火扑灭为止。

第二节　电子雕刻机的清洁与润滑

学习目标　掌握电子雕刻机的基本清洁要求，能对电子雕刻机加注润滑油。

一、操作步骤

1. 电子雕刻机及周围环境的清洁

① 电子雕刻机周围保持干净整洁，地面用拖布进行清洁。

② 车间温度保持在22～24℃，相对湿度保持在40%～55%。

③ 每天对电子雕刻机外表用较干的棉布擦拭设备表面，不能有水渗进设备内部。

④ 每天对铜屑管进行检查，包括检查风管的吸力是否强劲和铜屑管是否破损。

⑤ 每天用刷子和吸尘器对传感器及护罩上方的铁锈、铜屑及灰尘进行清理清洁。

⑥ 每天用刷子和机油对顶尖表面铁锈、铜屑及灰尘进行清理清洁，并涂抹机油。

⑦ 每天用毛刷对门轨槽进行清理，用棉布对门轨进行清洁。

⑧ 每天用刷子和吸尘器对风琴罩表面铜屑及灰尘进行清理清洁。

⑨ 每周将铜屑箱里的铜屑倾倒到指定的容器中，并用刷子和吸尘器将表面遗漏的铜屑清理干净。

⑩ 每天手动清理雕刻过的文件。

⑪ 每周定时关机，每次关机不得少于10min。

2. 电子雕刻机加注润滑油

电子雕刻机的导轨丝杠和雕刻头丝杠在工作期间需要加注润滑油。

（1）导轨丝杠加注润滑油

① 先将导轨丝杠表面残留的润滑油清理干净，将汽油均匀倒在丝杠或纸上走动小车，清理渗出来的油泥，反复操作3次，再用手将专用的润滑油均匀涂抹到丝杠上，来回走动小车，直到润滑油均匀分布在丝杠上。

② 将小车停靠在左边，用黄油枪将专用润滑油（KLUBERGL261）打进滑块里面，右移小车，将打出来的脏油泥擦干净，反复操作3次，直到滑块里面脏油泥全部打出来。

（2）雕刻头丝杠加注润滑油

① 先将导轨丝杠表面残留的润滑油清理干净。

② 再使用专用的润滑油（LGMT2或SKF）均匀地涂抹在导轨丝杠的表面。

二、相关知识

（一）电子雕刻机安全操作规程

电子雕刻机安全操作规程主要包括开机顺序、雕刻流程和关机顺序3个部分。

1. 开机顺序

① 先打开总电源开关，依次打开各个电源开关，并检查急停按钮是否打开，且按下PLC启动按钮。

② 打开电脑控制柜，按下电脑开机按钮，启动电脑。

③ 自动启动雕刻软件，按正确步骤进行雕刻操作。

2. 雕刻流程

（1）装版

（2）拷贝文件

将生成的雕刻数据文件拷贝到电子雕刻机的本地磁盘内，从本地预览图像，图像检查无误后即可开始试雕。

（3）试雕

调出要雕刻文件，将雕刻头走到试雕位置，此时走车过程中注意网点测试仪镜头不要碰到版辊，试雕即可。

（4）雕刻

计算好离边，将雕刻头走到起雕位开始雕刻。

（5）雕后检查

检查雕刻网点是否符合工艺要求，检查雕刻尺寸是否正确，里印、表印是否正确，离边是否正确，检查版面有无雕乱、漏雕现象。

（6）记录

详细记录雕刻后的网点大小等数据，以便重制。

（7）卸版

戴上纯棉手套用天车将凹版版辊卸下，不要碰伤版面。

3. 关机顺序

① 关闭雕刻软件。

② 按下紧急制动按钮。

③ 关闭电脑电源。

④ 依次关闭其他电源开关，最后关掉总电源开关。

⑤ 如果发生异常情况，应迅速按下紧急制动按钮。

（二）润滑油的种类及用途

机械装置中常用的润滑剂按物态可分为液体润滑剂（润滑油）、半固体润滑剂（润滑脂）和固体润滑剂。其中，液体润滑剂（润滑油）和半固体润滑剂使用较为广泛。

1. 液体润滑剂的种类及选用

在载荷大或变载、冲击场合、加工粗糙或未经跑合的表面，宜选用黏度较高的润滑油；转速高时，为减少润滑油内部的摩擦功耗，可采用循环润滑与芯捻润滑，应选择黏度较低的润滑油；工作温度高时，宜选用黏度高的润滑油。常用液体润滑剂（润滑油）的种类及用途见表1-4-4。

2. 半固体润滑剂的种类及选用

润滑脂也称为黄油，是一种稠化的润滑油。其油膜强度高，黏附性好，不易流失，易密封，使用时间长，但散热性差，摩擦损失大。它常用于不易加油、重载低速的场合。润滑脂主要根据润滑零件的工作温度、工作速度和工作环境等条件进行选择。

常用半固体润滑剂（润滑脂）的种类及用途见表1-4-5。

表1-4-4　常用液体润滑剂（润滑油）的种类及用途

种类		主要用途
名称	牌号	
全损耗系统用油（GB/T 443—1989）	L-AN15、L-AN22、L-AN32、L-AN46、L-AN68	适用于对润滑油有特殊要求的锭子、轴承、齿轮和其他低负荷机械等部件的润滑，不适用于循环系统
L-HL液压油（GB 11118.1—2011）	L-HL15、L-HL22、L-HL32、L-HL46、L-HL68、L-HL100等	抗氧化、防锈、抗浮化等性能优于普通机油。适用于一般机床主轴箱、液压齿轮箱以及类似的机械设备的润滑
工业闭式齿轮油（GB 5903—2011）	L-CKB100、L-CKB150、L-CKB220	一种抗氧防锈型润滑油。适用于正常油温下运转的轻载荷工业闭式齿轮润滑
普通开式齿轮油（SH 0363—1992)	150、220、320	适用于正常油温下轻载荷普通开式齿轮润滑
蜗轮蜗杆油（SH/T 0094—1991)	L-CKE220、L-CKE320、L-CKE460、L-CKE680、L-CKE100等	适用于正常油温下轻载荷蜗杆传动的润滑
轴承油（SH 0017—1990）	L-FC22、L-FC32、L-FC46	适用于主轴、轴承和有关离合器油的压力油浴和油雾润滑

表1-4-5　常用半固体润滑剂（润滑脂）的种类及用途

种类		主要用途
名称	代号	
钙基润滑脂（GB/T 491—2008）	1号、2号、3号	有耐水性能。用于工作温度低于55～60℃的各种工农业、交通运输设备的轴承润滑，特别是有水及潮湿处
钠基润滑脂（GB/T 492—1989）	2号、3号	不耐水。用于工作温度在-10～10℃的一般中等载荷机械设备轴承的润滑
通用锂基润滑脂（GB/T 7324—2010）	1号、2号、3号	多效通用润滑脂。适用于各种机械设备的滚动轴承和滑动轴承及其他摩擦部位的润滑。使用温度为-20～120℃
钙钠基润滑脂（SH 0368—1992）	1号、2号	用于有水及较潮湿环境中工作的机械润滑，多用于铁路机动、列车、发电机滚动轴承的润滑；不适用于低温工作。使用温度为80～100℃
7407号齿轮润滑脂（SH 0469—1992）	—	用于各种低速，中、高载荷齿轮，链和联轴器的润滑。使用温度低于120℃

3．固体润滑剂的种类及选用

用固体粉末代替润滑油膜的润滑，称为固体润滑。最常见的固体润滑剂有石墨、二硫化钨等。固体润滑剂耐高温、高压，因此适用于速度很低、载荷特别重或者温度很高或很低的特殊条件下。

第三节　涂胶机的清洁与润滑

学习目标　掌握涂胶机的基本清洁要求，能对涂胶机加注润滑油。

一、操作步骤

1．对涂胶机及周围环境进行清洁

① 涂胶机周围的地面应每天用拖布进行清洁，确保机器周围干净整洁。

② 每天用碎布头蘸少量水擦拭涂胶机的外部表面及附件。

③ 每天用毛刷或碎布头蘸少量水擦拭涂胶机的内部。

④ 每天用刷子和吸尘器对涂胶机的内部及护罩上方的胶粉及灰尘进行清理、清洁。

⑤ 每天用刷子和机油对涂胶机的顶尖表面铁锈、铜屑及灰尘，进行清理、清洁，并涂抹机油。

⑥ 每天用毛刷对涂胶机的门轨槽进行清理，用碎布头蘸少量水对门轨进行清洁。

2．对涂胶机的导轨丝杠加注润滑油

① 先将导轨丝杠表面残留的润滑油清理干净，将汽油均匀地倒在丝杠或纸上走动小车，清理渗出来的油泥，反复操作3次。

② 再用手将专用的润滑油均匀地涂抹到丝杠上，来回走动小车，直到润滑油均匀地分布在丝杠上。

二、相关知识

涂胶机安全操作规程：

① 当设备发生异常情况时，应立即按下急停按钮并通知设备维护人员进行维修。

② 严禁湿手操作电器按钮及打开电器柜。

③ 每次夹版或卸版时，防止夹伤手。

④ 进行日常维护时，应关闭设备上的总电源。

⑤ 当有胶液不慎溅入眼内，应立即用大量清水冲洗并及时就医。

⑥ 每次装夹完毕，应用手晃动版辊确保其装夹牢靠，以防版辊在旋转时发生伤人事件。

第二篇

凹版制版

（中级工）

第一章

雕刻前准备

第一节　印前文件的拼版

学习目标

1. 了解拼版的作用和拼版软件的类型，掌握印前文件的检查要点。
2. 能使用拼版软件完成印前文件的拼版，并进行检查。

一、操作步骤

以Navigator6.0–RIP软件为例，介绍雕刻拼版软件的操作步骤。

1. 准备拼版单元图

① 启动Rip软件。

② 点击输入按钮，在弹出的选择窗口中，选择将要处理的文件、文件类型，并进行页面设置“Page Setup”，如图2–1–1所示。

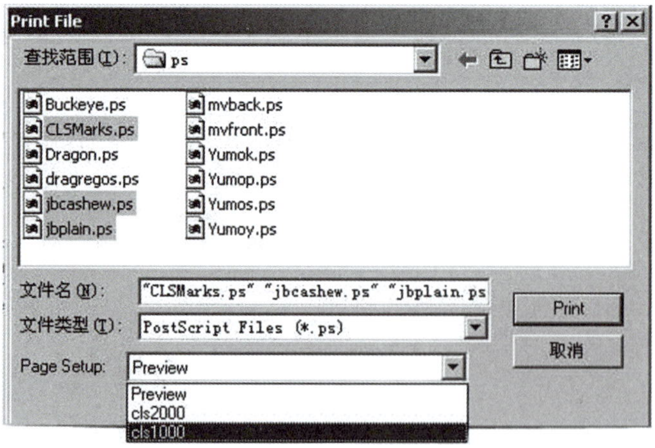

图2–1–1　提取要拼版的文件

在“Page Setup”选项中有cls2000和cls1000两种设置，分别表示生成2000dpi和1000dpi的拼版单元图。

③ 在完成设置后，点击“Print”按钮，等待处理结束，处理好的单元图将自动被存放

在相应的图像架中。例如：设置“cls1000”生成的单元图，将会被存放在名为“cls1000”的图像架中（这一点要事先记住，以免后来找错图像）。

2．生成作业项目

① 启动Collage-s。

② 创建一个新的作业项目，并输入作业名称和版式尺寸等信息，如图2-1-2所示。

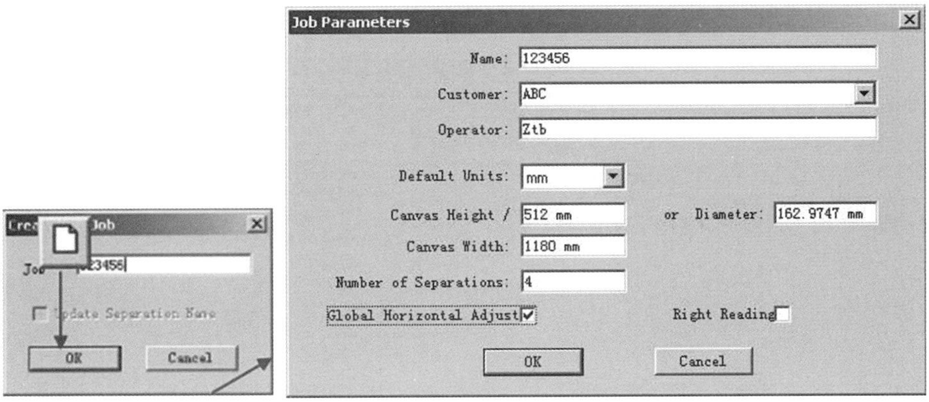

图2-1-2　创建新作业项目

③ 作业页面打开之后，选择“File” > “Gravure Parameters”，设置版面颜色信息和各种雕刻参数，如图2-1-3 ~ 图2-1-8所示。

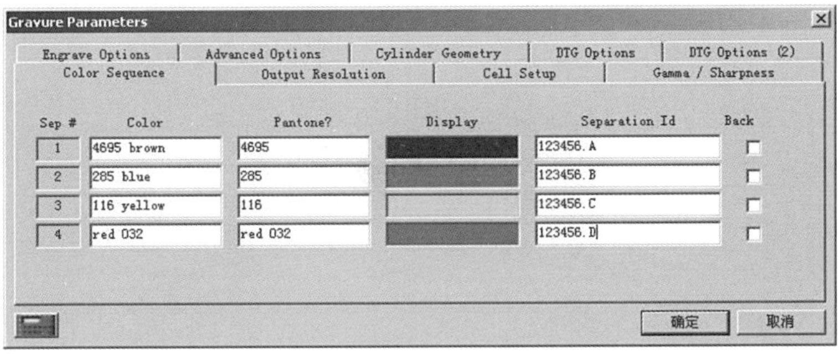

图2-1-3　版式颜色和色序设置

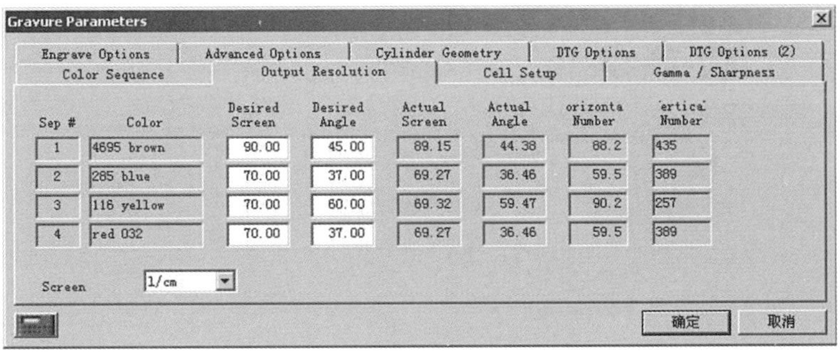

图2-1-4　各通道雕刻精度设置

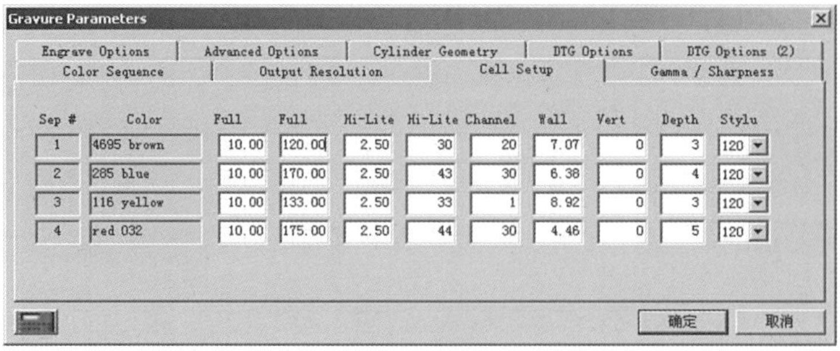

图2-1-5　雕刻网点数值及针脚度数设置

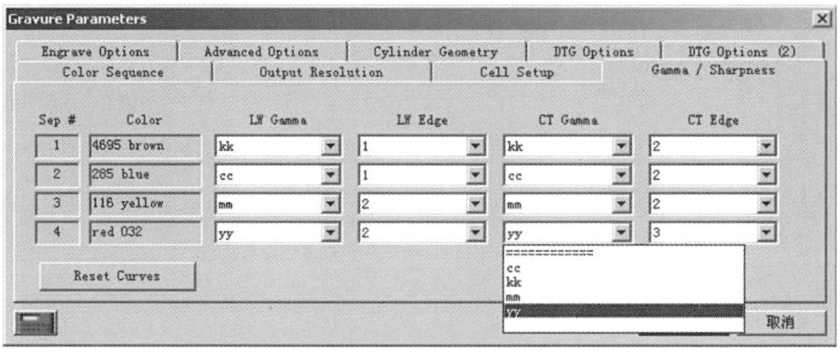

图2-1-6　雕刻曲线和边缘效果曲线设置

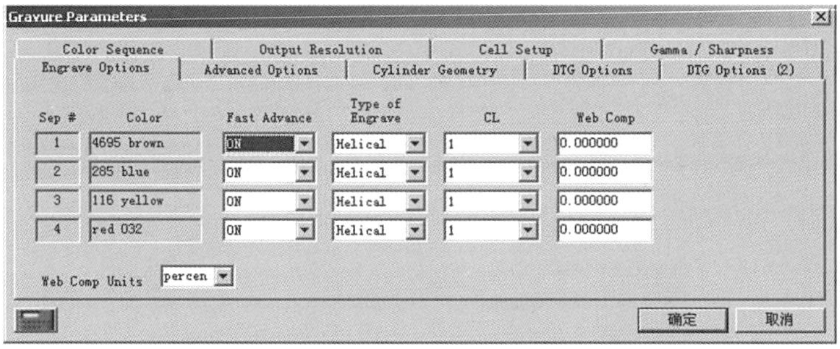

图2-1-7　雕刻快进和雕刻方式等选项设置

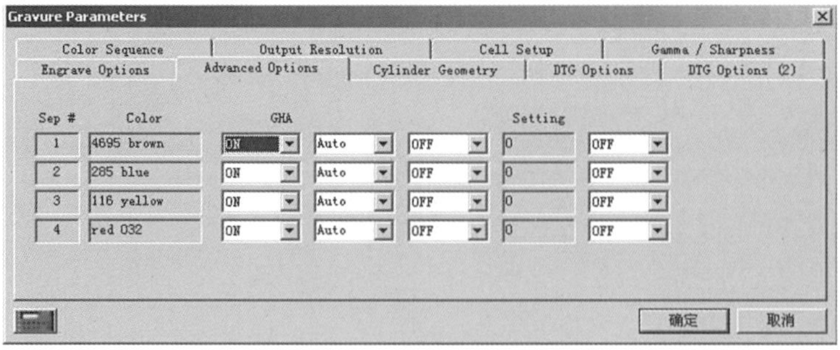

图2-1-8　其他雕刻选项设置

按照要求将以上版面色序、雕刻精度、雕刻网点数值及针脚度数、雕刻曲线和边缘效果曲线、雕刻快进和雕刻方式等选项设置完成后，点击确认。

3．导入单元图并检查

① 打开单元图导入工具，如图2–1–9所示。

② 打开图像列表窗口，如图2–1–10所示。

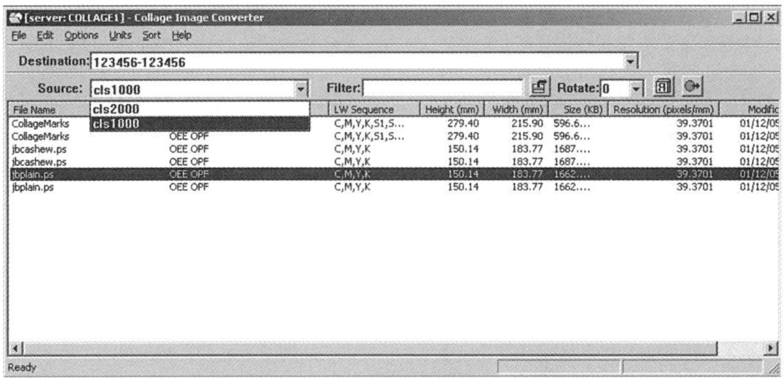

图2–1–9　打开单元图导入工具

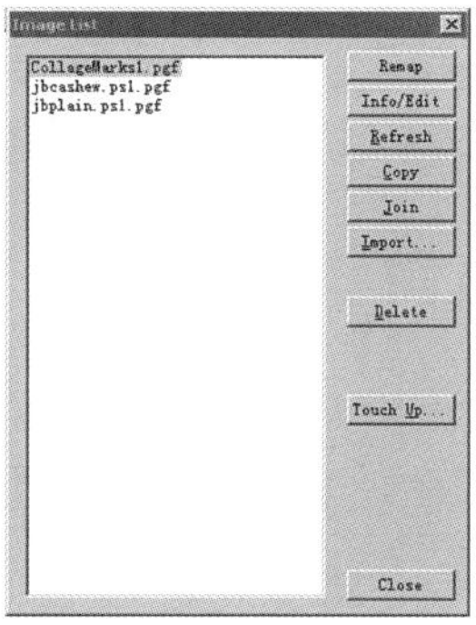

图2–1–10　图像列表窗口

③ 使用Remap和Info/Edit功能仔细检查各个单元图的色彩和图像尺寸信息，如图2–1–11（a）、图2–1–11（b）所示。

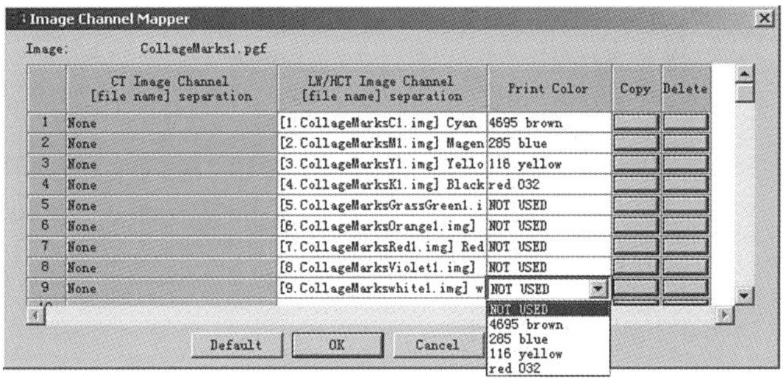

（a）色彩信息设置

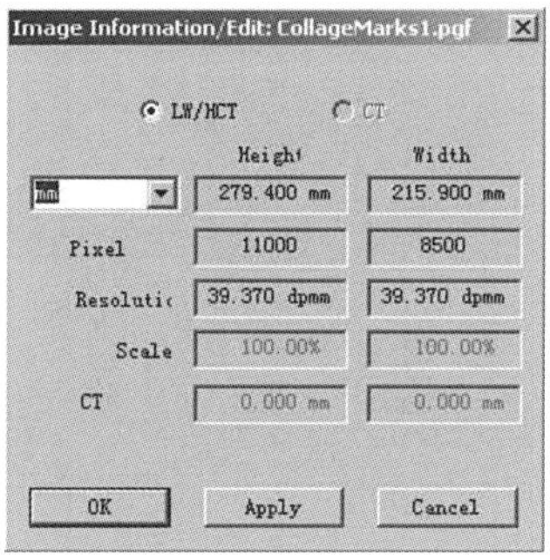

（b）图像尺寸信息设置

图2–1–11　色彩和图像尺寸信息设置对话框

4．拼版

① 将单元图拖入版面中，打开“Layout Grid Parameters”对话框，如图2–1–12所示。

② 在图2–1–12对话框中进行以下内容的设置：在“Distance from Top/Left”中输入联拼矩阵的左上角离页面边和左边的距离值（mm）；在两个“distance”选项中，输入单元图裁切后的精确尺寸；如果单元图需要进一步裁切，可暂时不进行联拼，即设置“Repeats Around”和“Steps Across”选项都为“1”；其他选项若暂时不考虑，确认后单元图将被置入到版面上。

③ 选中版面上的单元图后，打开“Position Editor”窗口，再单击其中图像，打开“Image Element”窗口。

④ 从图像左上角着手，将图像边框线分别与图像中裁切线的右方/下方实线边缘对齐，

然后在“Image Element”窗口里的“Width”和“Height”项中输入要求的成品单元图尺寸，如图2-1-13所示。

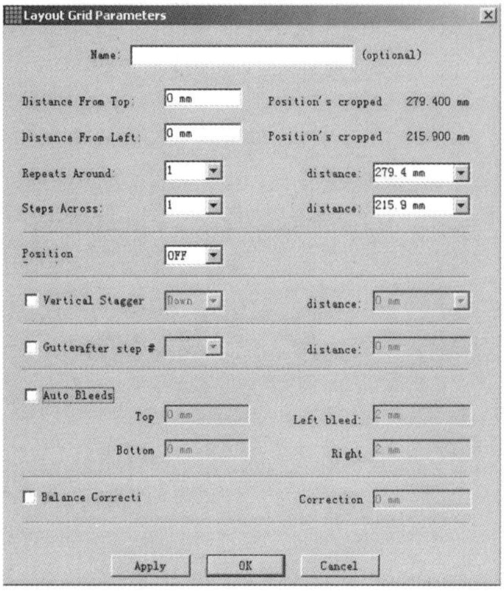

图2-1-12　版面内容设置

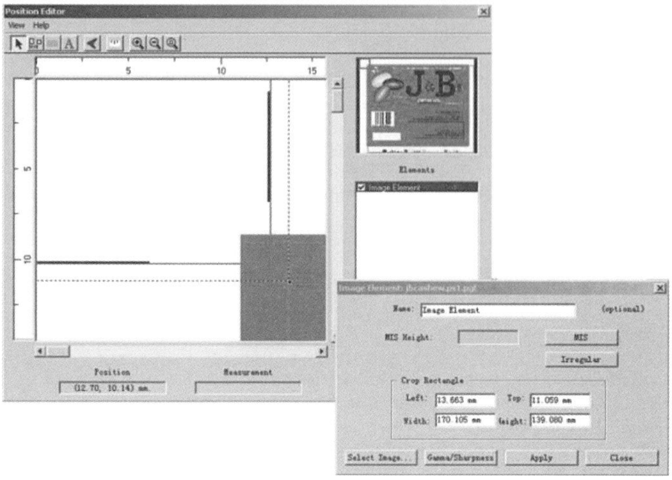

图2-1-13　成品单元图尺寸设置

⑤ 检查无误后，点击“Apply”＞“Close”＞“OK”。

⑥ 右键单击版面中的单元图，选择“Layout Grids Parameters......”，或选中单元图后，选择“Layout”＞“Layout Grids Parameters......”，再次打开“Layout Grid Parameters”窗口，输入确定的联拼数量、联拼方式、出血设置等参数，确认后，联拼效果会出现在版面上。

⑦ 依照同样方法，完成整个版面，检查后存盘。

存盘完成后，选择“File”＞“Ready For Print”，选择将要雕刻的颜色，确认后，即完成工作，如图2-1-14所示。

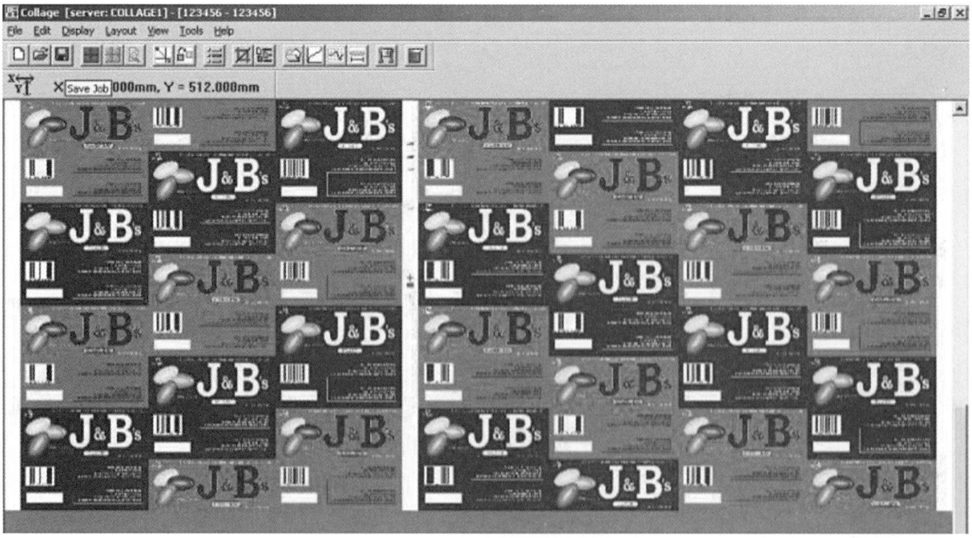

图2-1-14　完成拼版后的版面

二、相关知识

1．拼版的作用

凹版印前文件的拼版是指根据将要印刷的页面，按其印刷和印后的加工方式，将单个制作好的小文件按一定的顺序排列在一起，把图像和文字信息拼接、整理成凹版印刷制版时所需的整页版面电脑文件，其中凹印组版尺寸必须根据凹版滚筒的大小来决定。

2．拼版软件的类型

目前我国凹版印刷拼版主要以包装版的拼版为主，使用的拼版软件种类也很多，不同制版企业会根据各自产品类型的特点使用不同的软件。常用雕刻拼版软件有：

（1）Impostrip Second Generation

Impostrip Second Generation是Ultimate Technographics Inc公司的一款软件，适用的操作平台为Mac OS、Windows、Unix。这是一款典型的“先拼版后RIP”软件，可与许多的分色、排版及补漏白的专业软件兼容。软件提供了一套如何落版的样本显示，让用户可依据纸张的种类与尺寸、单色或多色印刷实施样本显示。此外，样本中含有裁切标记及十字线，也含有一组不同的导色表。

（2）Imposition

Imposition是DK&A Inc公司的一款软件，适用的操作平台为Mac。这是市面上唯一可以接受QuarkXPress、PageMaker以及Photoshop的原始档案格式的拼大版软件，也可以处理TIFF、PICT、EPS及PS等格式的档案。该软件的主要特点是在拼大版之前，不必先制作出PS格式的文件，可确保在最后关头要求更改设计时，操作者只需花很少时间就可以将大版内容更新。

（3）Preps

Preps是Luminous Technology Corp公司的一款软件，适用的操作平台为Mac。该软件适用于一般打印机的商业输出，以及单色或四色输出的出版物与书籍。软件可以接受任何平台上各类主要排版软件所产生的PS文件进行拼大版作业。

（4）FastLane和Plato

ESKO公司推出的FastLane和专业包装排版软件柏拉图ESKO-Plato抖瑟印前流程，可接受PS，PDF，TIFF，IT-PI文件，使用时输入的所有文件都能被转换为一种ESKO格式（类似于PDF格式）再进行排版。操作者可以在同一个印版上排版装订方式不同的文件，可处理不同版本的作业，可以无限放大图像以高分辨率预览图像，并实现软打样。

3．软包装袋的拼版

常见软包装的袋型有三封袋或四封袋、背封袋、风琴袋、单片袋、筒料袋、衣服袋、自立袋、阴阳袋等。不同袋型因其特点不同，拼版时的要求也有所差异。

（1）三封袋或四封袋的拼版

三封袋或四封袋的特点一般是正背面单独排列，其正面主要是突出表现设计内容，而背面大都是附加文字说明，图2-1-15所示为三封袋外观图。

图2-1-15　三封袋

这类软包装袋型在拼版时应关注拼版的方向，即方向一定要适合包装，排列顺序要正背对应，多品种产品排列顺序通常为（正）1#、2#、3#—*n*#，（背）*n*#—3#、2#、1#。此外，如果是具有易撕口（有“开口处”标识）的单口袋要调头拼版，方便打口、包装。

（2）背封袋的拼版

背封袋的特点是正面处中间，背面分两边，如图2-1-16所示。这类软包装袋型在拼版时要注意背封线的方向要与周向一致，以及背面成袋时是否要无缝衔接。

（3）风琴袋的拼版

风琴袋也称为枕型袋、荷包袋。与背封袋不同的是风琴袋的结构是通过正、背、中间加侧面形成立体袋型式，如图2-1-17所示。其拼版要求同背封袋。

（4）单片袋的拼版

单片袋主要用于饮料瓶、药瓶等实物上，是一种直接围绕粘贴或包裹的袋型，如图2-1-18所示。此类软包装袋型在拼版时需注意光点、检测线的做法及用户要求，例如有些用户图案中有合适深色实地色块时，光点可不做，而图案中无透明边且周向有连续图案时检测线可不做。此外，对于啤酒标类产品还要注意模切的要求。

图2-1-16　背封袋

图2-1-17　风琴袋

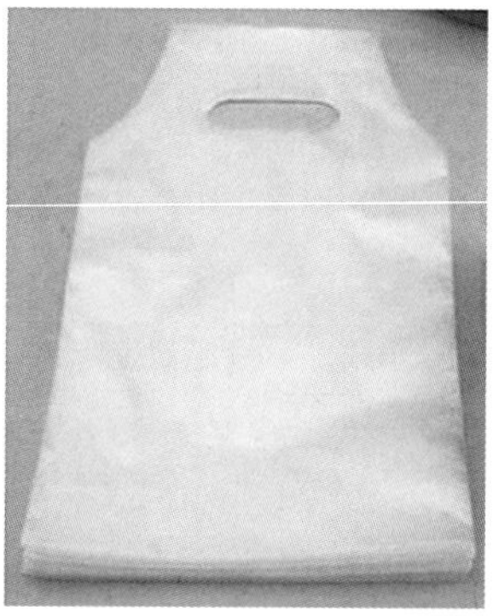

图2-1-18　单片袋

（5）筒料袋的拼版

筒料袋是在PET颗粒原料直接吹出筒状卷料上表印的软包装袋，如图2-1-19所示。此类袋型在拼版前应要求客户提供胶辊尺寸，试雕块要放在胶辊外并在版边，不能进到图案里；使用“十”字线套准标识；正反面需分别制版。

图2-1-19　筒料袋

（6）衣服袋的拼版

衣服袋也称熔断袋、无边热合袋、烫切袋，如图2-1-20所示，此类袋型的产品通常是以图案或膜居中。拼版时如果遇到封口在背上侧的袋型，要注意分面以及分面图案方向，顺序为正背面尾对尾排列。

（7）自立袋的拼版

自立袋也称带托底的边封袋，结构如图2–1–21所示。此类袋型在拼版时要注意两边应作4 ~ 5mm出血，横排与成袋方向一致，要头对头或尾对尾。

（8）阴阳袋的拼版

阴阳袋则是正背复合材料不同的边封袋（一边有铝箔，另一边无铝箔），如图2–1–22所示。此类袋型的拼版主要是考虑拼版顺序，通常的顺序为正正正背背背。

图2-1-20　衣服袋

此外，还有一类塑料凹印产品为封盖膜。封盖膜类似碗面和果冻类包装的上盖，如图2–1–23所示。它的拼版是根据客户的模切要求而定，即用户提供模切图，操作人员根据模切图进行拼版，并按要求标示出血线。

图2-1-21　自立袋

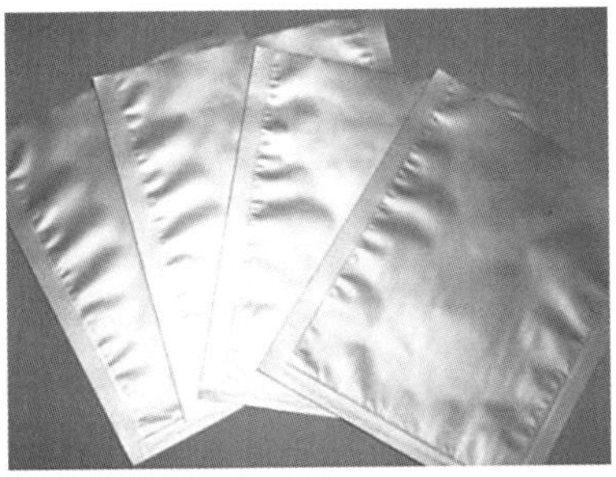

图2-1-22　阴阳袋

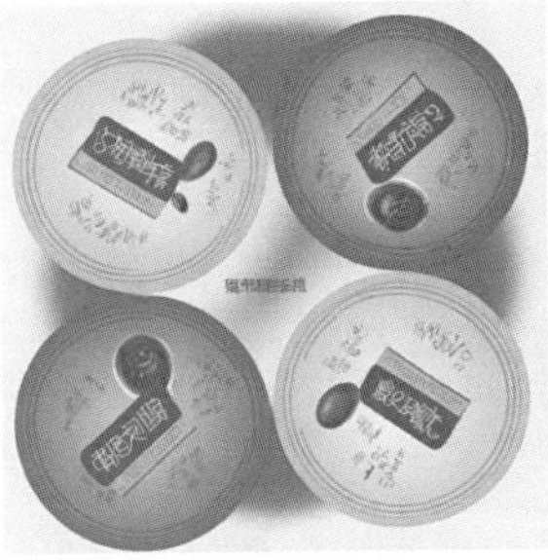

图2-1-23　封盖膜

4. 图文信息的摘修

印前文件中图文信息的摘修主要包含文字、线条和层次图像的摘修。

（1）文字的摘修

在进行文字摘修时，要明确所摘修文字的字体特点和笔画的粗细要求；根据所用网线、网角进行合理摘修，夹角内侧摘除的量要适当加大，外侧细小部分尽量补实，如“叉”“绝”等字；漏空字阳图部分或尖角部分要补实，确保其不糊即可；摘修后的文字字体须保持原有特点，文字笔画粗细均匀、清晰明了，保证小文字能够被转印出；修整后文字的粗细、大小必须与其周围的文字保持协调、一致。

（2）线条的摘修

线条摘修时要确定当前线条的粗细，根据所用工艺要使修整后线条保持原有特点。即要明确线条的排布、粗细的设计要求；根据所用网线、网角进行合理摘修；弧线摘修各梯级尽量延缓平滑过渡，确保摘修后的弧线印刷后平滑、自然、流畅。横竖线条要横平竖直，曲线要保持原有的流畅性，保证细线条能够被转印出；对于要求横竖粗细一致的线框或线条，在网角小于41°时，横线须加一排像素点，以确保印刷时横竖线条粗细一致；设计要求应为等粗、等距的线条，对于类似烟包、酒标等高档次印版，必须按要求将线条摘修成等粗、等距。

（3）层次图像的摘修

层次图像的摘修主要是过渡网的摘修，过渡区要修得均匀，保证过渡平滑无棱且自然，保证绝网处无台阶。

三、注意事项

1. 印前文件检查的注意要点

凹版制版时印前文件的检查主要是指RIP后的文件检查，以及下传文件的检查。

RIP后的文件检查内容为：

① 依据排版图检查起始方向是否有误。

② 依据排版图检查正、反版是否有误。

③ 依据分色墨稿或彩稿，检查图文是否完整。

④ 依据分色墨稿或彩稿，检查图文是否有明显丢图或多图的现象。

⑤ 对照彩样，检查各色过渡网是否有明显不应有的台阶。

⑥ 检查文字不得有乱码出现。

下传文件的检查内容为：

① 排版完毕，将程序对照制版说明、排版图及电雕工艺单重新复查一遍。

② 检查版式，保证正反版制作准确。

③ 检查文件叠加套印时，不得有龟纹现象出现。

④ 检查裁切线、文字、检测线，保证其颜色、大小、相对位置等准确无误，辅助标志不得进入有效图案。

⑤ 检查系列产品电分图，保证每个电分图的每一色文件、其位置放置准确。

⑥ 检查所摘修文件，保证文字的字体、字形与原文件一致，笔画粗细均匀协调一致；保证线条粗细均匀流畅；保证层次分明、过渡平滑无棱等。

⑦ 检查各色版套印，保证其在规定的误差范围之内（普通版0.5mm以内，要求严格的产品按工艺要求）。

⑧ 检查整体图案的完整性，保证色块、文字、图形等较易识别的图案完整无缺。

⑨ 程序检查无误后，及时传至电子雕刻机进行雕刻。

2. 印前文件拼版的注意要点

印前文件在拼版时，要根据拼版图色序编排顺序逐色进行拼版。首先，将裁切好的单元图案按排版图的要求采用全局共设的方法进行拼贴；其次，按排版图上的要求排布、拼贴裁切好色序光标和拼贴块；第三，按排版图上标示的透雕位及尺寸要求，作透雕处理；第四，按排版图上标示尺寸、位置的要求排布裁切标记、裁切线、马克线；最后，按排版图上标示要求排布“产品编号”。其中：

① 马克线上的序号要同版辊序号一致，排版图所标示尺寸要与总尺寸一致。

② 拼贴色序时，每色方法都要统一，不能出现有单拼，以及有共设等现象。排版完毕，要采用图像叠加套印的方法进行检查、调整。

此外，还要正确算出雕刻离边、试雕位置。如果雕刻结束位离版辊边小于10～20mm时，一定要进行注明；如果是两次或两次以上雕刻的产品，色序及图内外所有套印标记都必须与套印要求严格的图文部分同一次雕刻。对于同一套版出现两人以上排版时，后面的操作者须参照前者已做好的程序，以利方法统一，避免由此产生的误差；整版四周有出血的，将四周出血部分裁切、拼贴；重复图案尽量采用复制办法，但对于重制或改制的文件，需要考虑与以前的印版配套，裁切方法应与以前相同；对于用GS850电子雕刻机进行排版时，最好采用全局共设；对于新制、改制、重制的文件，都须按公司编号制度要求对印版进行编号。

第二节　印前文件的加网与输出

学习目标　根据雕刻要求进行输出文件的命名。

一、操作步骤

电雕印前文件完成拼版加网后，要根据后续雕刻要求进行输出，通常可输出PS格式文件、PDF格式文件和TIFF格式文件。

1．输出PS格式文件

① 在AI软件中打开需输出的文件。

② 选文件菜单中的打印，并按照图2-1-24所示进行参数设置。

③ 参数设置完成后，点“存储”后生成PS 格式文件。

2．输出PDF格式文件

① 在AI软件中打开需输出的文件，删除多余的图层，只保留需要的图层。

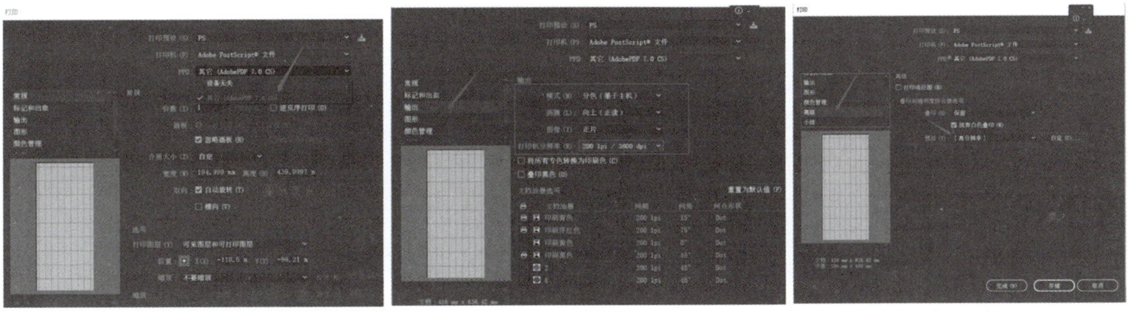

（a）步骤1　（b）步骤2　（c）步骤3

图2-1-24　参数设置步骤

② 选文件菜单中的“存储为”，将保存类型选为“Adobe PDF”，如图2-1-25所示。

③ 点“保存”后生成PDF 格式文件。

3．输出TIFF格式文件

① 在PS软件中打开需输出的文件，删除多余的图层，只保留需要的图层。

② 选文件菜单中的“存储为”，将保存类型选为“TIFF”如图2-1-26所示。

③ 点“保存”后生成TIFF格式文件。

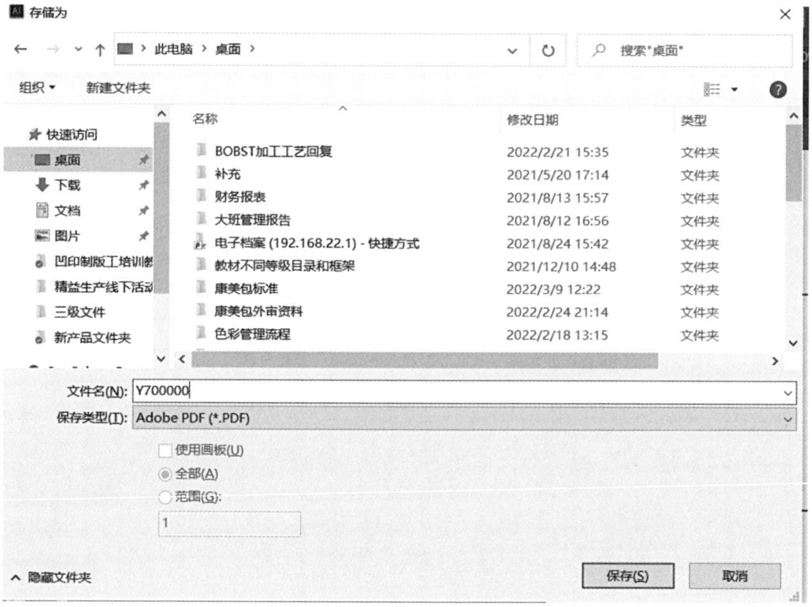

图2-1-25　PDF格式文件的存储

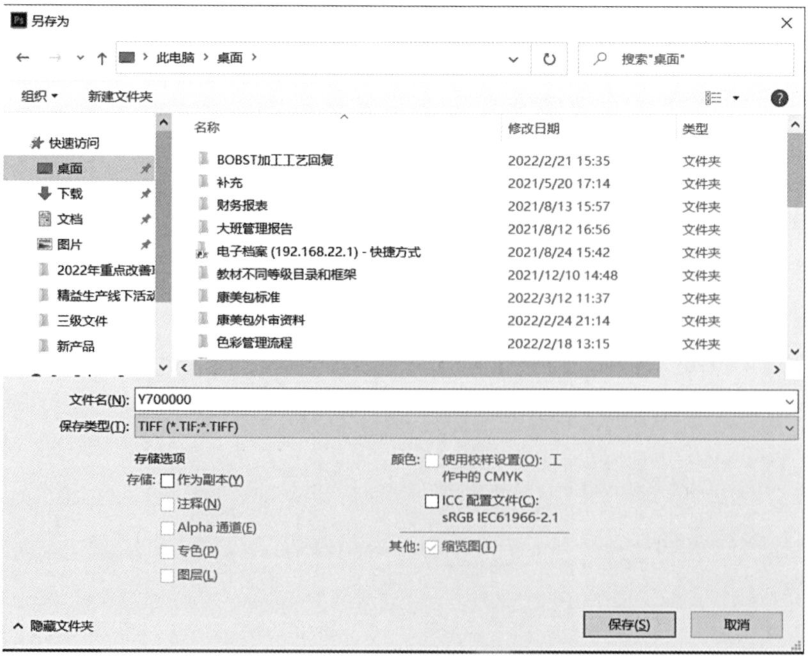

图2-1-26　TIFF格式文件的存储

二、相关知识

1．输出文件的命名和格式要求

通常印前文件在输出时的命名要求是以版号+文件序号或者版号+色名进行的，例如Y7000000_1是版号+文件序号的命名方式、Y7000000_K或Y7000000_ZL是版号+色名的命名方式；输出时的格式要求通常有3种，分别为PS格式、TIFF格式、PDF格式。

2．印前文件的加网参数

（1）雕刻网角

雕刻网角是指通过水平网穴最大宽度的直线与通过距离最近的两个网穴的中心的直线之夹角，通常是锐角。网角是由水平网线数与垂直网线数的比例来决定，常用电子雕刻时的网角如图2-1-27所示。

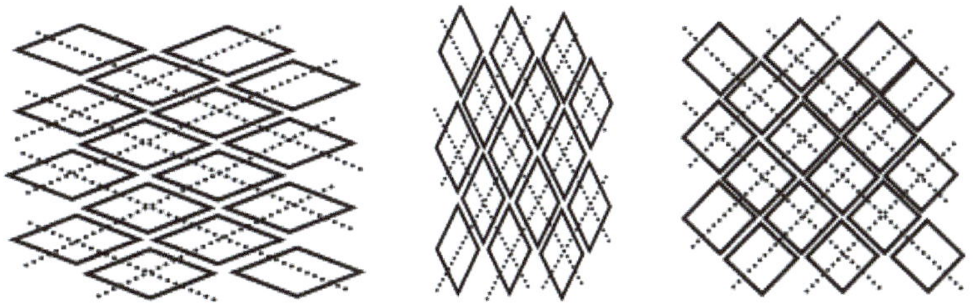

（a）压扁网穴 30°　（b）拉长网穴 60°　（c）正常网穴 45°

图2-1-27　凹版印刷中常用电子雕刻时的网角

正常网穴的网角为45°，其水平网线数与垂直网线数相同；压扁网穴如30°网穴，其水平网线数大于垂直网线数；拉长网穴如60°网穴，其水平网线数小于垂直网线数。通常情况下雕刻网角越大，网穴水平方向的宽度越小，网穴值越大。在雕刻网线数相同的条件下，单位面积的网穴深度和通沟宽度大小有关。45°网角的网穴深度最大，网角为38°、30°和60°的网穴深度相对较浅，但是这几种网角的网穴深度几乎相同，但45°、38°、30°的网角有通沟，60°网角的暗调网穴无通沟，储墨量少一些。因此，打样样张的反射密度值按从大到小的顺序分别是45°网角＞38°网角＞30°网角＞60°网角。

在电子雕刻凹版制版中，网穴角度的安排为黄版、白版（塑料印刷）和黑版一般采用45°网角，青版一般采用30°网角，品红版一般采用60°网角，金版、专色版一般也采用45°网角，对于雕刻网线数高、网穴质量要求好而精细的产品，一般会采用38°网角。

激光雕刻的网角不受限制，可以从0°到360°任意选择，但是不同网角也会影响到图文的精细程度及印刷转移情况，层次版一般不采用激光雕刻。

不同网点形状的网点其网点角度不同，为了避免在后期印刷中因套印不准而产生龟纹，在凹版制版中网点角度的设置必须合理。

（2）雕刻线数

雕刻线数是指单位长度内网点排列的个数，凹版印刷中常用的雕刻线数为50～120lpc。50lpc多用于大实地色块、过渡网等图案，90lpc以上多用于雕刻精细图案或文字。雕刻线数与网穴度和深度成反比，雕刻线数低，单个网穴宽度大、深度就深，反之则单个网穴宽度小、深度浅。

雕刻线数低时，网穴粗而疏，版辊同印张的图文边缘有明显锯齿，在印张上表现为中、暗调层次易被拉开，暗调不易并级。而雕刻线数高时，网穴细而密，版辊同印张的图文边缘无明显锯齿，在印张上表现为中、暗调有压缩，虽然层次丰富，但易并级。另外在印张的高光区域，雕刻线数高的反射密度值与雕刻网线数低的反射密度值相差不大；在印张的暗调区域，由于版辊上雕刻线数低的网穴比雕刻线数高的网穴大且深，导致印张暗调区域的墨层较厚，因此暗调区域雕刻线数低的反射密度值大。

雕刻线数的变化对相邻网点百分比两级间的网穴差值也会产生影响。雕刻线数低，相邻网点百分比两级间的网穴差值较大，雕刻线数高，相邻网点百分比两级间的网穴差值较小。

（3）网穴形状

因制版方法不同而有所差别，电子雕刻凹版的网穴形状一般为倒锥形，激光雕刻主要有四边形、六边形及各种不同形状的网穴如BT网点，如图2-1-28所示。

（a）四边形网点　（b）六边形网点　（c）BT 网点

图2-1-28　常见激光雕刻用的网穴形状

三、注意事项

① 填写“电雕文件提示表”，传输单填写要正确，必须要有签名及日期。

② 在传电雕和传激光的文件夹内核对传输文件名，文件名和通道必须指示清楚。

③ 重新清点档案，资料要整理无误后方可放入档案袋。

④ 传文件必须传送至雕刻车间服务器。

第二章

实施电子雕刻

第一节　雕刻滚筒

学习目标

1. 了解雕刻针的选择原则，完成雕刻针的选择、更换和安装。
2. 会调用雕刻曲线和边缘增强。
3. 规范完成拼版产品的试雕和正式雕刻。
4. 掌握补雕的方法，并能实施补雕。
5. 能对电子雕刻机的铜屑袋进行清洁。

一、操作步骤

1．雕刻针的更换与安装

更换雕刻针时首先要松开盖板螺钉，将盖板90°旋转到右端，使盖板离开雕刻针；其次利用拔针器拔下雕刻针，并将新更换的雕刻针安装在雕刻针的轴上。

对于OHIO型号电子雕刻机和K500型号电子雕刻机而言，雕刻针的安装步骤有一定差别。OHIO型号电子雕刻机的雕刻针安装步骤为：

① 装雕刻针前先将滑脚归位（退半个螺距）。

② 明确所用雕刻针的针角。

③ 检查雕刻针孔和雕刻针杆，不能有杂污。

④ 将雕刻针杆插入雕刻针孔，并使雕刻针杆深入雕刻针孔底部。

⑤ 用专用螺钉旋具紧固雕刻针固定螺钉。先紧外侧的螺钉，再紧里侧的螺钉，不要一步紧到位，重复3次以上动作，将雕刻针紧固好。

⑥ 检查雕刻针尖高出滑脚的量，调整滑脚使雕刻针尖高出滑脚一点。

⑦ 安装完，在版辊边缘（试雕位）划痕，测其宽度。宽度在5～10μm时为正常。11μm以上时将滑脚调稍进（相对雕刻针）；小于5μm时将滑脚稍调出（相对雕刻针）；大于75μm时重新安装雕刻针。

K500型号电子雕刻机的雕刻针安装步骤为：

① 拧开定位螺钉，卸下雕刻头。

② 从雕刻头上拧开阻尼器件（只有标准的雕刻头中有）。

③ 将雕刻头插入雕刻针调整仪中并固定，并将调整螺钉拧向下方，使雕刻针拆装器爪缩回。

④ 慢慢缩回滑脚（大约逆时针转动3圈）。

⑤ 将雕刻针拆装器爪滑动至雕刻针下，逆时针转动承压轴。

⑥ 从雕刻针调整仪上取出雕刻头，并从雕刻针拆装器爪上取出雕刻针。

⑦ 用手轻轻地将一新的雕刻针放到雕刻头上的电枢轴上，重复③的步骤。

⑧ 慢慢地顺时针转动承压轴，直到承压垫接触雕刻针柄。

⑨ 在显微镜下，小心转动调整螺钉至雕刻针与电枢轴接触，并对雕刻针针尖聚焦。

⑩ 在显微镜下，继续转动承压轴直至雕刻针针尖在显微镜叉线中央。

⑪ 轻微地转回承压垫，以减小对电枢轴的压力。

⑫ 再次检测雕刻针针尖是否在显微镜叉线中央。若雕刻针针尖在叉线上方，则用雕刻针拆装器爪使其向下些；若雕刻针针尖在叉线下方，则小心继续转动承压轴。

⑬ 当雕刻针针尖在显微镜叉线中央时，将雕刻针拆装器爪移回并将其杆轻微地向上。

⑭ 显微镜下，轻轻地移动滑脚，直至雕刻针针尖被其挡住。

⑮ 从雕刻针调整仪中取出雕刻头，并重新固定阻尼器件。

安装雕刻针完毕，如果要更换滑脚可以松掉滑脚顶端的螺钉后将滑脚拔出来，再安装新的滑角；调节滑角的旋转螺钉，使滑角与雕刻针脚前后方向在同一水平线上。在换刀时一定要把刀多退点，确认划不到版面时将雕刻头靠到版面上轻转版辊，检查刀有没有到位；如果没有到位，调整滑角再转版辊检查，直到刀刚好滑出为止。

2. 调用雕刻曲线和边缘增强

根据拼版产品的印刷方式、画面要求直接调用合适的层次曲线。

3. 拼版产品的试雕和正式雕刻

拼版产品试雕与正式雕刻的操作步骤与单个产品的试雕和正式雕刻的操作步骤相同，在此不再赘述。

4. 补雕

版辊雕刻后，需对辊表面进行检查，如果发现有图文漏雕的情况，需对漏雕的区域重新进行雕刻。如版辊上无图文漏雕，则无须补雕。

5. 铜屑袋的清洁

电子雕刻机上的铜屑袋应保持每周清理一次。清理时打开铜屑箱盖子，把箱里的铜屑袋中的铜屑倒出，并收集好，然后关闭铜屑箱盖，最后用吸尘器把铜屑箱四周飞溅的铜屑清理干净。

二、相关知识

1. 针角的定义和选择原则

雕刻针角是指雕刻针的工作面角度，常用的针角有110°、120°、130°三种。

雕刻针角度的大小直接控制网穴倒锥型角度和深度的变化，在相同线数的情况下雕刻网穴时，若电子雕刻针的角度越大，则倒锥型角度也越大，同时网穴深度越浅；反之，电子雕刻针的角度越小，则倒锥型角度也越小，同时网穴深度越深，雕刻针雕刻网穴结构如图2–2–1所示。

从图2–2–1中可以说明：在同等网线数条件下，雕刻针的角度大小与网穴的深度成反比，与反锥形角度成正比。在正常情况下，网穴线数和雕刻针角度不变，宽度与深度成正比，网穴反锥形宽度越大，其网穴深度也越深。

目前多数制版公司制作里印电子雕刻凹版时，一般采用的电子雕刻针角范围为90°～150°；而电子雕刻塑料表印的印版及印布、香烟版等凹印版一般采用110°雕刻针角度，但也有选用100°雕刻针角度的。

2. 雕刻刀的结构和种类

电子雕刻机雕刻头上的刀具一般都是金刚石刀具，通常情况下3把刀组合成一组，包括：雕刻刀，这是主刀具，刀尖锐利，在铜滚筒上可雕刻出16～24目/mm²的网点；滑脚，以弧形或矩形断面顶在被刻的铜滚筒上，起定位作用；刮刀，有着锋利的斜角刃，用于刮掉雕刻产生的毛刺。雕版用雕刻刀及其结构如图2–2–2所示。

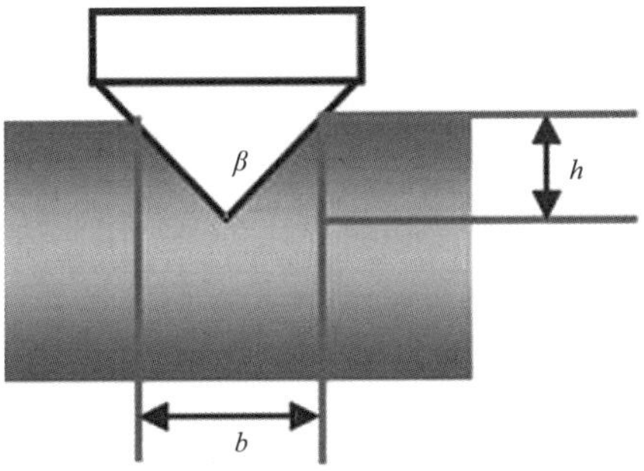

图2–2–1　雕刻针雕刻网穴结构

b—网穴的开口　*h*—网穴的深度　*β*—雕刻针

图2–2–2　雕刻刀及其结构

1—滑脚　2—钻石雕刻头　3—雕刻针　4—盖板

3. 试雕和补雕的作用

试雕是指操作者根据原稿或扫描片的要求和油墨的色相，结合承印材料特性，通过调整雕刻放大器上的电流、电压，制定试雕值，得到合适的暗调、高光网点和通沟大小。当改变正、负电流和频率其中任意一项，其他项应相应改变。正电流值对应暗调值，负电流值对应高光值。频率对应通沟值。例如加大暗调电流值，而高光负电流值和频率不变，实际雕刻时，高光值和通沟也会随之增大，所以加大暗调电流后，要适当提高频率，再适当减小高光电流。

试雕是一项非常重要的工作，直接关系到印刷品阶调层次的再现。试雕值对高光、暗调网点的大小影响极大，高光试雕值越大，则雕刻的高光网穴就越大越深；暗调部分的试雕值越大，则暗调部分的网穴就越大越深，网穴的储墨量就大。因此，试雕时应根据不同的网线、网形及承印材料，选用相应的暗调和高光网点，必要时可通过网点测试仪测定网点对角线和通沟尺寸。

补雕是在版辊雕刻后，版辊表面出现某一处或几处图文漏雕的情况时，专门针对版辊图文漏雕的区域重新进行雕刻的一个环节。

4．铜屑袋清洁的目的

电子雕刻机的铜屑袋需要定期清洁，其目的是避免未及时清理造成吸屑管堵塞，避免因铜屑未及时清理造成铜屑回填、铜屑划伤、打针等质量问题，避免因雕刻头发热造成网变等质量问题。

三、注意事项

1．雕刻针更换与安装时的注意事项

① 严禁用手触摸雕刻针上金刚石，严禁用雕刻针上的金刚石去触撞硬物，要使用专用物品清洁雕刻针上的金刚石。

② 每把雕刻针都应有唯一的编号，新进或新磨雕刻针要及时检查核实其准确性，并作标识。

③ 雕刻针在使用过程中要如实填写其实用记录，例：产品编号、色别、网线、网角、机型、网值、雕刻时间等。

④ 雕刻针的安装过程中，要小心谨慎，严禁损坏雕刻针或版面。

⑤ 要明确所用雕刻针的针角，检查雕刻针孔和雕刻针杆，不能有油污。

⑥ 紧固雕刻针时，要用专用螺钉旋具，先紧外侧螺钉，再紧内侧螺钉，要循序渐进3次以上将雕刻针紧固好。

⑦ 调整滑脚使雕刻针针尖高出滑脚一点。

在版辊边缘（试雕位）划痕，测其宽度。宽度在5～10μm时为正常；11μm以上时将滑脚调稍进（相对雕刻针）；小于5μm时将滑脚稍调出（相对雕刻针）；大于75μm时重新安装雕刻针。

⑧ 刮刀的安装与调整，必须按要求进行操作，对于K500类电雕机必须在雕刻针调整仪上进行操作。

通常将刮刀上的螺孔与雕刻头相应位置的螺孔对正，将刮刀缓缓放入——检查雕刻针与刮刀的相对位置，雕刻针针尖要在靠刮刀斜刃端1/3位置——用专用螺栓将刮刀紧固好——在机器上装一只版辊（磨版辊），在距刮刀最近处的版辊上涂抹适量的兰油，然后前移雕刻头使刮刀贴在兰油位置上，按雕刻方向转动版辊，使刮刀在版面滑动2～3cm的距离检查刮刀在版面上的刮痕，刮痕要光滑、两边均衡。

2．试雕的注意事项

当试雕误差值大于10μm时，一般采用调整滑脚校正雕刻网值；当试雕误差值小于10μm时，一般采用调整电流校正雕刻网值。雕刻电流调整的大小与频率、网线值有关，雕刻频率在3200Hz，网角为45°时，常用对应值参数：70时线，正电流为4.5A，负电流为4.5A，频率为380Hz；60线，正电流为5.0A，负电流为5.0A，频率为420Hz；80线时，正电流为3.8A，负电流为3.8A，频率为340Hz。频率最底不小于280Hz。

对试雕电流调整的要求：改变正、负电流和频率其中任意一项，其他项应相应改变。正电流值对应暗调值；负电流值对应高光值；频率对应通沟值。例如：加大暗调电流值，而高光负电流值和频率不变，实际雕刻时，高光值和通沟也会随之增大，所以加大暗调电流后，要适当提高频率，再适当减小高光电流。

试雕完毕，接着进行网值的测量，测量从左起第二排、上起第5排的网点，并根据要求值与实测值之间的差值进行调整；将最终试雕的网点测量并打印；并认真如实填写网点记录卡。

3．补雕的注意事项

对图文漏雕区域进行补雕时，须注意要精准定位漏雕的图文位置，保证补雕后图文能与前面已经雕刻好的图文能很好对接在一起。定位准确后，补雕时按照前面雕刻时采用的雕刻参数以及操作方法雕刻即可。

4．清洁铜屑袋的注意事项

清洁铜屑袋时注意确保吸屑管没有破损，确保吸屑管电机没有故障；吸屑管没有破损，才能确保铜屑吸屑装置正常，避免雕刻头发热造成的质量问题。定期清洁铜屑袋，确保吸屑管风力，才能保证在雕刻过程中铜屑及时被抽走，避免铜屑回填、铜屑划伤、打针等质量问题。

第二节　检查滚筒

学习目标

1. 了解网点测试仪的结构和工作原理。
2. 规范使用网点检测仪测量网点基本参数。
3. 能目测滚筒雕刻后的表面质量。

一、操作步骤

① 对上道工序（车磨或研磨）送来的版辊先进行初检。

② 对于空心版辊，要检查版腔皮带是否塞好，其中直径250mm以上版辊，确保皮带与版壁充分接触；带轴版辊要检查轴面是否有碰伤等。

③ 再次检查版面是否光洁，倒角必须圆滑，且无明显的划伤、碰伤或砂眼等。

④ 检查版面，确保不得有水印、手印。

⑤ 对照MES台账检查版辊版号、序号必须正确，两端的版号、序号必须一致。

二、相关知识

1．网点测试仪的结构和工作原理

（1）网点测试仪的结构

Redot网点测试仪的结构主要用于测量凹版制版和印刷中的质量控制。可实现对化学蚀刻、机械雕刻及激光雕刻等方式加工的凹版滚筒上的网点及线条，进行三维测量显示、分析处理和打印输出，其结构图如图1-2-11所示（初级工部分），其指标参数见表2-2-1。

表2-2-1　Redot网点测试仪指标参数

主体：一体化结构，圆滚型支脚	镜头：MF4×、MF10×、MF20×、MF40×
照明：平行光、自动调节、超长寿命灯管	焦距控制粗调焦距：50mm 微调焦距：2mm
支架行程：*X*方向 25mm *Y*方向 25mm	电源：DC 12V 20W
测量精度：*X*、*Y* 方向<5%	
*Z*方向机械精度：1μm	

（2）网点测试仪的工作原理

Redot网点测试仪的工作原理与电子雕刻机上测量头的工作原理相类似，操作步骤可总结概括为三个步骤：仪器调试→网点图像数据输出→网穴三维数据分析，如图2-2-3、图2-2-4、图2-2-5所示。

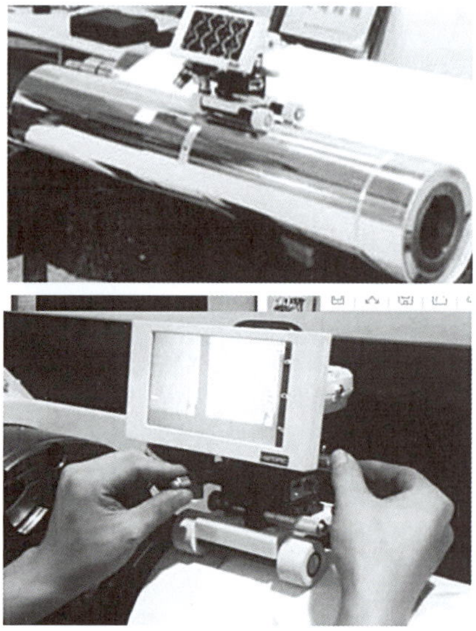

图2-2-3　网点测试仪的调试

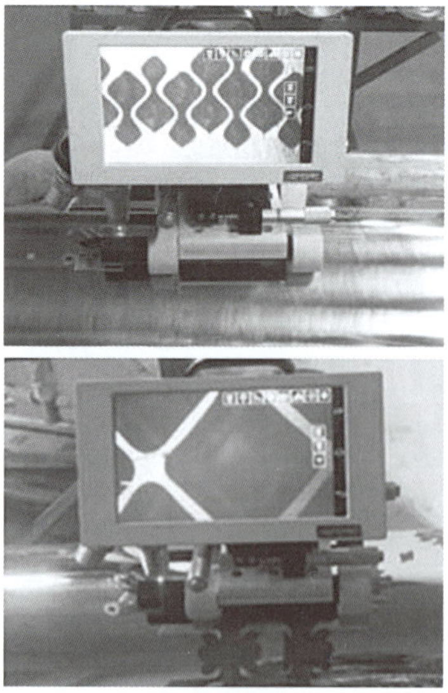

图2-2-4　凹版滚筒网点图像及数据输出

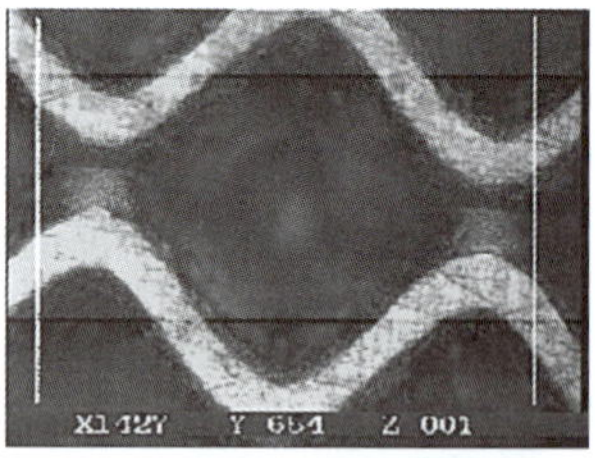

（a）网穴顶端三维数据分析

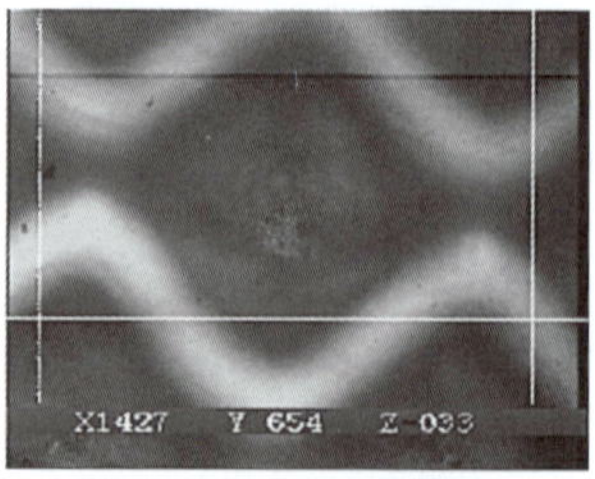

（b）网穴底部三维数据分析

图2-2-5　电子雕刻凹版网穴三维数据分析

2. 网点基本参数标准

（1）网穴横对角线长度标准

电子雕刻凹版（也包括激光雕刻凹版）的层次和阶调，是由网穴的大小和深浅来表现的。而网穴的大小和深浅与雕刻机的机型、网线数、雕刻针的角度、镀铜层的硬度以及产品质量要求等因素有关，所以很难规定具体数值。目前，在行业标准中仅以70lpc，130°雕刻刀角度和新雕刻刀为例，规定出不同网穴形状的网穴横对角线长度，见表2-2-2。

表2-2-2　不同网穴形状的网穴横对角线长度

网穴种类	形状	高调部分网穴横对角线长度 /mm	暗调部分网穴横对角线长度 /mm
标准型	0.90～1.10	15～25	110～120
扁平型	1.20～1.50	25～40	140～165
延伸型	1.40～1.70	20～35	130～145
正菱形型	1.60～1.90	35～45	165～200

（2）网穴深度、开口及通沟标准

电子雕刻凹版的网穴深度、开口和通沟标准见表2-2-3。

表2-2-3　不同网穴的网穴深度、开口和通沟标准

电雕针角	开口大小	*K* 值	深度 /h	通沟大小
105°	*a*	1/2.54	*a*/2.54	*a**15%～*a**20%
110°	*a*	1/2.85	*a*/2.85	*a**15%～*a**20%
120°	*a*	1/3.46	*a*/3.46	*a**15%～*a**20%
130°	*a*	1/4.29	*a*/4.29	*a**15%～*a**20%
140°	*a*	1/5.5	*a*/5.5	*a**15%～*a**20%

3. 电子雕刻滚筒的质量检查

用于电子雕刻的滚筒在进行雕刻前需要检查同心度、直径精度、径差和镀铜层质量，雕刻后需检查网穴深度、套印光标的质量。其中同心度、直径精度、径差和镀铜层质量的检查要求请查看初级工部分，在此不再赘述。

（1）网穴深度

在凹版印刷中，印品上图像层次的变化主要取决于墨层厚度的变化，而着墨量则取决于网穴的深度、形状和油墨的黏度等。网穴太浅时，印品层次平淡，细微层次损失。网穴太深，则墨层太厚，印刷后难以干燥，造成印品蹭脏。因此，印刷前对网穴深度进行检查是非常必要的。电子雕刻凹版的网穴深度应在15～50μm，形状是倒菱形方锥体。

（2）套印光标

印刷前，除了要对印版滚筒上的图案和文字进行全面检查之外，还需要对套印光标的

位置、规格进行检查，因为套印光标的位置、规格正确与否，直接关系到印品的套印精度。以卷筒纸凹版印刷为例，不同的印刷机一般要采用不同的套准控制系统，因而采用的光标也不同，有线形光标、楔形光标、三角形光标等。

三、注意事项

① 雕刻刀用专用仪器安装时，雕刻针应在刻度中间偏下或滑角的正中间。如果雕刻针安装不正确，一是容易打刀，二是刻出的网点上下不对称。

② 刮刀的安装与调整，必须按要求进行操作，其中K500类电雕机必须在雕刻针调整仪上进行。

第三章

实施激光雕刻

第一节 设置雕刻参数

学习目标

1. 了解激光雕刻机控制面板的功能和作用。
2. 根据雕刻工艺单输入产品的雕刻参数。

一、操作步骤

① 输入滚筒实际周长。

② 输入起雕位。

③ 输入光束数，常规用8束光和4束光，防伪和微缩字用单束光。

④ 输入焦距，一般用9.73，试雕后根据网墙锯齿调整焦距。

⑤ 输入功率，常规用40%，试雕后根据网墙大小调整，如网墙大则功率加大。

⑥ 输入转速，按照表2-3-1直径与转速参数设置对应表进行设置。

表2-3-1 直径与转速参数设置对应表

	参数1	参数2	参数3
直径/mm	100~200	200~300	>300
转速/($r \cdot min^{-1}$)	800~1000	500~800	300~500

二、相关知识

1. 激光雕刻机控制面板

控制面板是典型的输入装置，是激光雕刻机中与操作人员交互最频繁的部件之一，面板上的各类操作功能键，能完成雕刻机的状态显示和控制、数据编辑等功能。本教材主要介绍东运激光雕刻机和德国DIGIAS激光雕刻机的控制面板。

（1）东运激光雕刻机控制面板

图2-3-1所示为东运激光雕刻机控制面板。

（2）德国DIGIAS激光雕刻机控制面板

图2-3-2所示为德国DIGIAS激光雕刻机控制面板。

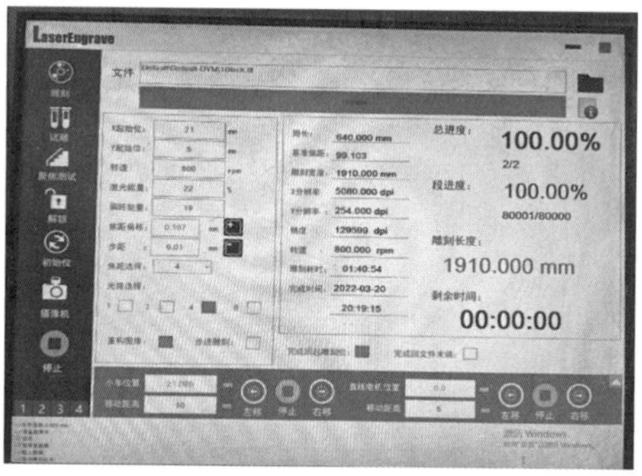

图2-3-1　东运激光雕刻机控制面板

图2-3-2　德国DIGIAS激光雕刻机控制面板

德国DIGIAS激光雕刻机雕刻参数设置图如图2-3-3所示。

德国DIGIAS激光雕刻机聚焦测试设置图如图2-3-4所示。

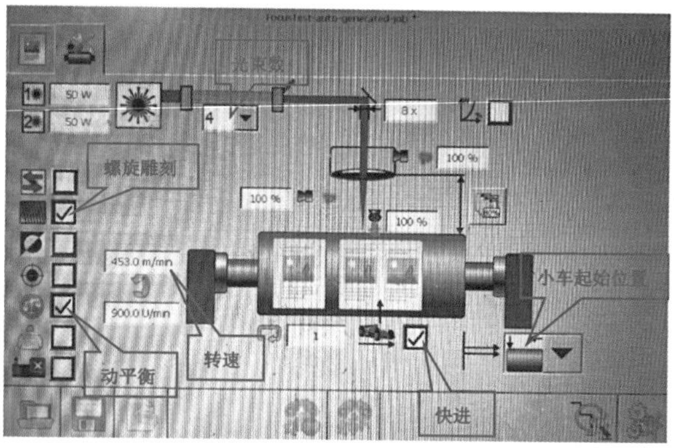

图2-3-3　德国DIGIAS激光雕刻机雕刻参数设置图

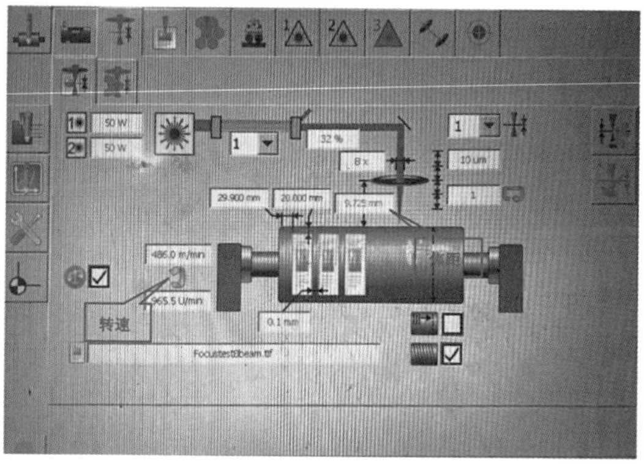

图2-3-4　德国DIGIAS激光雕刻机聚焦测试设置图

德国DIGIAS激光雕刻机参数设置面板如图2-3-5所示。

德国DIGIAS激光雕刻机手动参数设置图，以设置周长为例，如图2-3-6所示。

2．激光雕刻参数的种类和含义

激光雕刻参数主要是指激光束、功率和焦距。

（1）激光束

激光束是一种在时间上和空间上高度集中的光子流束，其发散角极小、聚焦性能良好，采用光学聚焦系统，可以将激光束会聚到微米量级的极小范围内，其功率密度可高达上百瓦，当这种微细的高能激光束照射到工件上时，由于这种高强热源对材料加热的结果，可使得照射区内的温度瞬时上升到1万℃以上，从而引起被照射区内的材料瞬时熔化并大量汽化蒸发，气压急剧上升，高速气流猛烈向外喷射，在照射点上立即形成一个小阻坑。

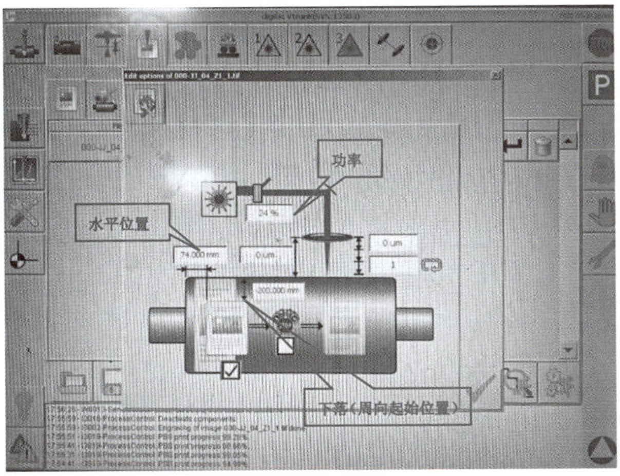

图2-3-5　德国DIGIAS激光雕刻机参数设置面板

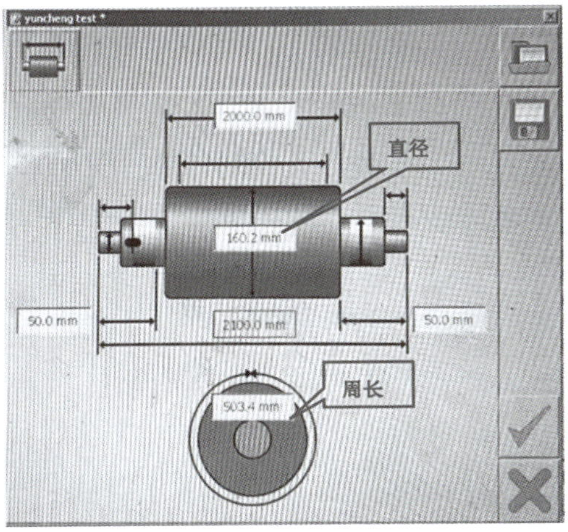

图2-3-6　德国DIGIAS激光雕刻机手动参数设置图

（2）功率

与电能一样，激光器发出的光也是一种能源，只是它以光的形成出现。所以激光器的输出功率与发电厂发电机的输出功率一样，是一个度量单位时间内输出能量的物理量纲，其所用的度量单位与电功率一样，也是W（瓦）或毫瓦（mW）。

为了理解“激光功率”这个概念，可以这样想象一下：如果有一转换效率为100%的激光与电的能量转换器，那么向这个转换器输入1W的电功率，它就能输出1W的激光。事实上，现在普遍采用的DPSS激光器，就是一个典型的电光转换器，只是它的转换效率不到100%，在百分之几到几十而已。操作人员要根据印刷品的质量要求输入合适的百分比，常规为40%。

（3）焦距

焦距是光学系统中衡量光的聚集或发散的度量方式，指平行光从透镜的光心到光聚集的焦点的距离。

三、注意事项

① 在输入滚筒实际周长时，应注意雕刻文件的高度与滚筒周长必须一致。

② 离边值=图案离边值-130，其中刻头0位距三爪为130mm。

第二节　雕刻滚筒

学习目标

1. 了解激光雕刻机的种类和工作原理，熟悉激光雕刻机的操作规程。
2. 能使用雕刻软件，会调用雕刻曲线规范完成产品的试雕和正式雕刻。
3. 掌握补雕的方法，并能实施补雕。

一、操作步骤

① 一手持遥控，一手装吊带，将滚筒吊上雕刻机，要确保起雕的方向正确，注意长短轴，左右单键。

② 检查滚筒表面的涂胶面，胶面无明显蹭胶、漏点、毛毛和机械甩油点。

③ 用百分表将同心度误差调整至两丝以内。

④ 根据图案与工艺要求裁取对应文件做试雕块。

⑤ 输入雕刻参数。

⑥ 检测试雕参数是否正确，进行试雕。

⑦ 用餐巾纸蘸石油醚清洁胶面一个来回，擦掉版面胶粉，油点等。

⑧ 试雕检测符合工艺要求后，合住机盖，选取文件点开雕键开始正式雕刻。

⑨ 正式雕刻完检测左右两边网点与试雕值一致，注意要在离边处进行，禁止在图案上测量网值，防止蹭胶。

⑩ 检测完成后，如果无须补雕则在电子档案里填写完整工艺参数。

⑪ 如果发现版面需要补雕则应根据生产流程要求适时完成补雕，补雕后再次检测，无误后填写电子档案。

⑫ 一手持遥控，一手装吊带，将版辊卸到激光专用版车上。

二、相关知识

1. 激光雕刻的种类和原理

目前激光雕刻有两种，一类是直接雕刻，另一类是刻膜腐蚀。

（1）激光直接雕刻工作原理

激光直接雕刻铜版，在技术上一直认为是不可行的，但激光可以直接雕刻锌。瑞士MDC公司通过制版工艺的改进，实现激光直接雕刻。先在铜辊上电镀一薄层镍，然后在其表面镀铜，随后又镀了一层锌。这层锌可吸收激光能量并蒸发，随之蒸发的还有其下面的铜，便生成了载墨的网穴。雕刻后，像其他雕刻滚筒一样，最终在滚筒上镀一层坚硬的铬。还开发了约500W功率的YAG激光器，每秒能雕刻7万个网穴。

直接激光雕刻系统主要由3个部分组成：高能量的激光、激光传输系统、光学系统。通过调节焦距，来调节单位面积上的能量。

（2）激光刻膜腐蚀工作原理

首先对版基（镀铜滚筒）表面进行彻底的脱脂清洗处理，然后均匀涂布一层黑胶，胶层的厚度可根据工艺要求的不同而定。接下来，由拼版工作站将印前工序制作好的文件转换成雕刻数据，使用激光直接灼烧版基表面的胶层，形成网点。雕刻完成后，用腐蚀液进行腐蚀，黑胶层上有网点的部分经腐蚀后形成网穴，无网点部分由于有胶层保护而不会被腐蚀。

激光刻膜腐蚀系统主要由4个部分组成：版面涂胶系统、激光雕刻系统、激光腐蚀系统和版面胶清洗系统。

2．激光雕刻机的操作规程

① 必须服从车间的安排，严格按照设备操作流程进行操作。

② 严禁在电压不稳时开机；严禁在电流表最大值的状态下开机。

③ 开机后先检查水泵是否出水，确保水温适度、水质纯净无杂物，每周换水一次。

④ 设备中严禁放置任何不相干的反射物体，以防激光直接反射到人体或易燃物品上，造成危险。

⑤ 设备工作前，应注意检查以下事项：

a．确保已打开风机，以免污染镜片和聚焦镜。

b．确保机器顶部盖板已盖上，以防激光偏位发生火灾或伤人。

c．确保工作情况正常（如：机器是否出现异常声音、循环水的水温等）。

⑥ 如果机器出现故障或发生火灾，请立即切断电源。

⑦ 非专业人员严禁擅自拆开机器，以免发生事故。

⑧ 设备附近严禁放置易燃、易爆物品，设备所处环境应无污染、无强电、强磁等干扰和影响。

⑨ 交接班时，每班应擦拭保养设备，清洁和整理现场。

3．雕刻软件的种类和作用

目前雕刻软件全部集成于激光雕刻机的控制面板中。

4．雕刻曲线的作用

雕刻曲线是用于描述输入值与输出值之间一一对应的关系，其作用是调整原稿输出电流的大小，从而达到还原原稿的目的。在编制雕刻曲线时要考虑网值（实地）、灰平衡、基调平衡、过渡网齐茬曲线调整层次等因素。对于激光雕刻曲线而言，实地版一般没有雕刻曲线，层次版有雕刻曲线，因腐蚀原因，一般应是曲线高光、亮调和暗调处均向下压。

5．试雕和补雕的作用与质量要求

激光雕刻过程中试雕和补雕的作用与电子雕刻时的试雕、补雕作用类似，只是激光试雕是通过调节控制系统中的光束数、焦距、功率和转速，来得到大小合适的网墙、网形和合适亮度的底部。

激光试雕作业直接关系到印刷品的厚实度和饱和度，对网墙、网形和腐蚀深度的大小影响极大。网墙试雕值越大，则腐蚀后留相同网墙的网穴就越深，实地部分网穴的储墨量就越大。因此，试雕时应根据不同的网线、网形及承印材料，选用相应的雕刻网墙，必要时可通过网点测试仪测定网点对角线和网墙尺寸。

激光网点试雕值是正式雕刻前，通过调节控制系统中的光束数、焦距、功率和转速，得到标准网形和合适亮度的底部，再测试雕刻出的网墙值，该值在一定程度上代表了实际雕刻中得到的网墙值。网墙试雕值对深度的影响很大，要特别重视。此外，网形是正式雕刻前通过调整参数来达到标准的，首先通过转速来调整，其次是通过光束数来调整；合适亮度的底部是通过调整以下参数来达到标准的，首先通过焦距调整，其次是通过功率调整，网墙是在网形和合适亮度底部调整完成后，再通过调整功率和焦距来完成。

试雕完毕，要进行网墙的测量，并根据要求值与实测值之间的差值进行调整；将最终试雕的网墙测量并打印；并认真如实地填写工艺记录卡。

激光试雕的具体质量要求为：

① 网墙试雕标准，误差 ± 2μm，网墙边缘光滑无锯齿，不歪扭。

② 网点底部在测试仪里呈白色，不发黑不发黄，刻边要雕清晰。

③ BT网点试雕要测量网墙和通沟值都在标准范围内。

补雕主要是弥补图文漏雕的质量缺陷，节省成本和缩短生产周期。激光补雕有两种情况，一种是如果激光版未腐蚀前需要补雕，一般雕刻头回零位重新进行雕刻即可；另一种是激光版腐蚀后需进行补雕，需重新经过涂胶→雕刻→腐蚀→清洗的整个流程，雕刻时需找到上一次零位并确认后进行雕刻。

对图文漏雕区域进行补雕时，须注意要精准定位漏雕的图文位置，保证补雕后图文能与前面已经雕刻好的图文能很好地对接在一起。定位准确后，补雕时按照前面雕刻时采用的雕刻参数以及操作方法雕刻即可。补雕完成后注意检查补雕图案是否达到预期要求，如未达到预期，速按照内部控制流程作相应的处理。

三、注意事项

① 版辊动平衡超100g，因激光高速旋转网点无法成形，不能加工。

② 激光雕刻过程中，禁止打开机盖。

③ 激光雕刻完成后在离边外进行测量网墙，禁止在图案上测量，防止蹭胶。

④ 卸版时，避免吊带和遥控接触版面，防止蹭胶。

⑤ 激光雕刻机及附属设备冷水机检查注意要点：

a. 激光雕刻机气压在1.5kPa以上。

b. 冷水机中冷却水水温（22 ± 1）℃。

c. 冷水机中冷却水箱水位在最高和最低位线之间。

d. 检查激光雕刻机水循环系统是否正常，如果不通水则检查水泵是否损坏或没通电，如果通水还要检查进水口、出水口是否接反或水管是否破裂。

e. 按操作激光雕刻机的面板测试键观察电流表有无电流指示，如果没电流则检查激光电源是否接通、高压线是否松动或脱落、信号线是否松动，如果有电流还要检查镜片是否破碎、激光管出光孔和镜片是否污染、光路是否严重偏移等。

第三节　检查雕刻质量

学习目标

1. 使用激光雕刻机测量头或网点检测仪测量网点基本参数。
2. 目测滚筒雕刻后的表面质量。

一、操作步骤

① 检测左右两边网墙与试雕值是否一致，具体步骤为：

a. 在雕刻完成的版辊胶面上，将干净的防蹭毛垫轻轻地放在雕刻图案待测区内。

b. 将网点检测仪轻放在防蹭毛垫上，对雕刻图案待测区内进行网墙测量。

c. 依次对另一边按照同样方法进行网墙测量。

d. 检测完后在电子档案里填写完整工艺参数。

② 检查雕刻后胶面无毛毛、胶子、漏点、蹭胶、甩油等质量隐患。

③ 检查雕刻后图案无明显漏雕多雕、网点挤压、雕乱和大面积图案直刻等质量隐患。

④ 雕完并对左右网墙与版面检查合格后，放指定区域。

⑤ 对照MES台账检查版辊版号、序号正确后，输入完成进入下道工序。

二、相关知识

1. 激光雕刻机测量头

目前激光雕刻机无测量头，测量网点须用Redot网点测试仪进行测量。Redot网点测试仪的结构和工作原理在电子雕刻部分已有描述，在此不再赘述。

2. 激光雕刻网点基本参数标准

凹版激光网点形状可以根据制版方法的不同而有所差异，一般情况下激光雕刻的网穴形状采用“U”形；如果是同样深度，电雕锥体状网穴的含墨量低于激光“U”形网穴，据测算激光“U”形网穴比电雕锥体状网穴含墨量大1倍左右。其特性有：网墙均匀，底部光亮，边缘清晰无锯齿形状，允许特定的墨量进入和转移，并确保印刷过程更加优化。

激光雕刻的网角不受限制，可以从0°到360°任意选择。与电子雕刻制版的网穴角度设置要求相似，为避免产生色差，影响印刷质量，激光雕刻凹版各色印版的网角之间保持30°的角度差。

3. 激光雕刻滚筒外观表面质量缺陷

常见的激光雕刻滚筒外观表面质量缺陷为胶面的毛毛、胶子、漏点、蹭胶、甩油等，以及雕刻后图案的漏雕多雕、网点挤压、雕乱和大面积图案直刻等缺陷。如图2–3–7和图2–3–8所示。

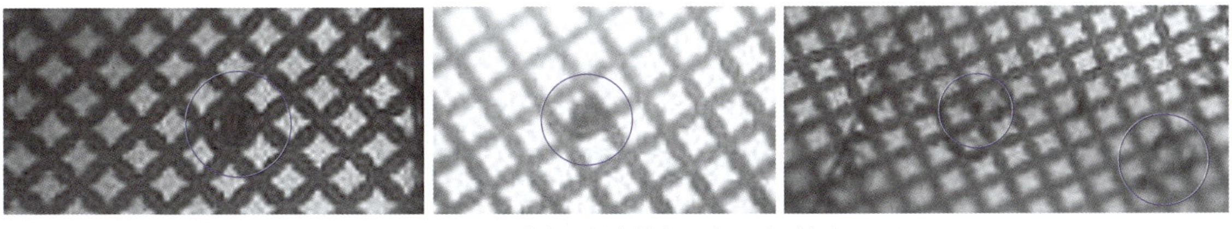

图2–3–7　激光雕刻滚筒表面胶层质量缺陷

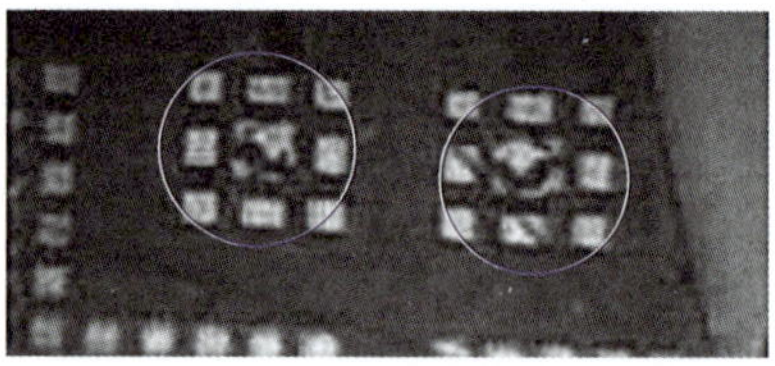

图2-3-8　激光雕刻滚筒表面图案质量缺陷

三、注意事项

检测左右两边网墙与试雕值是否一致时，要在离边处进行，禁止在图案上测量网墙，防止蹭胶。

第四章

腐蚀滚筒

第一节 调配腐蚀液

学习目标　独立完成腐蚀液的调配，并进行波美度测试。

一、操作步骤

腐蚀液的调配主要是指三氯化铁（以下用$FeCl_3$表示）腐蚀液和氯化铜（以下用$CuCl_2$表示）腐蚀液的调配。

1．$FeCl_3$腐蚀液的调配

① 先在腐蚀液箱中加入50%液位的水。

② 在腐蚀液箱中加入$FeCl_3$的原液。

③ 充分搅拌获得$FeCl_3$腐蚀液。

④ 在液温达到20℃要求下，检测溶液波美度是否符合工艺要求38；如果波美度高于工艺要求38，则补加水直至38；如果波美度低于工艺要求38，则补加$FeCl_3$原液，直至达到38。

2．$CuCl_2$腐蚀液的调配

① 先在腐蚀液箱中加入50%液位的水。

② 在腐蚀液箱中加入$CuCl_2$的晶体、适量工业用盐酸和双氧水氧化剂。

③ 充分搅拌获得$CuCl_2$腐蚀液。

④ 在液温达到35℃要求下，检测溶液波美度是否符合工艺要求18；如果波美度高于工艺要求18，则补加水，直至达到18；如果波美度低于工艺要求18，则补加$CuCl_2$晶体，直至达到18。

二、相关知识

1．腐蚀的作用

在激光的作用下，滚筒表面的部分黑胶层被雕刻掉，露出下方的铜层或者铁辊面，而保留在滚筒表面的黑胶在后续腐蚀中成为抗腐蚀保护层。雕刻后的滚筒放在腐蚀槽中，操作人员控制$FeCl_3$或$CuCl_2$溶液的浓度和喷淋时间，最终在铜层或铁辊表面生成深度一致、大小不同的网点凹坑。

2．腐蚀液的组成和调配方法

滚筒腐蚀所用的腐蚀液一般有两种：$FeCl_3$腐蚀液和$CuCl_2$腐蚀液。

$FeCl_3$腐蚀液的调配方法为水（H_2O）100kg，无水$FeCl_3$75kg，工业盐酸（HCl）2～3kg。配制后浓度控制在38～42°Bé为宜。需要注意的是，浓度并非越大越好，太高的浓度会使蚀刻面变得粗糙（涂层脱落），同时由于蚀刻液浓度大导致蚀刻速度变快，这一点对于新手操作者特别需要注意。$FeCl_3$腐蚀液的缺点是无法再生，存在污染。

$CuCl_2$腐蚀液的调配方法为$CuCl_2$占比5%、浓盐酸（HCl）占比10%、双氧水（H_2O_2）占比25%、水（H_2O）占比60%。$CuCl_2$腐蚀液的优点是用双氧水能让氯化亚铜氧化再生，并可回收，目前被广泛用于滚筒腐蚀生产。

3．腐蚀液的各参数要求

$FeCl_3$腐蚀液的参数要求为：预腐蚀液中的三氧化铬浓度为7°Bé，$FeCl_3$浓度为12°Bé；正式腐蚀用腐蚀液浓度为38°Bé；腐蚀液温度为19.5～20.5℃。

$CuCl_2$腐蚀液通过再生系统进行自动控制，具体参数要求为：波美度标准18±1（对应自动控制仪相对密度为1.13～1.15）；相对密度为1.10～1.16；盐酸为3.9～4.5；氧化剂为500～550；腐蚀液温度为32～35℃。其中正常工艺直接用腐蚀原液预腐蚀；60线以上、加刻边工艺及微缩字防伪图案使用铬酐预腐蚀液刷，预腐蚀液配比为铬酐：水：腐蚀液=1：3：1。

三、注意事项

很多危险化学品易燃易爆，具有毒性和腐蚀性，因此，在使用危险化学品时应注意以下几点：

① 尽量避免直接接触，不要用化学溶剂去洗手，更不要误服，特别是接触到腐蚀性化学品时，要立即用大量的清水冲洗。

② 易燃易爆场所禁止使用明火，如果确实需动用明火，如进行烧焊等，事先要得到批准，并做好充分的防范措施。

③ 在有易燃易爆危险化学品的工作场所，不要穿化纤衣服或带铁钉的鞋，因为化纤衣服会产生静电，鞋钉撞击地面会产生火花。

④ 搬运危险化学品的时候需非常小心，特别是硫酸等腐蚀性物品经常用陶瓷容器盛装，搬运时若封闭不牢固，极易发生意外。

⑤ 对于没有使用完的危险化学品不能随意丢弃，否则可能会引发意外事故。如往下水道倒液化气残液，则遇到火星会发生爆炸。

⑥ 要按规定戴好防护用具，防止作业者在工作过程中受到伤害。

第二节　滚筒腐蚀和清洗

学习目标

1. 了解腐蚀机工作参数的设置原则，规范进行滚筒的预腐蚀和腐蚀。
2. 规范使用清洗机进行腐蚀滚筒的清洗。

一、操作步骤

1. 腐蚀机工作参数的设置

腐蚀机工作参数设置点图如图2-4-1所示。

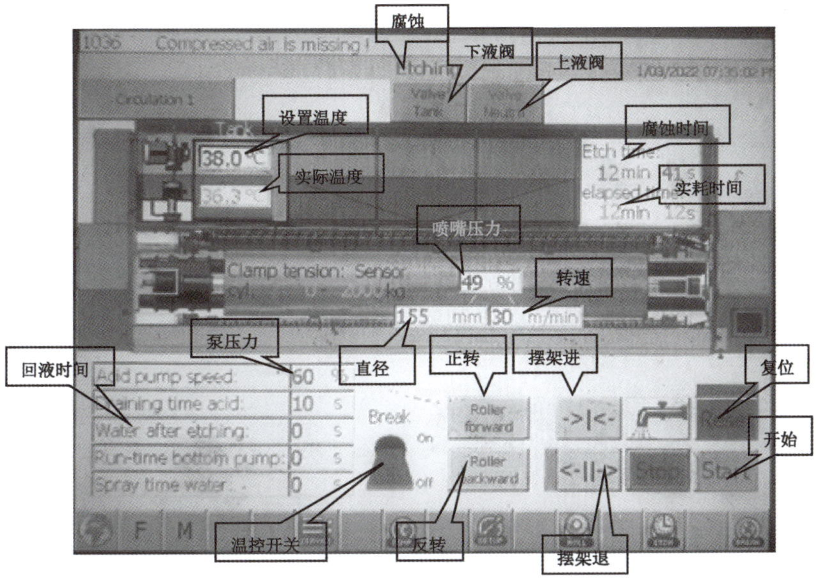

图2-4-1　腐蚀机工作参数设置点图

根据腐蚀要求，在腐蚀机上完成对应工作参数的设置。

2. 腐蚀

① 检查设备是否已通电，大液槽是否加满腐蚀液，且腐蚀液的波美度符合要求。

② 用天车把已经雕刻好的版辊放入腐蚀槽中，用尾座夹紧版辊，严禁操作时碰到版面。

③ 旋转版辊，在版辊的两头缠上防水胶带，防止腐蚀液腐蚀串杠或轴。

④ 用水枪冲洗版面来回各一次，同时用羊毛刷刷版面一个来回。

⑤ 开始预腐蚀：

a. 喷$CuCl_2$液，保证喷液40s，将版面完全湿润。

b. 将角磨机开到2挡上，粘上羊毛盘，一手拿角磨机，一手浇预腐蚀液，同步用角磨机从版头到尾匀速匀力刷两个来回。

c．预腐蚀完成后，用水把版面和槽底的铬酐冲干净排出去，以防止污染腐蚀液。

⑥ 用水枪冲洗版面和槽底，让预腐蚀液彻底流走。

⑦ 在腐蚀机设定好腐蚀的时间、版辊的转速、翻版翻动时间后，按腐蚀按钮自动腐蚀。

⑧ 腐蚀完成后，当听到翻版翻过来的声音后打开腐蚀槽盖，用水枪冲洗版面，一定要把整个版面冲洗干净。

3．清洗

① 一手持手柄，一手装吊带，将待清洗版辊吊入清洗槽。

② 浇光亮清洗剂。先用水冲洗版面，然后将光亮清洗剂均匀地浇至版面，直至版面整体均匀发亮，再用水把光亮清洗剂冲干净。

③ 将版辊端面、版面所有胶带揭掉。

④ 戴橡胶手套一边浇乙酸乙酯，一边擦胶，清除版面激光胶。

⑤ 用餐巾纸、酒精将版面完全擦干，再用工业乙醇擦一遍版面，确保版面清洁，对于带轴版还需将轴擦干净。

⑥ 将角磨机开到5挡上，粘上海绵垫，正转抛一来回，反转抛一来回，完成版面抛光。

⑦ 检查版面无明显漏点、腐蚀点、发花、掉胶，并用测试仪检查网墙是否符合工艺要求。

⑧ 对版辊进行下版，如果是空心版辊，则一手持手柄，一手装吊带，将清洗完的版辊吊出，放工装架上，用两把月牙扳手卡住锁紧块，用橡皮锤用力敲打扳手，然后将卸完工装的版辊吊到指定版架上；如果是带轴版辊，则一手持手柄，一手装吊带，将清洗完的版辊吊出放指定版架上。

⑨ 进行外观清洁，即用百洁布蘸少量乳化液打磨端面和堵孔至干净，腐蚀严重的用角磨机打磨清理。

二、相关知识

1．腐蚀机工作参数及设置原则

腐蚀机工作参数主要包含腐蚀时间和喷嘴压力。腐蚀时间的设置是根据工艺深度计算腐蚀时间，常规工艺1min腐蚀0.01mm；同时腐蚀加时间时注意不能一次加到位。根据工艺第一次加80%的时间，检测腐蚀速率合格后，再加第二次时间；若速率有偏差根据实际腐蚀速率调整腐蚀时间，直至网墙合格。

腐蚀机喷嘴的标准压力为65%。在实际工作中，操作人员要根据目测雾化情况，适当调整压力范围65%～80%。如果检测出喷嘴压力超过80%，则需清洗过滤芯。

此外，还需注意腐蚀机喷嘴角度是否为45°，如果无法确定喷嘴角度，可以用10mm开口扳手卡住喷嘴，将扳手另一端搭在相邻的喷嘴上，即为45°，如图2–4–2所示；喷嘴雾化打开是否成扇面，无堵塞，无分叉，如图2–4–3所示，如果观察亮度不够，可借助手电筒光源检查。

2．腐蚀前版面辅助处理和保护

在腐蚀前，如果胶面存在毛毛、胶子和漏点等质量隐患，原则上不允许扎点处理，有

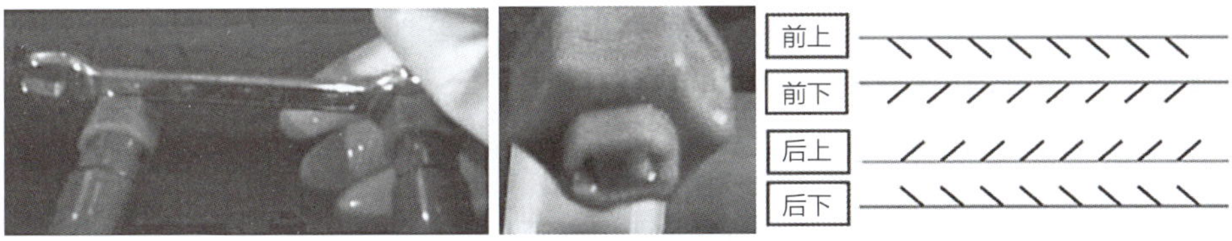

图2-4-2 腐蚀机喷嘴角度检查图

不超过半个网点的胶子时可用针将未雕透的部分扎开。扎点时针选择合适角度扎，扎完后要仔细检查网墙完好后再进行腐蚀，如图2-4-4所示。

版辊在腐蚀前的版面保护主要是针对版头打同心度造成的漏铜、版面漏点、试雕块等非图案部分都要用电工胶带贴住，同时端面也需要用缠绕膜将缩紧块、顶尖、版轴缠严实，如图2-4-5所示。

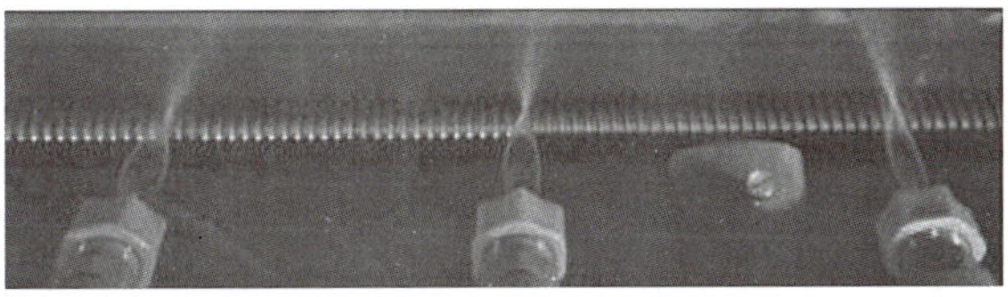

图2-4-3 腐蚀机喷嘴雾化状态图

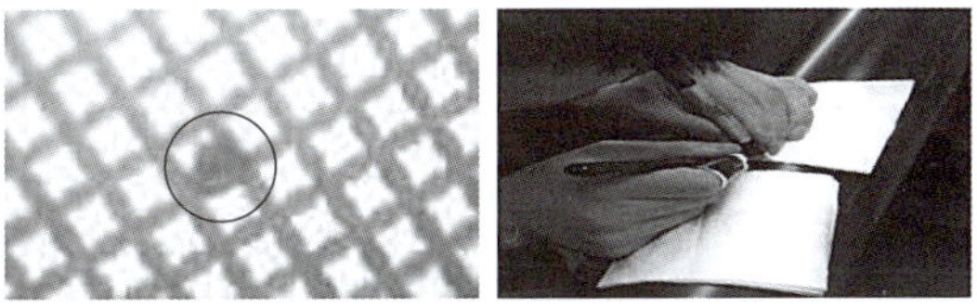

图2-4-4 腐蚀前版面辅助处理

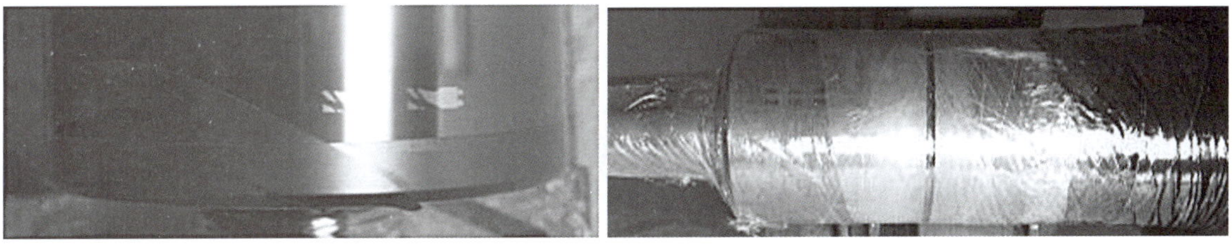

图2-4-5 腐蚀前的端面防护

3. 清洗机工作参数及设置原则

清洗机工作参数主要包括版辊旋转方向和旋转速度，旋转方向可选择正转或反转，旋转速度可以选择加速或减速。操作人员要根据版辊直径大小，来设置版辊的旋转速度，并通过加速或减速达到理想的转速。

三、注意事项

① 腐蚀前应检测腐蚀液波美度，保证数值符合要求。

② 清洗前装版与移动天车时，做好防护，禁止吊带碰到版面。

③ 对于深度较深的版，特别是实地版须用金相砂纸打磨抛光，以防印刷时打刀。

第三节　检查腐蚀质量

学习目标

1. 能使用网点检测仪测量腐蚀滚筒的网点基本参数，并进行评价与记录。
2. 目测滚筒腐蚀后的表面质量。

一、操作步骤

① 腐蚀完毕后要检测左右两边网墙与试雕值是否一致，避免腐蚀不匀的质量隐患，具体操作为：

a．在腐蚀完成的版辊胶面上，将干净的防蹭纱布轻轻放在腐蚀图案待测区内。

b．将网点检测仪轻放在防蹭纱布上，对腐蚀图案待测区内进行网墙测量。

c．依次对另一边按照同样方法进行网墙测量。

d．检测完在电子档案里填写完整的工艺参数。

② 清洗完毕，要检查版面无氧化、腐蚀、腐蚀点、修痕、激光胶残留等质量隐患，检查图案无漏点、腐蚀、掉胶、腐蚀不匀等质量隐患。

③ 检查左右网墙与版面是否合格，合格后把版辊放指定区域。

④ 对照MES台账检查版辊版号、序号，正确后，输入完成进入下道工序。

二、相关知识

腐蚀滚筒的目测质量要求：

版面、图案和端面/轴质量的检查均采用目测方式，即要求版面无氧化、腐蚀、腐蚀点、修痕、激光胶残留，图案无漏点、腐蚀、掉胶、腐蚀不匀，端面、轴光亮无锈迹、无腐蚀、无激光胶残留，网点底部光亮。

腐蚀后的合规网点特征如图2-4-6所示。

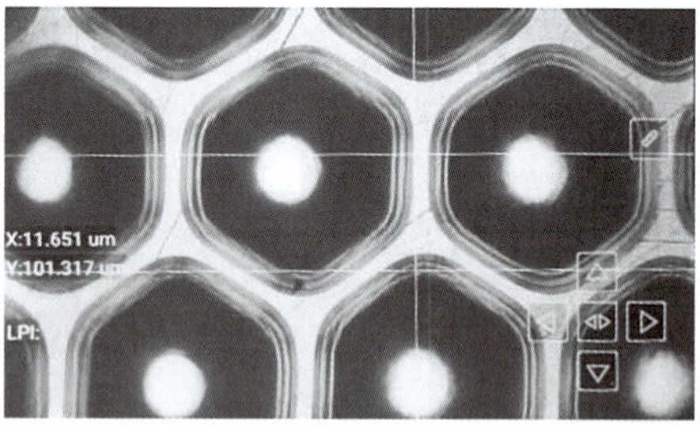

图2-4-6　腐蚀后合规网点图

三、注意事项

① 腐蚀后清洗完成后，注意浇光亮清洗剂，确保网点底部光亮。

② 检测腐蚀后网墙，确保和工艺指示单一致。

③ 多种工艺，网墙和工艺指示单不一致或对不上时，按照内控流程进行处理。

④ 网形不正、网墙不均匀，及时沟通并按照内控流程进行处理。

⑤ 对于深度较深的版，特别是实地版须用金相砂纸打磨，以防印刷时打刀。

第五章

设备维护与保养

第一节　电子雕刻机的保养

学习目标

1. 能对电子雕刻机进行日常保养和常规检查。
2. 能检查电子雕刻机的安全运行状况。

一、操作步骤

以MDC系列电雕机为例，介绍电子雕刻机的保养内容和操作方法：

1．日保养

①每班必须擦拭顶尖、床身和操作面板一次。

②每雕完一支版必须把头部铜屑清洁一次。

③每天给B720尾座导轨及滑车光杆加油一次。

④每天擦拭工作站显示器、键盘、鼠标一次。

⑤每天对MDC系统导轨、头架清洁一次。

⑥给雕刻头推拉导轨加油，加后应来回推拉几次，使导轨表面油膜均匀。

⑦每天给顶尖表面易生锈的地方加油擦拭。

⑧清洁鼠标中的球和里面的滚针。

2．周保养

①把所有机器上的风机外过滤网清洁一次。

②将雕刻头及支架下所有杂物清洁一次。

③将床身尾座、导轨间铜屑垃圾清理一次。

④检查版辊驱动电机声音有无异常，尾座顶尖转动有无异常。

⑤吸风系统清洁检查一次。

⑥网点测试仪清洁校准一次。

3．月保养

①定期更换空气过滤器并要定期放水，一般每月两次。

②定期更换润滑油，一般每月两次。

③定期清洁冷却风扇的过滤网，若有油污时要用清洁的中性肥皂水清洗，一般每月一次。

④ 定期用专用润滑油润滑卡盘，一般每月一次。

4. 年保养

① 定期清洁并用专用润滑油润滑滚珠丝杠（操作时要避免其他物件卡住丝杠），一年一次。

② 定期清洁、润滑电子控制门，一般一年一次。

③ 定期检查、保养顶锥（要用专用润滑油润滑心轴），一般一年一次。

④ 定期更换主轴、尾座润滑油，一般一年一次。

⑤ 定期清洁、润滑主轴、尾座导轨，一般一年一次。

⑥ 定期清洁、润滑主轴、尾座驱动部件，一般一年一次。

⑦ 定期清洁、润滑版辊支架，一般一年一次。

⑧ 定期清洁、润滑雕刻车导轨，一般一年一次。

⑨ 定期检查、润滑传动带驱动、张紧轮，一般一年一次。

⑩ 定期清洁、润滑马达风扇，一般一年一次。

⑪ 定期清洁、润滑雕刻车轴瓦、螺钉，一般一年一次。

⑫ 定期用软的干布清洁传感器，周期视环境自定。

二、相关知识

1. 电子雕刻机日常保养的作用

维护保养是电子雕刻机非常关键的内容，保养主要是为了保证电子雕刻机经常处于良好的技术状态，随时可以投入运行，减少机械磨损，提高机械的完好率、利用率，降低机械运行和维修成本，确保安全生产。因此，凹版电雕完成后定期应对电子雕刻机进行维护保养工作。保养的内容主要包括清洁、润滑、更换等，维护保养必须贯彻“养修并重，预防为主”的原则，做到定期保养，强制进行，正确处理使用、保养和修理的关系，不允许只用不养，只修不养。保养工作一般不得无故拖延，特殊情况需经车间主任批准后方可延期保养，但一般不得超过规定保养间隔时间的一半。

电子雕刻机的保养主要包括日保养、周保养、月保养和年保养，保养的具体内容和操作方法依据电子雕刻机的不同型号品牌而有所不同。

2. 电子雕刻机常规检查要求

（1）一级保养的检查要求

① 温度、湿度：每天观察车间温度、湿度，温度22～24℃，相对湿度40%～55%。

② 设备外表：每天用较干的棉布擦拭设备表面，不能有水渗进设备内部。

③ 铜屑管：每天检查风管的吸力是否强劲，检查铜屑管是否破损。

④ 版辊旋转电机：每天打开洗版界面，听旋转电机是否异响，发现异响通知设备人员处理。

⑤ 吸屑电机：每天开启电流听吸屑电机声音是否异响，发现异响通知设备人员处理。

⑥ 传感器、风琴罩及护罩上方：每天用刷子和吸尘器清理表面铁锈、铁屑及灰尘。

⑦ 顶尖：每天用刷子清理表面铁锈、铁屑及灰尘，每天涂抹机油。

⑧ 过滤网：每周清理或更换过滤网。

⑨ 网点测试仪：每月用标准版检测网点测试仪。

（2）二级保养的检查要求

① 电脑主机：每3个月对主板、风扇、散热片、电源、PCI插槽上板卡、做清理清洁，以及各种外设线的固定。

② 雕刻头散热粗过滤网：雕刻头粗过滤网每周清理清洁，1个月更换。

③ 雕刻头散热细过滤网：每半月用内六方将雕刻头细过滤网更换。

④ 散热风扇：每周检查散热风扇，更换问题风扇。

⑤ 小车联轴器：每6个月用内六角扳手紧固联轴器。

⑥ 小车行走、版辊夹紧皮带：每6个月用手按皮带判断是否松动或看皮带是否有磨损，若松动则更换皮带。

⑦ 直线电机走车轨道：每月对直线电机走车轨道进行检查和清洁。

⑧ 导轨丝杠：每6个月对导轨丝械进行清洁及润滑。

⑨ 控制箱、电器柜：每3个月对控制箱和电器柜进行清理及固定。

（3）三级保养的检查要求

雕刻头：每2～3年将雕刻头发往厂家检查、保养和维护。

三、注意事项

为方便查清电雕机设备故障，尽快解决设备隐患，提高质量，按照电雕机规范操作要求，凡电雕涉及设备的返工一律按电雕设备质量问题返工分析规范执行：

① 电雕返工必须填写设备返工分析表，表中各项内容要客观真实、具体，网变、网点挤压、跳空、拉高光要配以网点样式，网点挤压、跳空还要凹样说明。

② 如返工是在白班发生的，必须通知设备现场分析；发生在晚上的，电雕各班要做好分析工作，要确认机器没问题方可继续雕刻。

③ 对于网点记录要在电脑上分类统计，即分成跳空、网变、拉高光、网点挤压等文件袋，对跳空返工项要记录一圈中相差180的两个网点和正常处网点情况。

④ 网点记录文件存放都放置在B720两台外接网点测试仪的电脑上，命名规范为：版号+后缀，后缀根据版辊前后依次为Q、Z、H，异常处为Y1、Y2。

⑤ 对于雕出版子有问题但不影响生产的，也要填写分析表以跟踪机器运行情况。

⑥ 总检对电雕所报有问题的版子必须重新进行分析，并如实填写分析摘要。比如网变：要从版辊同心度，试雕位置，网变形式，雕前有无换刀等方面调查，切忌听信他人。

⑦ 晚班返工所涉及的电雕人员，第二天早班要上交设备部分析表并解释清楚方可下班。

⑧ 对于网变、跳空、网点挤压、移位等原因返工的版子，除认真填写返工原因分析表外，对网点的试雕、正常部位、异常部位要拍照说明，否则返工责任由电雕部承担。

⑨ 对跳空、多线条版子，一定要把雕刻文件调回检查，以确认是雕机问题还是网络传输问题。

⑩ 由于拖刀印、跳空、网点挤压返工的版子，必须有样张及位置标示。

第二节 激光雕刻机、腐蚀机和清洗机的清洁与润滑

学习目标 掌握激光雕刻机、腐蚀机和清洗机的基本清洁要求，能对激光雕刻机、腐蚀机和清洗机加注润滑油。

一、操作步骤

1. 对激光雕刻机、腐蚀机和清洗机进行清洁

① 激光雕刻机、腐蚀机和清洗机周围保持干净整洁，地面用拖布进行清洁。

② 车间温度保持在22～24℃，相对湿度保持在40%～55%。

③ 激光雕刻机清洁：

a. 每天对激光雕刻机外表用碎布头蘸少量水擦拭设备表面及附件。

b. 每天用吸尘器对雕刻产生的胶粉进行清洁。

c. 每天对激光雕刻机内部用毛刷或碎布头蘸少量水擦拭设备内部。

d. 每天用刷子和吸尘器对设备内部及护罩上方的胶粉及灰尘进行清理清洁。

④ 腐蚀机清洁：

a. 每天对腐蚀机外表用碎布头蘸少量水擦拭设备表面及附件。

b. 每天用水枪对腐蚀槽盖的腐蚀液进行清理。

c. 每天对腐蚀机内的喷嘴进行检查，清洗疏通堵塞的喷嘴。

d. 每周对腐蚀液过滤罐中的过滤芯用水冲洗干净。

⑤ 清洗机清洁：

a. 每天对清洗机外表用碎布头蘸少量水擦拭设备表面及附件。

b. 每天用水枪对清洗机底部进行清理。

2. 对激光雕刻机、腐蚀机和清洗机需要润滑的部位加注润滑油

（1）对激光雕刻机的导轨丝杠和雕刻头丝杠进行加注润滑油

其中对导轨丝杠加注润滑油，具体步骤为：

① 先将导轨丝杠表面残留的润滑油清理干净，将汽油均匀地倒在丝杠或纸上走动小车，清理渗出来的油泥，反复操作3次，再用手将专用的润滑油均匀地涂抹到丝杠上，来回走动小车，直到润滑油均匀地分布在丝杠上。

② 将小车停靠在左边，用黄油枪将专用润滑油（KLUBERGL261）打进滑块里面，右移小车，将打出来的脏油泥擦干净，反复操作3次，直到滑块里面的脏油泥全部打出来。

对雕刻头丝杠加注润滑油的操作步骤为：

① 先将导轨丝杠表面残留的润滑油清理干净。

② 再使用专用的润滑油（LGMT2或SKF）均匀地涂抹在导轨丝杠的表面。

（2）对腐蚀机的减速器、传动链条和直线轴承套筒进行加注润滑油

① 检查减速器（版辊转动电机）并加注润滑油。

② 对传动链条定期更换黄油。

③ 定期清理直线轴承套筒并更换黄油。

（3）对清洗机的移动尾座进行加注润滑油

① 拆卸尾座主轴，清洗检查内部有无磨损。

② 清洗检查轴承，磨损严重的更换新轴承。

③ 各部件如没问题，加注润滑油装好即可。

二、相关知识

1. 激光雕刻机安全操作规程

① 必须服从车间的安排，严格按照设备操作流程进行操作。

② 严禁在电压不稳时开机；严禁在电流表最大值状态下开机。

③ 开机后先检查水泵是否出水，确保水温适度、水质纯净无杂物，每周换水一次。

④ 设备中严禁放置任何不相干的反射物体，以防激光直接反射到人体或易燃物品上，造成危险。

⑤ 设备工作前，应注意检查以下事项：

a. 确保已打开风机，以免污染镜片和聚焦镜。

b. 确保机器顶部盖板已盖上，以防激光偏位发生火灾或伤人。

c. 确保工作情况正常（如：机器有无出现异常声音、循环水的水温等）。

⑥ 如果机器出现故障或发生火灾，请立即切断电源。

⑦ 非专业人员严禁擅自拆开机器，以免发生事故。

⑧ 设备附近严禁放置易燃、易爆物品，设备所处环境应无污染、无强电、强磁等干扰和影响。

⑨ 交接班时，每班应擦拭保养设备，清洁和整理现场。

2. 腐蚀机安全操作规程

① 腐蚀机在工作时应关闭腐蚀槽盖子以及大液槽盖，以防腐蚀液溅出。

② 清洗小液槽里的浮子时应按下急停按钮或断电。

③ 严禁湿手打开电器柜。

④ 严禁工作状态时触碰直线轴承。

⑤ 发现电机停止运行时，应及时通知设备人员排查问题，根据变频器上报错信息排查问题。

⑥ 每次夹版或卸版时，防止夹伤手，防止版辊掉入槽中。

⑦ 进行日常维护的时候，关闭设备上的总电源。

3. 清洗机安全操作规程

① 清洗机应放置在清洁、干燥以及无强腐蚀气体的环境中使用，并避免剧烈震动。

② 确保机器有良好的接地，以避免出现人身伤害事故。

③ 清洗液不得呈强酸或强碱性，在没有可靠的安全措施条件下，不能使用易燃溶液。

④ 清洗过程中必须戴绝缘手套，不要将手指浸入清洗液中。

⑤ 被清洗物不得和槽底接触，建议将工件放入专用清洗设备中。

⑥ 如发现清洗槽有漏水现象及其他故障，应立即关机停用，并倒空清洗液后由维修人员来修理。

⑦ 作业完毕，切断电源，清理掉设备上的脏物，保证机器的清洁。

第三篇

凹版制版

（高级工）

第一章

雕刻前准备

第一节　制定雕刻工艺单

学习目标　根据产品要求制定电子雕刻、激光雕刻与合并雕刻工艺单。

一、操作步骤

① 分析产品要求，根据生产使用各类印刷材料的印刷适性，确定正确的网线、网角、网点值、通沟等基础数据。

② 确定高光定标值、暗调定标值，设置、调整符合各种印刷适性的层次曲线。

③ 分析网点与线数、角度、雕针、激光束等所对应的关系，充分考虑各颜色之间的关系，合理选用雕刻过程中的各类工艺参数。

④ 分析选用工艺参数可能产生的雕刻结果，确保填写的雕刻工艺单符合生产需求，实现客户所能接受的还原效果。

二、相关知识

雕刻工艺单，也称雕刻工艺记录表，其作用是让操作人员了解编程及雕刻的要求，并审核其中是否存在明显的错误或疑问，如发现错误或疑问，需及时与相关工作人员联系并落实修改。

1. 制定雕刻工艺单的原则

制定雕刻工艺单的基本原则首先是确保能一次雕刻完成尽量一次雕刻完成；其次，无特殊情况时，尽量避免混合雕刻工艺，如光电合雕与电光合雕等；第三，产品中如出现线条文字或图案太小，电子雕刻无法达到要求，则需改用激光雕刻；第四，如果产品是层次图文要注意使用层次版工艺，尽量避免用4色相叠，以免出现龟纹。

当雕刻工艺单制定后，还需审核系列产品相同色版的要求是否一致，检查稿件部对雕刻要求是否一致；审核排版图和生产任务通知单要求的版辊加工尺寸是否一致；审核排版图和生产任务通知单对正、反版及雕刻顺序的要求，两者所示是否一致；审核重制、加制、改制产品，检查稿件部对雕刻要求是否与原版号文件一致；审核调程序产品，检查稿件部所标示用户产品编号、色别、程序存储次序号、调程序重制次序号等是否正确。如果在审核检查过程中，发现有不一致或不正确时，要及时与相关人员联系并落实清楚。

2．制定雕刻工艺单的主要要点

（1）雕刻线数

雕刻线数的大小决定印刷品再现图像层次的丰富程度，其基准为线数与网穴宽度和深度成反比。雕刻线数低，单个网穴宽度大、深度深，印刷品的中、暗调层次易被拉开，暗调不易并级，图文边缘有明显锯齿；反之则单个网穴宽度小、深度浅，中、暗调有压缩，虽然层次丰富，但易并级，图文边缘无明显锯齿。

为防止多色层次版套印时产生龟纹，设定雕刻线数时，可以将网线数值差拉开大约30线左右，但网线不宜过高，过高不利于浅网的转移。大面积实地产品印刷时为防止产生水纹，在制作雕刻版时可以适当将雕刻线数提高。

（2）高光和暗调定标值

由于客户群体需求不同，印刷品分高、中、低等不同质量要求，因此，在确定图文的高光和暗调定标值时需考虑客户对质量的不同要求。

高光定标值低，则高光网穴值变小，高光层次损失较多，中间层次损失较小，暗调网穴值有所下降，层次较好。高光定标值高，高光层次能表现出来，但图像整体阶调变深，如果是高光层次丰富的产品，需要设定较高的高光定标值。

暗调定标值决定了图文中纯黑区域的扫描输出电压，其值的高低对暗调层次的表现非常重要。暗调定标值低，则暗调网穴小，印刷品上墨层变薄变少，暗调层次较分明但不厚实。由于塑料薄膜与纸张的吸墨性不同，印刷时产生的网点扩大程度不同，塑料薄膜产品网点扩大会更严重。因此相比于暗调定标基准值，当承印材料为塑料薄膜时，一般会把暗调定标值减小为–5%～–10%；当承印材料为纸张时，一般会把暗调定标值加大为5%～10%。

（3）网线角度

网线角度由水平网线数与垂直网线数的比例来决定。网线角度越大，网穴水平方向的宽度越小，网穴值越大。

在雕刻线数相同的条件下，单位面积的网穴深度和通沟宽度大小有关。45°角的网穴深度最大，网角为38°、30°和60°的网穴深度相对较浅，但是这几种网角的网穴深度几乎相同，但45°、38°、30°角有通沟，60°角暗调网穴无通沟，储墨量少一些。操作人员要判断产品各色版在最终呈现效果中的重要程度，确定合适的网线角度值。

同样为防止多色层次版套印时产生龟纹，设定网线角度可以至少错开15°。大面积实地产品印刷时为防止产生水纹，设定网线角度可适当向小角度调整，或者选用较大角度雕刻针。

三、注意事项

① 制定雕刻工艺单之前，务必要充分解读原稿，考虑主色调与各颜色之间的关系，做到合理选用各种雕刻参数。

② 对不同产品来源和需求要做到心中有数，仔细审核。

第二节　制作雕刻曲线

学习目标　根据产品要求制作电子雕刻和激光雕刻的雕刻曲线。

一、操作步骤

① 了解电子雕刻的自身性能

a. 先测试电子雕刻机线性化，即不加曲线雕刻各阶调21级梯尺，并绘制出各网成阶调输入值与网值输出值趋势图。

b. 将线性化印版进行凹印打样，检查各网成的网点扩率，并通过exact分光光度仪测量出各阶调层级的网扩曲线。

c. 将镀铬后网值标准、凹印打样机参数、油墨和纸张、打样环境等标准确定后，进行雕刻曲线的制作。

② 对电子雕刻机自带雕刻曲线进行测试雕刻，以此为基础调整雕刻曲线

a. 用电子雕刻机自带4色层次雕刻曲线进行测试雕刻。

b. 用确定的油墨和承印物进行凹印打样。

c. 用exact分光光度仪测量每一色21级梯尺的网点雕刻值，并绘制网点-网点值变化曲线。

d. 网点-网点值变化曲线和电雕层次曲线相对应，网点值变化曲线要平滑，10%～85%阶调层次变化要明显，1%网点确保有网点值，85%～100%网点值有差异。

e. 调整网点雕刻值可通过调整层次曲线的输出值来实现，初步得到单色层次曲线。

③ 固定C版的曲线，按照上面过程再次测试雕刻、打样后，通过观测和测量凹印打样样张的三色灰平衡情况及其他信息，调整其他色版的层次曲线输入值来达到三色中性灰平衡。

④ 经过反复试验调整就可得到一组理想的电雕层次曲线。

⑤ 激光雕刻实地版一般没有雕刻曲线，激光层次版有雕刻曲线，步骤可参考电子雕刻曲线的制作。

二、相关知识

1. 雕刻曲线、边缘增强的作用

由于凹印网点转移时容易出现高光小点缩小，层次信息丢失；暗调网点增大，层次并级等问题，因此，必须通过对电子雕刻机层次曲线的调整进行补偿处理。图3-1-1所示为雕刻曲线和边缘效果曲线设置界面图，操作人员可根据产品生产要求进行对应设置。

2. 制定雕刻曲线的思路

电雕层次曲线及其相关参数的匹配，是凹版制版工艺中最核心的技术之一。根据客户

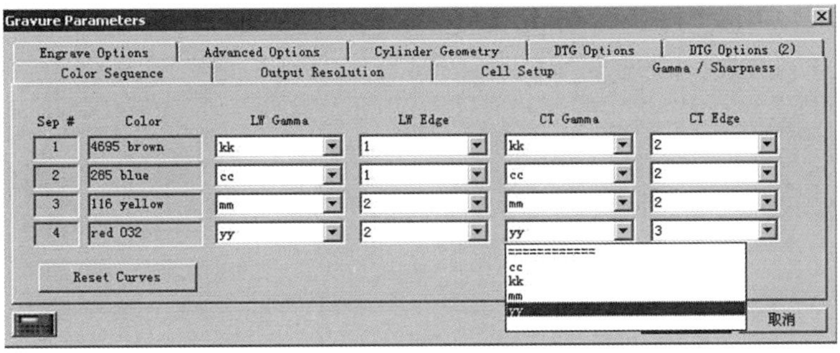

图3-1-1　雕刻曲线和边缘效果曲线设置界面图

需求及印刷适性制作出雕刻层次曲线，才可以使雕刻出的印版印出客户满意、符合质量要求的印品。

为了忠实地复制凹印原稿的阶调层次与色彩，电子雕刻制版工艺的重点在于电雕层次曲线的工艺调整上。目前引进的电子雕刻机一般均提供了几组电雕层次曲线，但材料有BOPP，PE，PVC，PET，PT，纸张等，各印刷厂凹印机的印刷性能不同，油墨各异，这些因素都决定了电雕工艺的复杂性。严格来说，只要是印刷条件不同，就应有不同的电雕层次曲线与之相对应。只要能调整出一套成熟的电雕层次曲线，将其稳定下来，遇到相同类型的产品时就可随时调用它，从而也就没必要对每一个产品都重新进行层次调整了。电雕版的雕刻网线数一般为40～140lpc，网角一般为30°～60°。调整电雕层次曲线前，先要对网线、网角、网点百分值和网穴宽度等基础数据进行确定。

制定这些数据要考虑到承印物类型、印刷品的效果、油墨的转移、水纹和龟纹等问题。电雕层次曲线同电分、Photoshop软件中的层次曲线差不多，分为输入值和输出值，其横坐标可理解为网点百分比输入值，纵坐标为电流输出值，电雕头就是在电流值的驱动下进行工作的。不同的电子雕刻机这方面的数值表示方式不一样，但原理相同。

3．制定雕刻曲线的方法和原则

电子雕刻凹版基础数据的确定一般在加网线数70lpc、网角37°或加网线数70lpc、网角60°的条件下，对网点百分比级差为5%的21级梯尺进行雕刻。用反射密度计测量出各成网的密度值，就可将所测密度值描绘成凹版印刷阶调层次曲线。一般而言，在凹版印刷的阶调层次的再现中，网点百分比值在30%的地方才有密度值出现，对于75%以上的网点，其密度值则急剧增大。这种网点的密度特性是同腐蚀凹版一样的，高光容易丢尖，暗调出现并调。正确的曲线应是曲线高光、亮调部分向上提，而暗调处向下压。

建立完善的测试用电子文件是调整电雕层次曲线的基础。良好的凹印CMYK层次曲线必须做到中性灰平衡，高光网点不能丢失，暗调层次尽可能少并级，阶调过渡要柔和，颜色表现要准确丰富，同时测试样张要有IT8标准色块和本单位工作用色谱。建立测试用电子文件必须包含上述内容。

（1）确定中性灰平衡数据

灰平衡是评价色彩复制质量的基本尺度，是制版、印刷全过程中应遵守和实施的准则。在调整电雕层次曲线过程中，必须严格遵守中性灰平衡的基本规律。以前凹印中性灰平衡数据一直借用胶印灰平衡数据，但经过行业专家长期对凹印特性的研究和实践，使用等量的三色灰平衡数据是一种更好的选择。

（2）制作标准色块与梯尺

制作K，C，M，Y单色1%，2%……10%网点的7mm×7mm标准色块，监测起印点3%的网点是否丢失。制作C、M、Y3%，5%，10%，15%……90%，95%，100%网点的10mm×10mm单色、双色、三色叠加梯尺，观测颜色的变化规律和灰平衡情况。制作K，C，M，Y单色0～100%网点的过渡梯尺（尺寸10mm×150mm），监测阶调变化是否平滑，何处发生跳跃，这些都是电雕层次曲线调整的信息。

此外电子文件还应包括 Bestcolor Proof 的标准IT8色块或GMG公司的标准GMG ECI2002 random i1iO色表，还应制作本公司DTP（桌面印前处理系统）使用的工作色谱，为标准化、数据化打基础。

现在，大型的制版公司已经做出了十几套较成熟、较理想的层次曲线，例如里印版层次曲线——里印油墨印刷工艺、里印版层次曲线——表印油墨印刷工艺、表印版层次曲线——纯表印油墨印刷工艺、表印版层次曲线——天蓝、桃红油墨印刷工艺、红版和青版互换层次曲线、专用层次曲线、KCMY四条电雕层次曲线、KC曲线、MY曲线等两种层次曲线。在工作时根据要求直接调用即可。

激光雕刻曲线，因腐蚀原因，一般应是曲线高光、亮调和暗调处均向下压。

三、注意事项

① 激光雕刻实地版一般不需要做雕刻曲线。

② 要先测试雕刻机的线性化，通过线性化印版的打样来绘制雕刻曲线，并以此为基础进行反复验证，方能获得较为理想的层次曲线。

第三节　ICC文件的检查

学习目标　了解ICC文件的作用，根据产品要求进行ICC文件的检查。

一、操作步骤

对产品ICC文件的检查有自动测量检查、手动测量检查和目测检查3种。

1. 自动测量检查

① 打开ColorAnt色彩测量数据化软件。

② 导入输入样本和输出样本特性文件的.txt文件。

③ 点击软件左下方的“比较”按钮，生成ICC文件检查报告。

④ 点击“统计”菜单，列表中体现检查结果，包括最大色差、平均色差、最差的色块集等信息。

⑤ 针对检查结果进行评价，不符合要求的重新制作ICC特性文件。

2. 手动测量检查

① 将输入样本作为测量标准，用exact分光光度仪检测输出样本各色表色块的色差。

② 色表内色差在要求范围的视为合格，不在要求范围的视为不合格。

③ 对二者色差不在要求范围的原因进行分析，重新制作ICC特性文件。

3. 目测检查

① 将输入样本和输出样本对照检查。

② 首先检查整体色相有没有偏色，包括暗调、中调和高光处。

③ 其次检查浅网有没有还原，包括3%、5%和10%网成处。

④ 注意检查各色调不能有矛盾的地方。

⑤ 以上各处均符合要求的视为合格，有一处不符合要求视为不合格。

⑥ 对视为不合格的ICC文件需重新进行制作。

二、相关知识

1. ICC文件的含义和作用

ICC的英文全称为Internation Color Consortium，即国际色彩联盟。该组织成立于1993年，致力于开发色彩标准，以使扫描仪、显示器、打印机、凹印机等设备保持色彩的一致性，同时便于软件开发商和硬件制造商共同维护颜色的一致性。ICC创建了一个表征设备特性的色彩特性文件格式标准，以服务于跨平台环境。ICC特性文件就是把整个印刷工艺过程中相关设备（输入设备、显示设备、输出设备）的色彩表现能力，均用于与设备无关的PcS空间色彩描述语言进行描述与定义。

ICC色彩描述文件用于串接不同设备间色彩空间的转换，提供各厂商都可依循的色彩标准，现已成为业界所共同认可的色彩管理标准。ICC特性文件能帮助用户在印前复制过程中实现正确的色彩再现，从扫描仪或数码相机输入图像开始，并将图像显示在显示器上，或从打印机打印出来，一直到最终印刷输出。

ICC色彩特性文件通过定义目标设备或色彩空间相对于特性文件相关空间（Profile Connection Space，PCS，通常是CIELAB（L*a*b*）或者CIEXYZ之间应该如何进行色彩转换来工作。色彩转换的具体方式在文件中以表格形式进行标记，未被标记的则通过插值或者其他参数来进行转换。

2. ICC文件的检查方法和原则

当制作完ICC特性文件后，由于受多种因素的影响，如不注意改变了参数，或随着时间的推移参数发生变化等，并不能完全保证是最好的，因此，最好要评价特性文件。评价特性文件一般是指评价其精确度及其模拟特定色彩的能力。简单的方法是通过测量设备进行测量。如测量每个色块后，软件会将其发送至显示屏的原始数据中，与所测量到的数据进行对比，然后将计算出的色差ΔE值显示出来。也可用数学方法进行计算。ΔE值要控制在一定范围内。

为提高印刷品质量，我国在2008年发布的行业标准QB/T 3007—2008《凹版纸基装潢印刷品》中对实地印刷的同批同色色差提出明确要求：精细产品$L^* \leqslant 50$时，$E \leqslant 2.5$，$L^* > 50$时，$E \leqslant 3.5$；一般产品$L^* \leqslant 50$时，$E \leqslant 3.5$，$L^* > 50$时，$E \leqslant 4.5$。

三、注意事项

当产品上所得到的ΔE值超过一定范围，就应该重新制作ICC特性文件。

第二章

实施雕刻

第一节 输入雕刻参数

学习目标

1. 了解产品生产要求，判断产品各部分组成采用的雕刻方法。
2. 根据合并雕刻的图文特征，进行对应电子雕刻参数、激光雕刻参数设置。

一、操作步骤

① 分析合并后印前文件的图文特征。

② 按照合并后印前文件图文特征，设置对应的电子雕刻参数或激光雕刻参数。

二、相关知识

1. 合并雕刻的图文特征

通常合并雕刻的图文特征主要包含：①在一支凹版版辊上既有大底色块、过渡阶调或平网，又有小文字、细线条等细小部分。②版辊中存在需要单独处理的图文，例如部分色块加深或文字HQH处理等。③容易导致在印刷中出现拖墨引起丝线问题的单色过渡网，以及导致印刷中容易出现干版问题的文字或者底色。

操作人员在分析合并印前文件的特征后，设置合适的电子雕刻参数或激光雕刻参数，例如预判出文件中的文字或者底色采用电子雕刻制版后，容易导致印刷过程的干版，则需要调整雕刻工艺，选用合适的电子雕刻或激光雕刻参数，实施光电合雕。

2. 合并雕刻时雕刻参数的设置原则

合并雕刻时雕刻参数的设置需要注意套印准确的原则，注意印前分层以适合雕刻工艺的原则以及注意提前策划的原则（调整误差）。在印前图文为色块+小字、印前图文为过渡网（电分图）+小字、印刷中易出现拖墨引起丝线问题的单色过渡网、印刷中易出现干版问题的文字或底色，其对应参数的设置如下4个表所示。

① 印前图文为色块+小字的特征，设置对应的参数见表3-2-1。

表3-2-1　印前图文为色块+小字的参数设置表

印前图文	电子雕刻参数	激光雕刻参数
色块	70L/38°120°针	B70-45μm
	80L/38°110°针	B80-35μm
小字	80L/38°110°针	B80-35μm
	90L/38°110°针	B90-30μm
	100L/38°110°针	B100-25μm
		B110-20μm

② 图文为过渡网（电分图）+小字的特征，设置对应的参数见表3-2-2。

表3-2-2　图文为过渡网（电分图）+小字的参数设置表

印前图文	电子雕刻参数	激光雕刻参数
过渡网（电分图）	70L/30°120°针	—
	70L/45°120°针	—
	70L/60°120°针	—
	91L/30°120°针	—
小字	80L/38°110°针	B80-35μm
	90L/38°110°针	B90-30μm
	100L/38°110°针	B100-25μm
		B110-20μm

③ 对于印刷中易出现拖墨导致丝线问题的单色过渡网，设置对应的参数见表3-2-3。

表3-2-3　印刷中易出现拖墨导致丝线问题的单色过渡网的参数设置表

印前图文	电子雕刻参数	激光雕刻参数
过渡网（第一次雕）	60L/30°120°针	B60-40μm
	70L/30°120°针	B70-45μm
	80L/30°120°针	B80-35μm
	90L/30°120°针	—
过渡网（第二次雕）	60L/60°120°针	B60-45μm
	70L/60°120°针	B70-50μm
	80L/60°120°针	B80-40μm
	90L/60°120°针	—

④ 对于印刷中易出现干版问题的文字或底色，设置对应的参数见表3-2-4。

表3-2-4　印刷中易出现干版问题的文字或底色的参数设置表

印前图文	电子雕刻参数	激光雕刻参数
底色（第一次雕）	50L/38°120°针	B60-40μm
	60L/38°110°针	B70-45μm
	70L/38°110°针	B80-35μm
底色边缘（第二次雕）	70L/38°120°针	B60-45μm
	80L/38°110°针	B70-50μm
	90L/38°110°针	B80-40μm
小字（第一次雕）	60L/38°110°针	B80-35μm
	70L/38°110°针	B90-30μm
	80L/38°110°针	B100-25μm
小字（第二次雕）	80L/38°110°针	B80-40μm
	90L/38°110°针	B90-35μm
	100L/38°110°针	B100-30μm

三、注意事项

① 合并雕刻注意套准要求高的，每次雕刻须加雕套印检测标记，方便检测。

② 合并雕刻的印前工艺分层一定要正确。

③ 合并雕刻中的光电合雕、电雕分雕、激光分雕等工艺都要通过测试进行提前策划，确保合并雕刻套准。

第二节　雕刻滚筒

学习目标

1. 了解合并雕刻的产品要求，进行刮刀和滑脚的安装、调整，完成雕刻针的选用和安装，完成激光雕刻网点形状的选择。
2. 根据产品要求，规范完成合并雕刻产品的电子雕刻、激光雕刻。

一、操作步骤

1. 刮刀的安装与调整

① 将刮刀上的螺孔与雕刻头相应位置的螺孔对正，将刮刀缓缓放入。

② 检查雕刻针与刮刀的相对位置，雕刻针针尖要在靠刮刀斜刃端1/3位置。

③ 用专用螺栓将刮刀紧固好，在机器上装一只版辊（磨版辊），在距刮刀最近处的版辊

上涂抹适量的兰油，然后前移雕刻头使刮刀贴在兰油位置上。

④ 沿雕刻方向转动版辊，使刮刀在版面滑动2～3cm的距离。

⑤ 检查刮刀在版面上的刮痕，刮痕要光滑、两边均衡。

2．滑脚的安装与调整

① 将滑脚上的削孔与固定削杆对正，将滑脚缓缓放入。

② 调整滑脚，使其四面保留等量的间隙，滑脚贴近雕刻针的位置应保持1.0～1.2mm。

③ 用专用螺栓将滑脚紧固好。

④ 在机器上装一只版辊（车磨版辊），在距滑脚最近处的版辊上涂抹适量的兰油，然后前移雕刻头使滑脚贴在兰油位置上。

⑤ 按雕刻方向转动版辊，使滑脚在版面滑动2～3cm的距离，检查滑脚在版面上的刮痕，刮痕要光滑、两边均衡。

3．雕刻针的选用、安装与调整

① 根据合并雕刻产品的要求，选择合适的雕刻针。

② 用螺钉旋具松开盖板。

③ 用拔针器拔出雕刻针，用换针器从中间插入压平。

④ 使用放大器观察刀尖刻度安装在刻度中间，零位线上。

⑤ 盖板压紧。

⑥ 调节滑角位置与雕刻刀线重合。

⑦ 雕刻针的安装过程中，要小心谨慎，严禁损坏雕刻针或版面。

⑧ 调整滑脚使雕刻针针尖高出滑脚一点。在版辊边缘（试雕位）划痕，测其宽度。宽度在5～10μm时为正常，11μm以上时将滑脚调稍进（相对雕刻针），小于5μm时将滑脚稍调出（相对雕刻针），大于75μm时重新安装雕刻针。

二、相关知识

1．雕刻针与雕刻针针角

雕刻针，也称雕刻刀，其刀尖锐利，是主刀具，能在滚筒铜层表面上雕刻出16目～24目/mm^{2}的网点。雕刻针的刀尖角有90°，100°，110°，120°，130°，140°等种类，普遍使用的刀尖角为110°，120°，130°的刀具，每一种刀的左右偏角也不相同。刀具的每个角度完全正确时，雕刻出的网点是端正的棱形，如刀具角度稍有各种偏差，雕刻出来的网点形状就有明显误差，严重影响彩印质量。

目前，大多数制版公司制作里印电子雕刻凹版时，通常会采用针角范围为90°～150°的电子雕刻针；制作塑料表印以及印布、香烟版等电子雕刻凹版时，一般会采用110°雕刻针角度，但也有选用100°雕刻针角度的。

雕刻针质量的好坏对电子雕刻后的网点质量以及最终印刷品的中间调再现影响极大。如果要雕刻出完美的网点，必须严格控制雕刻针的质量。质量好的雕刻针刻出的网点左右、上下对称性好，沟带均匀、网墙均匀、形态光滑，这种网形利于油墨的转移。针型不好，针型角度不标准，易造成印刷时油墨量不易控制，导致颜色再现失真。针柄重，网形会偏；金刚石不好，耐用性差；金刚石安装不好，容易产生网变。雕刻刀磨损后，雕刻网点达不到沟带均匀的效果，网墙不均匀，含墨量减少，影响印刷生产。

雕刻针针角角度的控制是靠各种专用夹角来保证，除了靠大型光学投影仪检测外，还要靠有经验的研制人员的研磨才能实现最佳控制。此外，雕刻针针角角度的大小直接控制滚筒上网穴倒锥型的角度和深度的变化，在相同线数要求下雕刻网穴时，若角度越大则倒锥型角度也越大，同时网穴深度越浅；反之，角度越小则倒锥型角度也越小，同时网穴深度越深，网值、网点深度与雕刻针角度对应关系，见表3-2-5。同样在相同线数条件下，雕刻针的角度大小与网穴的深度成反比，与反锥形角度成正比。在正常情况下，网穴线数和雕刻针角度不变，宽度与深度成正比，网穴反锥形宽度越大，其网穴深度也越深。

表3-2-5　网值、网点深度与雕刻针角度的对应表

网值	针角										
	90°	100°	105°	110°	115°	120°	125°	130°	135°	140°	145°
10	5	4.20	3.8	3.5	3.2	2，9	2.6	2.3	2.1	1.8	1.6
20	10	8.39	7.7	7.0	6.4	5.8	5.2	4.7	4.1	3.6	3.2
30	15	12.59	11.5	10.5	9.6	8.7	7.8	7.0	6.2	5.5	4.7
40	20	16.78	15.3	14.0	12.7	11.5	10.4	9.3	8.3	7.3	6.3
50	25	20.98	19.2	17.5	15.9	14.4	13.0	11.7	10.4	9.1	7.9
60	30	25.17	23.0	21.0	19.1	17.3	15.6	14.0	12.4	10.9	9.4
70	35	29.37	26.9	24.5	22.3	20.2	28.2	16.3	14.5	12.7	11.0
80	40	33.56	30.7	28.0	25.5	23.1	20.8	18.6	16.6	14.6	12.6
90	45	37.76	34.5	31.5	28.7	26.0	23.4	21.0	18.6	16.4	14.2
100	50	41.96	38.4	35.0	31.8	28.9	26.0	23.3	20.7	18.2	15.8
110	55	46.15	42.2	38.5	35.0	31.8	28.6	25.6	22.8	20.0	17.3
120	60	50.35	46.0	42.0	38.2	34.8	31.2	28.0	24.9	21.8	18.9
130	—	54.54	49.9	45.5	41.4	37.5	33.8	30.3	26.9	23.7	20.5
140	—	58.74	53.7	49.0	44.6	40.4	36.4	32.6	29.0	25.5	22.1
150	—	—	57.5	52.5	47.8	43.3	39.0	35.0	31.1	27.3	24.4
160	—	—	—	56.0	51.0	46.2	41.6	37.3	33.1	29.1	26.0
170	—	—	—	59.5	54.2	49.1	44.2	39.6	35.2	30.9	27.6
180	—	—	—	—	57.3	52.0	46.8	42.0	37.3	32.8	28.2
190	—	—	—	—	60.5	54.9	49.4	44.3	39.3	34.6	30.7
200	—	—	—	—	—	57.7	52.1	46.6	41.4	36.4	32.3
210	—	—	—	—	—	60.6	54.7	49.0	43.5	38.2	33.9
220	—	—	—	—	—	—	57.3	51.3	45.6	40.0	35.5
230	—	—	—	—	—	—	59.9	53.6	47.6	41.9	37.0

续表

网值	针角										
	90°	100°	105°	110°	115°	120°	125°	130°	135°	140°	145°
240	—	—	—	—	—	—	—	56.0	49.7	43.7	38.6
250	—	—	—	—	—	—	—	58.3	51.8	45.5	40.2
260	—	—	—	—	—	—	—	60.6	53.8	47.3	41.8
270	—	—	—	—	—	—	—	—	55.9	49.1	43.4
280	—	—	—	—	—	—	—	—	58.0	51.0	44.9
290	—	—	—	—	—	—	—	—	60.0	52.8	46.5
300	—	—	—	—	—	—	—	—	—	54.6	48.1
310	—	—	—	—	—	—	—	—	—	56.4	49.7
320	—	—	—	—	—	—	—	—	—	58.2	51.2
330	—	—	—	—	—	—	—	—	—	60.0	52.8
340	—	—	—	—	—	—	—	—	—	—	54.4
350	—	—	—	—	—	—	—	—	—	—	56.0
360	—	—	—	—	—	—	—	—	—	—	57.5
370	—	—	—	—	—	—	—	—	—	—	59.1
380	—	—	—	—	—	—	—	—	—	—	60.7

2．激光雕刻网点

随着制版技术的不断提高，激光雕刻凹版的网点点形日趋多样化，常见的凹印激光网点点形有：蜂窝形网点、星形网点、T形网点、龟形网点以及不规则网点等，如图3-2-1所示。制版公司可以根据客户的产品需求，选择合适的激光雕刻网点。

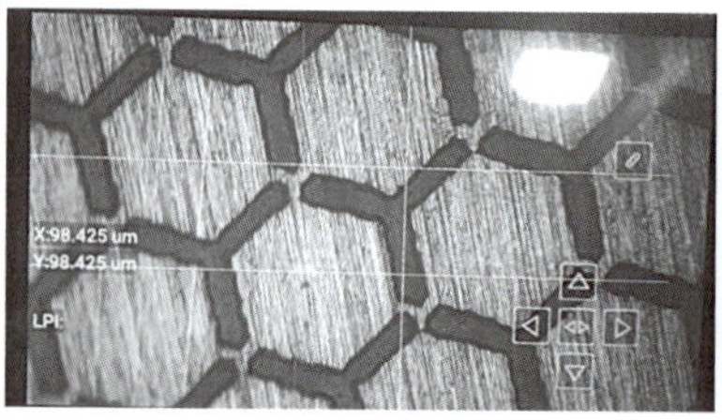

（a）六边形（带通沟）

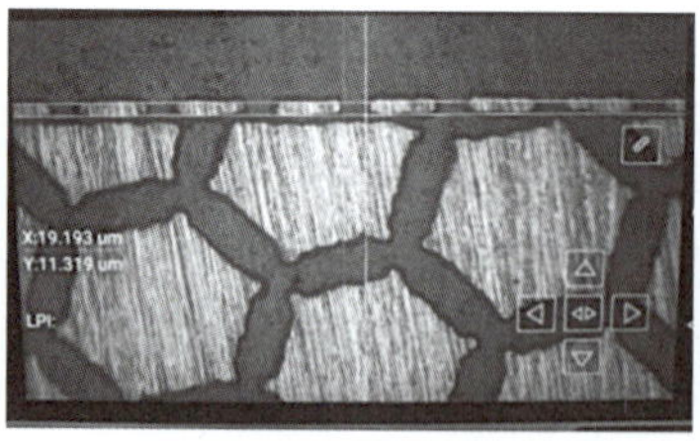

（b）六边形（正常）

（c）四边形（加点）

（d）四边形（正常）

（e）BT 网形（加点）

（f）直刻网点

图3-2-1　激光雕刻网点形状图

三、注意事项

①滑雕刻过程中每次安装雕刻针后都要调整滑脚，包括调整相对雕刻针的位置。

②雕刻针用专用仪器安装时，雕刻针应在刻度中间偏下或滑角的正中间。如果雕刻针安装不正确，一是容易打刀，二是刻出的网点上下不对称。

③刮刀、滑脚、雕刻针安装和调整时一定要小心谨慎，避免刮刀、滑脚、雕刻针或版面的损害。

第三节　检查雕刻质量

学习目标

1. 了解电子雕刻质量要求，解决电子雕刻中或雕刻后的打针、漏雕等问题。
2. 使用网点检测仪对合并雕刻的滚筒进行质量检测及评价。

一、操作步骤

①检查凹版滚筒的加工精度，包含动平衡、同心度、径差以及各部分的加工精度是否合规，其中：滚筒的动平衡≤50g；同心度不能超过20μm；直径精度误差应小于±0.02mm；印刷纸张时，滚筒直径递增量约为0～0.02mm，印刷塑料薄膜时，滚筒直径递增量约为0.02mm。

②检查镀铜层的外观质量、厚度和硬度。铜层颜色应为玫瑰红色，表面光亮细致，不应有毛刺、油污点、起泡和起皮等现象；铜层厚度在70～80μm；铜层硬度必须达到HV190～210。

③用网点检测仪检查网穴深度，应在15～70μm。

④检查合并雕刻的套印十字线或套印圈，误差≤0.05mm。

二、相关知识

1. 电子雕刻滚筒的质量要求

电子雕刻滚筒的质量要求主要包含滚筒自身、表观和工艺质量要求。

（1）版辊的质量要求

版辊的直径允差±0.02mm，长度允差±3mm，直线度允差≤0.03mm，径向跳动允差≤0.03mm；版辊直径在200mm以内的情况，版辊的筒壁厚度≤7mm；版辊直径在200mm以上的情况，版辊的筒壁厚度≥10mm；版辊外圆上所加配重数值的静平衡允差≤100μm；版辊两端倒角为10mm；版辊两端倒角表面粗糙度Rz≤3.2μm；版辊端面粗糙度Rz≤6.4μm；轴孔尺寸（包括键槽）符合要求，轴孔表面粗糙度$Rz \leqslant 3.2\mu m$；彩色版套版辊直径递增尺寸符合工艺要求。

（2）版辊的表观质量要求

电雕成品版辊外观无划痕、锈斑及凹坑等，图片和文字周围没有不需要的网穴；网墙整齐光洁，网穴形状及尺寸达到印刷质量要求；图文变化或重复尺寸符合工艺要求，角线规矩准确；单色和彩色印刷品质量要求见CY/T6。

（3）版辊的工艺质量要求

① 网穴的大小及深浅。电子雕刻凹版网穴大小和深浅与雕刻机的机型、网线数、雕刻针的角度、镀铜层的硬度以及产品质量要求等因素有关，很难有具体数值，因此行业标准中仅以70lpc，130°雕刻刀角度和新雕刻刀为基准，规定出不同网穴形状的网穴横对角线长度参考值（见中级工部分，表2-2-2）。

② 套印误差。是影响多色套印质量的重要因素，而雕刻凹版的套印标记误差过大是造成套准不良的重要原因。以薄膜印刷为例，在行业标准中规定了薄膜印刷彩色凹版套印允差，见表3-2-6。

表3-2-6　薄膜印刷彩色凹版套印允差　　单位：mm

套印部位	极限偏差	
	实地印刷	网线印刷
主要部位	0.90～1.10	0.85～1.05
次要部位	1.20～1.50	1.15～1.45

③ 印样密度值。在行业标准中还规定了单色印刷品和彩色印刷品层次的密度范围，表3-2-7为单色印刷品的密度要求，包括精细印刷品和一般印刷品。

表3-2-7　单色印刷品的密度要求

项目	精细印刷品	一般印刷品
暗调	>1.50	>1.40
亮调	0.06～0.18	0.08～0.20

表3-2-8为彩色印刷品的密度要求，包括CMYK的精细印刷品和一般印刷品。

表3-2-8　彩色印刷品的密度要求

色相	精细印刷品	一般印刷品
黄（Y）	0.90～1.10	0.85～1.05
品红（M）	1.20～1.50	1.15～1.45
青（C）	1.40～1.70	1.30～1.60
黑（BK）	1.60～1.90	1.50～1.80

2．激光雕刻滚筒的质量要求

激光雕刻滚筒的质量要求见表3–2–9。

表3–2–9　激光雕刻滚筒的质量要求

序列	项目	质量标准	检测工具	检测方法	备注
1	网墙	网墙均匀、对称，误差≤2μm 烟包版网墙误差≤2μm 其他产品≥50线网墙误差≤3μm <50线网墙误差≤5μm	网点测量仪	测量试雕块、实地	预防蹭胶
2	胶面	无划痕、蹭胶、碰伤	—	目测	—
3	图案	无漏雕、多雕、雕乱、震纹、工艺加错（马克、色标、实地直刻问题）	—	目测	—
4	离边	±2mm	卷尺	测量	—
5	雕刻工艺	网线、网角、网型正确	—	核对工艺指示	—

3．检验条件、仪器和工具

滚筒雕刻完毕，检验条件参见CY/T6标准；检验工具通常包括密度计（对反射密度计的要求见CY/T6附录A），定量检验用30～50倍读数放大镜，常规检验用10～15倍读数放大镜，金属表面粗糙度仪，铜、镍及铬镀层测厚仪，维氏金相硬度计，凹印网穴深度测度仪，直尺和卷尺，R规（测量版辊两端倒角），千分表（配有磁座），外径千分尺。

三、注意事项

① 一定要用规定的仪器或工具检验雕刻版和印样质量。

② 必要时要按标准要求用目测检验雕刻版和印样质量。

第三章

腐蚀滚筒

第一节 腐蚀液浓度的控制

学习目标 了解腐蚀液波美度的含义，根据产品要求进行波美度值的控制和测试。

一、操作步骤

凹版滚筒在腐蚀过程中的波美度的控制，是通过腐蚀液再生控制系统进行自动控制，图3-3-1所示为腐蚀液再生控制系统操作界面图。

① 根据腐蚀要求，设计合理的控制模式。

② 根据实际情况随时更改蚀刻速度。

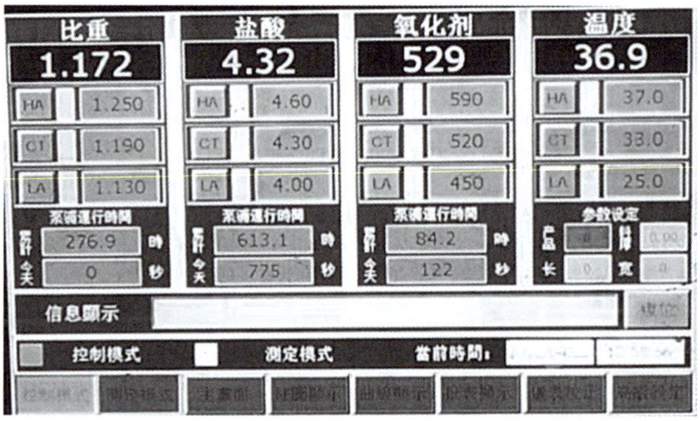

图3-3-1 腐蚀液再生控制系统操作界面图

二、相关知识

1. 波美度的定义和控制标准

波美度（°Bé）是表示溶液浓度的一种方法，是以法国化学家波美（Antoine Baume）的名字命名。波美是药房学徒出身，曾任巴黎药学院教授。他创制了液体比重计——波美比重计。把波美比重计浸入所测溶液中，得到的度数就叫波美度。

波美比重计有两种：一种叫重表，用于测量比水重的液体；另一种叫轻表，用于测量比水轻的液体。当测得波美度后，从相应化学手册的对照表中可以方便地查出溶液的质量分数。例如，在15℃测得浓硫酸的波美度是66°Bé，查表可知硫酸的质量分数是98%。

重波美度（Bh）：把食盐的质量分数为15%的水溶液定为15，在纯水中定为零，其间等分为14，并延伸到15以上。

轻波美度（Bl）：浮在食盐的质量分数为10%的水溶液的示值定为零，在纯水中示值定为10，等分为10并延伸到10以上。

2. 波美度值的检测方法

腐蚀前配置好的腐蚀液，其波美度值的检测方法是取样本液体，密度测定符合阿基米德原理，采用浮力法进行测试。通过已知质量跟密度的比重锤，反算出比重锤的体积V，接着通过比重锤在空气中及待测液中的重量差等于其所受浮力，反算出液体的密度值。接着根据相应的波美度计算公式运算后得到样本液体的波美度值。具体操作为：

① 取欲测的样品适量，倒入250mL量筒（或100mL量筒）中，平置于操作台上。

② 将波美比重计轻轻放入样品中心平衡点略低一些的位置，待其浮起至平衡，水平而稳定不动（注意液面无气泡及波美比重计不触及玻璃壁）。

③ 然后视线保持和液面水平进行观察，读取与液面接触处的弯月面下缘最低点处的刻度数值。

④ 波美度与温度有着一定的关系，所以要同时测定溶液的温度，最后按照标准温度20℃折算波美度。温度如高于20℃时，其读数应加上补正值，低于20℃时应减去补正值。一般简单的计算，就按照温度±1℃与波美表约成±0.05（°Bé）的补正值来计算。

三、注意事项

① 读数时应以波美比重计与液体形成的弯月面下缘为准，若液体颜色较深时，则以弯月向上缘为准。

② 操作时注意不要让波美比重计接触量筒壁及底部，待测液中不得有气泡。

③ 该法操作简便迅速，但准确性较差，需要试液量多，不适用于极易挥发的试液。

第二节 滚筒腐蚀和检查

学习目标

1. 了解腐蚀的原理，能使用网点检测仪对腐蚀滚筒进行测量和评价。
2. 对腐蚀常见故障进行判定。

一、操作步骤

① 把干净的防蹭纱布轻轻放在已腐蚀图案的待测区。

② 网点检测仪轻放在防蹭纱布上，对待测区内进行网墙测量。

③ 在电子档案里填写测量数据，并进行评价。

二、相关知识

1．腐蚀滚筒的质量要求

腐蚀滚筒的质量检查主要包含网墙、版面、图案和端面/轴质量的检查。网墙要求均匀、对称，中华版网墙误差1～3μm；其他产品如大于等于70线则网墙误差±2μm，大于等于50并小于70线则网墙误差±3μm，大于等于30并小于50线则网墙误差±5μm，小于30线则网墙误差±8μm；检测工具为网点测量仪、测量实地以及横向测量3点。

2．腐蚀常见故障

凹版滚筒在腐蚀过程中，常见的有：腐蚀不匀（腐蚀网墙断、腐蚀不匀、腐蚀网墙大）、腐蚀点、掉胶等，如图3-3-2所示。

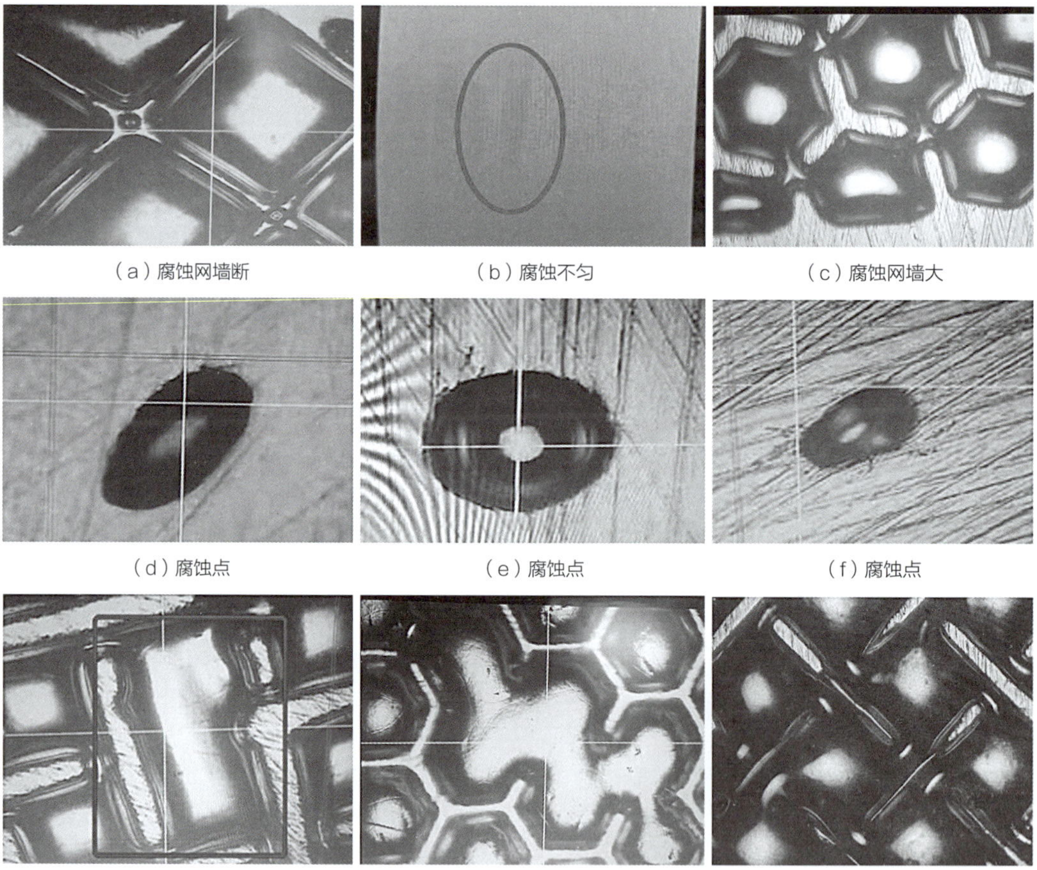

（a）腐蚀网墙断　（b）腐蚀不匀　（c）腐蚀网墙大

（d）腐蚀点　（e）腐蚀点　（f）腐蚀点

（g）掉胶　（h）掉胶　（i）掉胶

图3-3-2　腐蚀常见故障

三、注意事项

① 使用网点检测仪时务必轻拿轻放，不能磕坏铜层。

② 装版与移动天车时，做好防护，禁止吊带碰到版面。

第四章

设备维护与保养

第一节 激光雕刻机的维护保养

学习目标

1. 能对激光雕刻机进行日常保养和常规检查。
2. 能检查激光雕刻机的安全运行状况。

一、操作步骤

① 对激光雕刻机的光路系统进行维护和清洁。

② 对激光雕刻机的冷却系统的保养和清洗。

③ 对激光雕刻机的机芯系统的保养与清洁。

二、相关知识

激光雕刻机的日常维护主要包括光路系统的维护与清洁、冷却系统的保养和清洗、机芯系统的保养与清洁。

1. 光路系统的维护与清洁

光路系统的维护与清洁主要是对反射镜和聚焦镜进行维护与清洁。因为雕刻时间长了，反光镜会被加工产生的烟尘污染，调焦镜头中的镜头可能会被工件的挥发物污染。当反射镜和聚焦镜被污染时，反射率会降低，激光输出会受到影响。因此，加工过程中一定要注意排烟和吹气保护，尽量避免镜片被污染，并且必须保持清洁并定期检查。

具体操作方法：①拆下吹管、压环和保护套，小心拆下调焦镜头。②用吹气球吹去聚焦镜表面的浮尘，轻拿轻放。③用丙酮或专用镜头清洁剂蘸取棉球轻轻擦拭，从内向外一个方向轻轻擦拭，每次擦拭时都需要更换棉球，直至去除污垢。④安装调焦镜头时，一定要保持凹面朝下。⑤不能来回摩擦，更不能被尖锐物体划伤，由于镜片表面涂有抗反射涂层，涂层的损坏会极大地影响激光能量输出。

此外，每天工作前一定要检查光路是否正常。

2. 冷却系统的保养和清洗

由于循环水的水质和温度直接影响激光管的使用寿命，因此，日常需要对激光雕刻机的冷却系统进行保养和清洗。保养和清洗时使用纯净水或蒸馏水，水温保持在25℃以下。如果超过25℃，则需要更换循环水，或在水中加入冰块以降低水温。要注意在机器工作前确保激光管内充满循环水。

此外，对于清洗水箱和换水，建议每周清洗水箱一次，每周更换循环水一次。

3．机芯系统的保养与清洁

机芯系统的保养与清洁主要是指螺钉和联轴器，导轨、滑轮、滑道以及轴承的保养。

（1）螺钉和联轴器的保养

螺钉和联轴器要牢固，及时保养。运动系统工作一段时间后，运动连接处的螺钉和联轴器会松动，影响机械运动的稳定性。因此，在机器运行过程中，要观察传动部位是否有异响或异常现象，发现问题要及时加强和维护。同时，机器要用工具将螺钉一一拧紧，第一次加固应在设备使用后一个月左右，后续建议每月加固。

（2）导轨、滑轮、滑道的保养

如果小车滑轮、滑轨、直线导轨等运动部件被污染或生锈，将直接影响加工效果。操作人员应每周清洁并在导轨上润滑，以防生锈。

（3）轴承的保养

有些轴承需要每月加油（含油轴承除外）。保养时用干净的软布擦去轴承上的浮土，用针管将油吸入针管内，然后用针将油慢慢注入轴承内，注油时缓慢转动轴承。

激光雕刻机常规检查内容为：检查设备是否干净，是否需整体润滑；检查设备上及周围是否有杂物，保持设备及周围环境清洁；注意设备运行过程中是否有异常噪声；请勿用手或其他物体接触镜头；严格遵守设备的开机和关机程序；检查设备电路是否良好接地；检查损坏或缺失的部件是否需更换。

第二节　涂胶机的维护保养

学习目标

1. 能对涂胶机进行日常保养和常规检查。
2. 能检查涂胶机的安全运行状况。

一、操作步骤

① 对涂胶机进行一级保养。

② 对涂胶机进行二级保养。

二、相关知识

涂胶机的定期保养能使设备正常运作并延长使用寿命。涂胶机在使用前应先清洁机台和工作场地，并检查减速机、链条齿轮各滑动部位等是否缺油，无油时需先加注定量的润滑油，以保持良好的润滑；如停机不用时，必须用温水把各有胶部位清洗干净；坚持每班次清洗涂胶机一次，擦拭各部位的胶粉，保持机器常用常新；每天清洁机身、机座及传动机构。涂胶机的日常保养部位和频率见表3-4-1。

表3-4-1　涂胶机的日常保养部位和频率

保养类型	序号	检查项目	保养项目	标准	方法	频率
一级保养	1	设备表面	表面及死角卫生	表面及死角卫生干净	目测	天
	2	导轨	润滑	机油壶加油润滑	目测	周
	3	门盖	滑道	开关正常	目测	周
二级保养	4	电器柜	卫生环境	干净整洁、通风、线路横平竖直	目测	天
	5	限位开关	灵敏度	灵敏度高	目测	月
	6	电机	卫生、质量	干净、无异响	耳听、目测	天
	7	控制面板	灵敏度	灵敏度高	目测	月
	8	喷头	喷头电机、联轴器、气管、轨道、丝杠	喷头电机正常	耳听、目测	天
				联轴器正常	目测	天
				气管不漏气	目测	月
				轨道、丝杠润滑充足	目测	周
	9	尾座系统	顶尖、导轨、移动系统	顶尖正常	目测	月
				导轨润滑	目测	季
				移动稳定	目测	季

涂胶机常规检查要求：①在调试或工作时，严禁用面部直视喷头上的喷枪，防止胶直接喷到脸上或眼睛里。②每次清洗泵的时候，泵的气压是逐渐减小的，严禁泵长时间空打。③每次清洗完后，应用干净的气体把盛胶容器、胶管吹干，再进行加胶准备工作。④每次清洗加胶后要循环3～5h，减少版面上的漏铜点。⑤设备上面没有版辊时，严禁喷头一直往前走。⑥每周擦一下喷头旁边的限位。⑦每一个月清洗一次胶管和盛胶容器。

第三节　腐蚀机的维护保养

学习目标

1. 能对腐蚀机进行日常保养和常规检查。
2. 能检查腐蚀机的安全运行状况。

一、操作步骤

① 对腐蚀机进行一级保养。

② 对腐蚀机进行二级保养。

二、相关知识

腐蚀机的定期保养能使设备正常运作并延长使用寿命。腐蚀机在工作时应关闭腐蚀槽盖子以及大液槽盖，以防腐蚀液溅出；清洗小液槽里的浮子时应按下急停按钮或断电；严禁湿手打开电器柜；严禁工作状态时触碰直线轴承；发现电机停止运行时，应及时通知设备人员排查问题，根据变频器上报错信息排查问题；每次夹版或卸版时，防止夹伤手、防止版辊掉入槽中；进行日常维护的时候关闭设备上的总电源。腐蚀机的日常保养部位和频率见表3–4–2。

表3–4–2 腐蚀机的日常保养部位和频率

保养类型	序号	检查项目	保养项目	标准	方法	频率
一级保养	1	设备表面	表面及死角卫生	表面及死角卫生干净	目测	天
	2	喷头	喷头堵塞情况	喷头畅通	目测	天
	3	门盖	滑道	开关正常	目测	周
二级保养	4	电器柜	卫生环境	干净整洁、通风、线路横平竖直	目测	天
	5	限位开关	灵敏度	灵敏度高	目测	月
	6	电机	卫生、质量	干净、无异响	耳听、目测	天
	7	控制面板	灵敏度	灵敏度高	目测	月
	8	尾座系统	顶尖、导轨、移动系统	顶尖正常	目测	月
				移动稳定	目测	季
	9	过滤罐	过滤效果	完全过滤	拆卸检查	年

腐蚀机常规检查要求：①每天对腐蚀机外表用碎布头蘸少量水擦拭设备表面及附件。②每天用水枪对腐蚀槽盖的腐蚀液进行清理。③每天对腐蚀机内的喷嘴进行检查，清洗疏通堵塞的喷嘴。④每周对腐蚀液过滤罐中的过滤芯用水冲洗干净。

第四节 清洗机的维护保养

学习目标

1. 能对清洗机进行日常保养和常规检查。
2. 能检查清洗机的安全运行状况。

一、操作步骤

① 对清洗机进行一级保养。
② 对清洗机进行二级保养。

二、相关知识

清洗机的定期保养能使设备正常运作并延长使用寿命。清洗机应放置在清洁、干燥以及无强腐蚀气体的环境中使用，并避免剧烈震动；有良好的接地，以避免人身伤害事故；清洗液不得呈强酸或强碱性，在没有可靠的安全措施条件下，不能使用易燃溶液；清洗过程中必须戴绝缘手套，不要将手指浸入清洗液中；被清洗物不得和槽底接触，建议将工件放入专用清洗设备中；如发现清洗槽有漏水现象及其他故障，应立即关机停用，并倒空清洗液后由维修人员来修理；作业完毕，切断电源，清理掉设备上的脏物，保证机器的清洁。清洗机的日常保养部位和频率见表3-4-3。

表3-4-3　清洗机的日常保养部位和频率

保养类型	序号	检查项目	保养项目	标准	方法	频率
一级保养	1	设备表面	表面及死角卫生	表面及死角卫生干净	目测	天
	2	喷水、管道	喷水管道控制	喷水管道控制正常	目测	天
二级保养	3	导轨、丝杠	润滑	润滑充足	目测	月
	4	电器柜	卫生环境	干净整洁、通风、线路横平竖直	目测	天
	5	限位开关	灵敏度	灵敏度高	目测	月
	6	电机	卫生、质量	干净、无异响	耳听、目测	天
	7	尾座系统	顶尖、导轨、移动系统	顶尖正常	目测	月
				移动稳定	目测	季

清洗机常规检查要求：①每天对清洗机外表用碎布头蘸少量水擦拭设备表面及附件。②每天用水枪对清洗机底部进行清理。

第四篇

凹版制版

（技师）

第一章 雕刻前准备

第一节 制定电子雕刻工艺参数

学习目标 根据产品特点，进行电子雕刻工艺参数的制定。

一、操作步骤

① 根据客户需求，使用Photoshop，Illustrator，Coreldraw等专业处理软件，对产品的图像、文字、渐变色等进行制作处理。

② 根据产品各色所用的电雕工艺，选定网线、网角、曲线、暗调、通道、高光、针角、边缘增强等。

③ 根据客户要求的拼版图设置版辊周长、雕刻宽度、套版线的位置，各色图案的位置及横向、竖向的数量，螺旋、步进、无缝接等雕刻方式。

④ 检查选定的工艺参数匹配是否正确，应确保最终客户的产品质量达标。

二、相关知识

1．原稿（或设计）图像文件印前制作的原则

操作人员在进行原稿（或设计）图像文件的印前制作前，首先要了解客户的要求，不论是原稿复制，还是在原稿基础上进行再设计，然后结合凹版印刷的特点使用Photoshop，Illustrator，Coreldraw等软件进行印前处理。在处理过程中，操作人员应遵循以下原则：

① 电分图以整体调整为主，不要这里选一下调一下，那里选一下调一下，容易出现局部色偏现象，能用曲线调整的，尽量不要用单独选校。

② 能用专色制作尽量用专色制作，以保证印刷稳定。

③ 对于一些在小印刷机的印版，因其速度慢、转移差，应将电分图和喷图整体稍做加深，便于客户印刷。

④ 细小文字的应适当加粗，线条细于0.2mm的也应适当加粗，以保证能雕刻出来。

⑤ 弥盖的做法应为浅色进深色下，一般在0.2mm以上，以保证套印。

⑥ 图像的色彩管理一定要到位，否则最终印版很难达到客户的要求。

2．常见凹版印刷产品电子雕刻工艺参数的设置

不同凹版印刷产品在电子雕刻过程中采用的工艺参数值有所不同，表4-1-1至表4-1-7分别列出典型几类凹版印刷品的电子雕刻工艺参数。

表4-1-1　OPP里印层次版电雕工艺参数设置对照表

色相	网线 /lpc	网角 /°	暗调	通沟	高光	曲线	边缘增强	雕刻针角度 /°
K	100	41	116	21	29	LY-K	5030	120
C	70	30	165	31	40	LY-C	4030	120
M	70	60	136	0	34	LY-M	4030	120
Y	70	45	145	35	24	LY-Y	4030	120
W	70	30	168	36	42	LY-Y	4030	120
Z	70	30	168	36	42	LY-Z	5030	120

表4-1-2　OPP里印线条版电雕工艺参数设置对照表

色相	网线 /lpc	网角 /°	暗调	通沟	高光	曲线	边缘增强	雕刻针角度 /°
线条	60	30/37	208/200	42/36	52/50	线性	6350	120
线条	70	30/37	176/164	25/30	44/41	线性	6350	120
线条	80	30/37	156/148	31/26	39/37	线性	6350	120
线条	90	30/37	140/132	28/23	35/33	线性	6350	120
线条	100	41	112	18	28	线性	6350	120
线条	100	37	120	21	30	线性	6350	120
线条	110	30	118	23	27	线性	6350	120

表4-1-3　PE里印层次版电雕工艺参数设置对照表

色相	网线 /lpc	网角 /°	暗调	通沟	高光	曲线	边缘增强	雕刻针角度 /°
BK	100	30	128	25	32	1315NEW-K	5330	120
C	70	30	160	32	40	1315NEW-C	4030	120
M	70	60	136	1/0	34	1315NEW-M	4030	120
Y	70	45	145	35	24	1315NEW-Y	4030	120
WT	70	30	168	36	42	1315NEW-Y	4030	120
Z	70	30	176	35	44	1315NEW-C	5030	120

表4-1-4　PE表印层次版电雕工艺参数设置对照表

色相	网线 /lpc	网角 /°	暗调	通沟	高光	曲线	边缘增强	雕刻针角度 /°
BK	91.5/85	30	136/144	27/29	34/36	BY-K	5330	120
C	70/65	30	168/180	33/36	42/45	BY-C	5030	120
M	70/65	60	136/144	1/0	34/36	BY-M	5030	120

续表

色相	网线 /lpc	网角 /°	暗调	通沟	高光	曲线	边缘增强	雕刻针角度 /°
Y	70/65	45	150/165	27/29	42/45	BY-Y	5030	120
WT	70/65	30	168/180	27/29	42/45	BY-Y	5030	120
Z	70/65	30	172/180	36/36	432/45	BY-Z	5030	120

表4-1-5　PE表印线条版电雕工艺参数设置对照表

色相	网线 /lpc	网角 /°	暗调	通沟	高光	曲线	边缘增强	雕刻针角度 /°
线条	60	30	212	42	53	线性	6350	120
线条	65	30	200	40	50	线性	6350	120
线条	70	60	188	36	47	线性	6350	120

表4-1-6　编织袋电雕工艺参数设置对照表

色相	网线 /lpc	网角 /°	暗调	通沟	高光	曲线	边缘增强	雕刻针角度 /°
线条	65	30	180	36	45	70LY-C1315	5030	130

表4-1-7　壁纸版电雕工艺参数设置对照表

色相	网线 /lpc	网角 /°	暗调	通沟	高光	曲线	边缘增强	雕刻针角度 /°
线条	48	37	240	44	60	BY-Z	5030	130

3. 电子雕刻工艺参数的制定原则

电子雕刻工艺参数需要根据客户及电雕工艺要求来设置，每个参数的设定都会对最终的雕刻结果产生很大的影响，因此，在制定时需要参考相关的规范，如参考CY/T9《电子雕刻凹版技术要求》质量标准。表4-1-8和表4-1-9分别摘录了CY/T9质量标准中网线、网角匹配要求，雕刻针角度与其颜色标识对照表，而网值、网点深度与雕刻针角度的对应关系可以查看高级工部分的表3-2-5。

表4-1-8　网线、网角匹配要求

要求项目	技术要求	备注
网线匹配	允差：±1lpc	网线、网角匹配超出规定范围时，要避免网线、网角匹配出现同时大或同时小的现象
网角匹配	允差：±1°	
同网线匹配	允差：0	同一套产品且为层次版
同网角匹配	允差：0	
返工版或调改版	同原程序保持一致	—

表4-1-9　雕刻针角度与其颜色标识对照表

雕刻针角度 /°	颜色标识	雕刻针角度 /°	颜色标识
100	银色（silver）	125	绿色（green）
105	金色（gold）	130	红色（red）
110	黑色（black）	135	黄色（yellow）
115	紫色（purple）	140	橙色（orange）
120	蓝色（blue）	145	褐色（brown）

不同品牌雕刻机在网线、网角、雕刻头型号、雕刻针角度、雕刻频率等参数选择和设置上也有所不同，表4-1-10至表4-1-12分别列出了OHIO，K500型电子雕刻机的部分雕刻工艺参数设置。

表4-1-10　OHIO型电子雕刻机电子文件的不同网线、网角对应的周向、横向像素值表

网角 /°	70 线		75 线		80 线		85 线		90 线		95 线	
	周向值	横向值	周向值	横向值	周向值	横向值	周向值	横向值	周向值	横向值	周向值	横向值
30	3.57	12.40	3.33	11.60	3.13	10.90	2.94	10.20	2.78	9.60	2.63	9.10
34	3.99	11.90	3.72	11.10	3.49	10.40	3.29	9.80	3.11	9.20	2.94	8.70
37	4.30	11.40	4.01	10.60	3.76	10.00	3.54	9.40	3.34	8.90	3.17	8.40
41	4.69	10.80	4.37	10.10	4.10	9.43	3.86	8.88	3.64	8.39	3.45	7.94
45	5.05	10.10	4.72	9.43	4.42	8.84	4.16	8.32	3.93	7.86	3.72	7.44
48	5.30	9.56	4.95	8.92	4.64	8.36	4.37	7.87	4.13	7.43	3.91	7.04
56	5.92	7.99	5.53	7.46	5.18	6.99	4.88	6.58	4.61	6.21	4.36	5.89
60	6.20	7.14	5.80	6.66	5.45	6.26	5.10	5.88	4.80	5.56	4.55	5.26
网角 /°	100 线		105 线		110 线		115 线		120 线		125 线	
	周向值	横向值	周向值	横向值	周向值	横向值	周向值	横向值	周向值	横向值	周向值	横向值
30	2.50	8.70	2.38	8.30	2.27	7.90	2.17	7.60	2.08	7.20	2.00	7.00
34	2.80	8.30	2.66	7.90	2.54	7.60	2.43	7.20	2.33	6.90	2.24	6.70
37	3.01	8.00	2.87	7.60	2.74	7.30	2.62	6.90	2.51	6.70	2.41	6.40
41	3.28	7.55	3.12	7.19	2.98	6.86	2.85	6.56	2.73	6.29	2.62	6.04
45	3.54	7.07	3.37	6.73	3.22	6.43	3.08	6.15	3.00	5.89	2.83	5.66
48	3.72	6.69	3.54	6.37	3.38	6.08	3.23	5.82	3.10	5.58	2.97	5.35
56	4.10	5.59	3.95	5.33	3.77	5.08	3.60	4.86	3.45	4.66	3.32	4.47
60	4.35	5.00	4.15	4.76	3.95	4.54	3.80	4.34	3.60	4.16	3.50	4.00

续表

网角 /°	130 线		135 线		140 线		145 线		150 线		155 线	
	周向值	横向值	周向值	横向值	周向值	横向值	周向值	横向值	周向值	横向值	周向值	横向值
30	1.92	6.70	1.85	6.40	1.78	6.20	1.72	6.00	1.67	5.70	1.61	5.60
34	2.15	6.40	2.07	6.20	2.00	5.90	1.93	5.70	1.86	5.60	1.80	5.40
37	2.31	6.20	2.23	5.90	2.15	5.70	2.08	5.60	2.01	5.40	1.94	5.15
41	2.52	5.81	2.43	5.59	2.34	5.39	2.26	5.20	2.18	5.03	2.12	4.87
45	2.72	5.44	2.62	5.24	2.53	5.05	2.44	4.88	2.36	4.71	2.28	4.56
48	2.86	5.15	2.75	4.96	2.65	4.78	2.56	4.61	2.48	4.46	2.40	4.32
56	3.18	4.30	3.07	4.14	2.96	3.99	2.86	3.86	2.76	3.73	2.67	3.61
60	3.35	3.84	3.20	3.70	3.10	3.56	3.00	3.44	2.85	3.34	2.80	3.22

表4-1-11　K500型电子雕刻机网线与有效网线及网线与网角对应的网值表

网角	0（compressed）			2（elongated）			3（coarse）			4（fine）			1（normal）	
网线 / lpc	纵向网值 / μm	横向网值 / μm	有效网线/ lpc	纵向网值 / μm	横向网值 / μm	有效网线 / lpc	纵向网值 / μm	横向网值 / μm	有效网线 / lpc	纵向网值 / μm	横向网值 / μm	有效网线 / lpc	网值 / μm	有效网线 / lpc
40	307.5	410	40.00	461.50	273.3	39.83	461.25	410	32.52	230.63	273.3	56.33	353.30	40.03
48	255.0	340	48.00	382.50	226.7	48.03	382.50	340	39.22	191.25	226.7	67.93	293.30	48.21
54	225.0	300	54.00	337.50	200.0	54.43	337.50	300	44.44	168.75	200.00	76.98	263.30	53.70
60	202.5	270	60.00	303.75	180.0	60.48	303.75	270	49.38	151.88	180.00	85.53	236.70	59.76
64	195.0	260	64.00	292.5	173.3	62.81	292.50	260	51.28	146.25	173.3	88.83	220.00	64.28
65	187.5	250	65.00	281.25	166.7	65.32	281.25	250	53.33	140.63	166.7	92.37	216.70	65.27
68	180.0	240	68.00	270.00	160.0	68.04	270.00	240	55.56	135.00	160.00	96.23	206.70	68.43
70	172.5	230	70.00	258.75	153.3	71.00	258.75	230	57.97	129.38	153.3	100.41	203.30	69.55
75	165.0	220	75.00	247.50	146.7	74.23	247.50	220	60.61	123.75	146.7	104.98	190.00	74.04
80	150.0	200	80.00	225.00	133.3	81.65	225.00	200	66.67	112.5	133.3	115.47	176.70	80.05
85	142.5	190	85.00	213.75	126.7	85.95	213.75	190	70.18	106.88	126.7	121.55	166.70	84.85
90	135.0	180	90.00	202.50	120.0	90.72	202.50	180	74.07	101.25	120.00	128.30	156.70	90.27
95	127.5	170	95.00	191.25	113.3	96.06	191.25	170	78.43	95.63	113.3	135.85	150.00	94.28
100	120.0	160	100.00	180.00	106.7	102.06	180.00	160	83.33	90.00	106.7	144.33	140.00	101.02
117	105.0	140	117.00	157.50	93.3	116.64	157.50	140	95.24	78.75	93.33	164.96	120.00	117.85
136	90.0	120	136.00	135.00	80.00	136.08	135.00	120	111.11	67.5	80.00	192.45	103.33	136.86
148	82.5	110	148.00	123.75	73.33	148.45	123.75	110	121.21	61.88	73.33	209.95	96.67	146.29

表4-1-12　K500型电子雕刻机雕刻头型号与网线、雕刻针角度、雕刻频率对照表

雕刻头型号	网线（公制）/lpc	雕刻针角度/°	雕刻频率/Hz
A	40～48	ALL	—
B	48～60	ALL	—
CX	60～100	ALL	—
helioSprintB	60～80	120	6000/7500
	54～80	130	
	54～70	140	
helioSprintC	70～100	120	7500
	60～100	130	
	60～80	140	
helioSprintD	100～148	120	7500
	100～148	130	
	80～117	140	

4. 电子雕刻的工艺规范

（1）雕刻网线数

电子雕刻过程中确定雕刻网线数值会参考两个参数值：一个是雕刻时的网穴宽度值，另一个是打样后产品的反射密度值。

① 在高光区域，雕刻网线数高的反射密度与雕刻网线数低的反射密度相差不大。

② 在暗调区域，雕刻网线数低的反射密度大。

③ 相邻网点百分比两级间的网穴差值随雕刻网线数变化而变化。雕刻网线数低，相邻网点百分比两级间的网穴差值较大，雕刻网线数高，相邻网点百分比两级间的网穴差值较小。

④ 印刷低档产品、实地和文字一般宜用50～65lpc低线数雕刻；印普通产品一般用65～75lpc雕刻；印刷高档纸制品则用80～120lpc雕刻为佳。

（2）高光定标值

高光层次的损失对产品的整体效果影响很大，尤其对中高档产品而言，因为这一类产品高光层次丰富。因此，操作人员在对中高档产品进行高光定标时，要实现电雕高光网穴出现，并有意识将4个色版的高光加重。

通常情况下，金色、烟嘴、实地块、大文字图案一般高光定标值为-1.00～0，一般文字、细文字图案为0～0.15，层次稿为0.15～0.30。

（3）暗调定标值

暗调定标值决定了样片中纯黑区域的扫描输出电压，其值的高低对暗调层次的表现非常重要。而且菱形网穴值与暗调定标值成正比，改变暗调定标值可起到调整暗调网穴大小和颜色深浅及改变阶调层次的作用。

通常情况下全是实地、文字图案的原稿暗调定标值宜选择10.5～13.0，一般层次稿为8.5～9.0，高层次稿为9.0～10.5。

（4）电雕层次曲线

通常电子雕刻时基础层次曲线的确定一般在加网线数70lpc、网角37°或加网线数70lpc、网角60°的条件下，对网点百分比级差为5%的21级梯尺进行雕刻，然后进行打样或印刷，接着用反射密度计测量出各成网的密度值，将所测密度值描绘出凹版印刷阶调层次曲线。

一般而言，在凹版印刷阶调层次的再现中，网点百分比值在30%的地方才有密度值出现，对于75%以上的网点，其密度值则急剧增大。这种网点的密度特性是同腐蚀凹版一样的，高光容易丢尖，暗调出现并调。正确的曲线应是曲线高光、亮调部分向上提，而暗调处向下压。

（5）网线和网角的关系要求

在雕刻网线数相同的条件下，单位面积的网穴深度与通沟宽度的大小有关。雕刻线数要在LPC、网穴角度匹配公差度范围内；当雕刻线数与网穴角度匹配超出规定范围时，则要避免雕刻线数与网穴角度匹配出现同时大或同时小的现象。

三、注意事项

① 制定电雕工艺参数时，务必做到客户需求心中有数。

② 同一套产品中，不同色版采用相同雕刻线数与相同网穴角度雕刻时，各色的雕刻线数与网穴角度必须匹配一致。

③ 返工版或调改版的产品其匹配要同原程序保持一致。

第二节　制定激光雕刻工艺参数

学习目标　根据产品特点，进行激光雕刻工艺参数的制定。

一、操作步骤

① 分析印前文件的图文特征、印刷用墨特征和产品类型特征。

② 按照印前文件图文特征，设置对应网线、网角、曲线、网点形状、网点类型等激光雕刻参数。

③ 检查选定的工艺参数匹配是否正确，应确保最终客户的产品质量达标。

二、相关知识

1．激光雕刻参数的基本含义

（1）激光束

激光雕刻凹版时使用的是激光束。激光束是一种在时间上和空间上高度集中的光子流束，其发散角极小，聚焦性能良好。通过光学聚焦系统，激光束可以聚焦至微米量级的范围内，能够让被照射区内的温度瞬时上升到1万℃以上，从而引起被照射区内材料瞬时熔化并大量汽化蒸发，形成小阻坑。通常激光一束光为0.005mm（5μm），现有设备加工时最高可以用到8束光。

（2）激光功率

与电能一样，激光器发出的激光也是一种能源。因此，激光器的输出功率与发电厂发电机的输出功率一样，度量单位也是瓦（W）或毫瓦（mW）。从理论而言，如果存在转换效率为100%的激光与电的能量转换器，那么输入1W的电功率到该转换器，就能输出1W的激光，然而实际生产中使用的激光器无法实现转换效率100%。例如，CO_2激光器是工业和制造业中最常使用的气体激光器之一，其光电转换效率也仅达到30%左右。

（3）焦距

焦距是光学系统中衡量光的聚集或发散的度量方式，指平行光从透镜的光心到光聚集的焦点的距离。

（4）转速

在加工过程中，雕刻机主轴的转速是非常重要的一个因素，它直接关系到激光雕刻网点的质量。

操作人员应在雕刻工艺参数的基础上，通过调整激光束、功率、焦距和转速等激光雕刻参数来试雕。当试雕达到预设的参数值后再进行正式雕刻，如通过调整参数无法达到预设的参数，则需及时反馈给工艺部，沟通修改后再进行雕刻。

2．激光雕刻工艺参数设置原则

与电子激光雕刻工艺参数设置相似，激光雕刻工艺参数设置也主要包括网线、网角、层次曲线、网点形状、网点的类型等设置。

激光雕刻的网线数通常在5～120lpc，其中5lpc多用于深度40丝左右的工艺要求，120lpc常用于雕刻精细图案或文字。激光雕刻的网角不受限制，可以在0°～360°任意选择，操作人员要根据图文的精细程度和质量要求选择合适的网角。激光雕刻的网点形状主要有四边形、六边形及各种不同形状，操作人员要根据不同网点形状的特点和性能来确定网墙宽度值和雕刻深度，以免影响最终制版质量。此外，激光雕刻还可以对文字或图案边缘锯齿进行加刻边处理，确保文字或图案边缘光滑无锯齿。

在设置激光雕刻工艺参数时要考虑效率性、适应性和稳定性，即能一次雕刻完成尽量一次雕刻完成；印前图文复杂情况要先进行工艺测试后再确定激光雕刻工艺参数；线条文字或图案太小的情况，涂胶辊深度超6丝的情况，烟嘴文字、壁纸、烟包文字版或白版的情况，均需要采用激光雕刻工艺。如果新工艺未经过大量验证，不建议推广给客户新产品。

3．常见凹版印刷产品激光雕刻工艺参数的设置

不同凹版印刷产品在激光雕刻过程中采用的工艺参数值有所不同，表4-1-13至表4-1-17分别列出了常见凹版印刷品的激光雕刻工艺参数。

表4-1-13　印前图文为色块+小字情况下激雕工艺参数设置对照表

印前图文	激光雕刻参数（线数~雕刻网墙）		
色块	B70~45μm	B80~35μm	
小字	B80~35μm	B90~30μm	B100~25μm

表4-1-14　印刷用金属墨情况下激雕工艺参数设置对照表

印刷用墨	激光雕刻参数（线数~雕刻网墙）		
金、银、白	B60~50μm	B70~45μm	B80~40μm

表4-1-15　壁纸产品激雕工艺参数设置对照表

印刷用墨	激光雕刻参数（线数~雕刻网墙~腐蚀留网墙）		
发泡	B20~200μm~20μm	B18~220μm~20μm	B12~290μm~40μm
	B12~320μm~40μm	B12~340μm~40μm	B12~360μm~40μm
撒金	B15~150μm~30μm		
金、银	B28~140μm		
珠光	B28~140μm~20μm	B30~120μm~20μm	
印色	B30~100μm~20μm	B40~100μm~20μm	

表4-1-16　皮革产品激雕工艺参数设置对照表

印刷用墨	激光雕刻参数（线数~雕刻网墙~腐蚀留网墙）		
高铟料	ZK 150μm~ZK 300μm		
半高铟料	ZK 25μm~ZK 45μm	B60~40μm~5μm	

表4-1-17　电子标签产品激雕工艺参数设置对照表

印刷用墨	激光雕刻参数（线数~雕刻网墙~腐蚀留网墙）		
银系导电油墨	B100~35μm~10μm		

三、注意事项

激光雕刻工艺有上墨量大、版深等优点，但同时也有中间与边缘网墙因腐蚀速度不同接不上等缺点，因此，制定工艺时需注意取长补短，取其优点。

第三节　ICC文件的制作

学习目标　根据产品要求，规范完成ICC文件的制作。

一、操作步骤

① IT8.7–3 CMYK色卡文件准备。

② 在Photoshop中打印。

③ 校准Eye–One。

④ 使用Eye–One对色卡的数据采集。

⑤ 操作ProfileMaker5.0软件制作特性文件。

二、相关知识

ICC文件制作流程以爱色丽Eye–One、喷墨打印机、IT8.7–3 CMYK色卡以及软件Profile Maker5.0、Photoshop CS3为例进行描述。

① 选择IT8.7–3 CMYK色卡文件，在Photoshop中打印，不需要使用任何色彩空间，也不需要使用任何色彩管理（包括Photoshop和打印机）。

IT8.7–3 CMYK色卡TIF源文件的获取是在ProfileMaker5.0的安装路径下进入Eye–One分光光度计所适用的色卡文件夹进行选取（ProfileMaker5.0\Testcharts\Printer\EyeOne），这里选用的色卡IT8.7–3 CMYK i1规格尺寸为A4，一共3张，以备下一环节的测量。

② 打开ProfileMaker5.0，选择Printer（打印机）的标签后，在参考数据中选择所打印的色卡名称IT8.7–3 CMYK i1（A4），在测量数据中选择所使用的分光光度仪中的Eye–One Pro，同时会启动MeasureTool软件进行打印出色卡的测量。在测量软件启用之前，需要提示框对测量仪器Eye–One进行校准工作，可把Eye–One放在自带底座的校准白板上，点击确定即可完成。

③ 启动MeasureTool测量软件后，需要注意的是模式选项。有3种选项，分别是：色块（一个色块一个色块测量）、没有间隔的色条、有间隔的色条（Eye–One Pro专用测量模式）。在选择色块测量时，软件可以操控仪器自动测量色卡，这时可以选择延迟选项，有短、中、长、手动4个延迟时间选择。在使用有间隙的色卡测量时，Eye–One可以一次扫描一条色卡进行测量。因此，借助Eye–One配备的测量色块的辅助标尺，选择有间隙的色卡测量模式（即Strip with gaps），对色卡进行数据读取。

④ 在对色卡数据进行读取的过程中，需要注意的是：

a．辅助的标尺工具需要对准软件提示的特定行数的色条，并根据提示逐行平移标尺、逐条测量。

b．测量过程中，手动按住Eye-One上的按钮，听到提示音后，继续按住按钮匀速在标尺上平移Eye-one直到色条末端结束，此时才可以放开仪器上的测量按钮。

c．每次测量结束后，需要及时查看软件的提示，如果出现错误提示，需要重新测量该行色条，直到提示正确为止。

当色卡上全部色块测量完毕，点击关闭测量，完成色卡数据的采集，返回ProfileMaker5.0界面，进行测量数据的保存。

⑤ 操作ProfileMaker5.0软件制作特性文件。在制作文件前，需要对软件中的选项进行设置

a．Profile的大小。如果对打印要求很高、很专业，可以选择大的Profile，这时产生的ICC文件体积会比较大，相对准确性也高一些。如果需要内嵌ICC文件把很多图像发送给别人，则推荐使用正常大小的Profile，这样产生的ICC文件会较小，内置ICC后的图像文件体积不会增加太多，且对于大多数情况都够用。

b．中性灰的处理。对“纸色灰轴”和“中性灰轴”进行定义。“纸色灰轴”是排除因为承印物颜色对图像呈色效果的影响，例如：承印物本身发黄，则将所有颜色中的相对于承印物黄色的那部分色相去除掉，从而保证最终输出的效果是排除承印物黄色的中性灰效果。“中性灰轴”是保留承印物对于亮调部分的影响，而其他的颜色和灰色则保留不受承印物影响的颜色效果，通常情况下建议使用这一选项。

c．色域映射的选择。色域映射是为可感知的转换意图专门准备的控制选项，是为保持图像内颜色之间的色阶关系而整体压缩。在ProfileMaker5.0软件中给整体压缩3个选项：Colorful，Chroma Plus和Classic，其中Colorful是尽量保持颜色的色彩关系，Chroma Plus是保持颜色的明度关系，Classic是保持明度关系同时加上白点不转换（类似绝对比色转换意图）。操作人员可以根据实际情况选择最符合产品要求的选项。

d．观察光源的选择。一般情况观察光源的选择为D50，因为标准样张和原稿观察条件要求的标准光源为D50。

当所有选项设置好后，即可点击开始，软件自动开始生成色彩特性文件ICC，同时文件也会自动保存在系统C盘中。

ICC文件是将所有和设备有关的颜色数据（RGB和CMYK数据），一一对应到和设备无关的Lab颜色模式上；通过Lab模式作为传递中介，保持所有颜色外观的一致，也就保持了颜色在不同设备之间传递转换时不变色。每台显示器都有自己的ICC特性，在显示器显示图像时，其会将自己的ICC信息记录在每一张图片文件中，供操作系统的色彩管理系统进行加载和调取。

三、注意事项

制作ICC用的色表是经过电子雕刻机/激光雕刻机雕刻→镀铬→抛光→凹印打样等加工工序来实现的，此外，应对电子雕刻机/激光雕刻机线性、镀铬铬抛后网值标准及凹印打样的油墨和设备参数标准进行定期校准与验证，确保稳定性。

第二章

实施雕刻

第一节　铜层质量的测量与评价

学习目标　使用硬度仪、厚度仪和粗糙度仪对滚筒进行铜层硬度、厚度和粗糙度的测量和评价。

一、操作步骤

1．使用硬度仪测量滚筒铜层硬度的操作步骤

① 将仪器放置于版辊上，按MODE键打开机器，输入标准系数：铜为4376，测量时间为20s。

② 旋转按钮，调节探头平稳靠置于被测物体表面。

③ 按下电动按钮，探头内置电机带动金刚石探针测量被测物体，显示屏显示接触符号，出现提示音，到设定测量时间后，显示屏显示测量值。

④ 将仪器置于版辊不同位置，重复①～③步骤，连续测量3个位置，记录平均值，即为滚筒的硬度值。

2．使用厚度仪测量滚筒铜层厚度的操作步骤

以TT220厚度测试仪为例：

① 准备好待测试件。

② 将测头置于开放空间，按一下“ON/C”键，开机。

③ 检查电源。若无“╪”显示，表示电池电压正常；若“╪”出现，表示电池电压已低落，应充电。

④ 正常情况下，开机后显示上次关机前的测量值。

⑤ 是否需要校准仪器，如果需要，选择适当的校准方法进行。

⑥ 迅速将测头与测试面垂直地接触并轻轻压住，随着一声鸣响，屏幕显示测量值，提起测头可进行下次测量。如果在测量中测头放置不稳，显示一个明显的可疑值，可在“DEL ONE?”状态删除该值。

⑦ 重复测量3次以上，在“DIS STATS?”状态，可依次显示5个统计值，即：平均值（MEAN）、最大测量值（MAX）、最小测量值（MIN）、测量次数（NO.）、标准偏差（S. DEV）。

⑧ 关机。在无任何操作的情况下，大约2～3min后仪器自动关机。

3．使用表面粗糙度仪测量滚筒铜层粗糙度的操作步骤

① 将待测样品装载在夹具上，放置于测试探头下。

② 旋转手柄将探头与待测样品表面接触，顺时针为“up”，逆时针为“down”。

③ 测试屏幕上绿色光标处于中间框内时表明探针与待测物表面充分接触，可以开始测试。

④ 按下测试仪右下角“start”键开始自动测试，测试完成后读取的读数值Ra就是待测物表面的粗糙度。

⑤ 测试完成后顺时针旋转手柄将探针位置复原，记录读数值并取走样品。

⑥ 待测物需稳定加持，表面需保持水平，同时测试平面长度不小于6mm，样品长度过短或者待测面不在同一水平面都会导致测试结果有偏差。

二、相关知识

1．镀铜层的质量标准

凹版滚筒镀铜层的质量评价主要是指外观质量、厚度、硬度和表面粗糙度。通常情况下，目测镀铜层的颜色应为玫瑰红色，表面光亮细致，无毛刺、油污点、起泡和起皮等现象。用触点测厚仪或射线测厚仪测量镀铜层的厚度，应在70～80μm；用硬度仪测量镀铜层的硬度，必须达到HV170～190；用表面粗糙度仪测量镀铜层的粗糙度，应在0.2～0.4μm以上。

2．影响镀铜层质量的因素

（1）电镀液浓度的影响

电镀液的主要成分是硫酸铜和硫酸，此外还加入了适量的硬度添加剂。硫酸铜在水中电离出的铜离子是阴极电镀铜的主要来源。提高硫酸铜的浓度，在较高的电流密度下，可提高镀铜层的光亮度和平整性。但硫酸铜的浓度过高，会减低电镀液的分散力，使铜结晶析出。实践证明，硫酸铜的浓度控制在220～230g/L，有利于提高镀铜层的质量。

硫酸是一种强电解质，可增强电镀液的导电性和电流效率，改善电镀液的分散能力，有利于获得细密的镀铜层，但硫酸的浓度过高时，会增加阴极氢的析出，使镀铜层变得发脆和多孔。硫酸的浓度应控制在50～60g/L。

一般情况下，镀铜层的硬度只能达到HV120左右，为了让镀铜层的硬度达到HV170～190，符合电雕要求，还必须添加适量的硬度添加剂。

（2）阳极的影响

酸性镀铜的阳极采用电解铜。由于在电解中易产生一价亚铜离子和铜粉，影响镀铜层的质量。为了避免在电解中一价亚铜离子和铜粉的产生，可将阳极电解铜支撑含0.05%磷的铜块。同时可使用阳极袋，将阳极套入袋中，以防止阳极杂质落入电解液中，并定期对阳极袋进行清洗和更换。

（3）电流密度的影响

提高电流密度可以加快电镀速度，具有一定的经济意义。但在提高电流密度时，如果

电镀液搅动不足和温度较低，就会造成镀铜层表面粗糙和高低不平。因此，当提高电流密度时，应对电镀液加强搅动和提高其温度，并加快版滚筒的旋转速度。

（4）电镀液温度的影响

温度也是控制铜层硬度的重要因素之一。温度降低会降低反应物粒子的自由能，使电化学极化、浓度极化作用相应提高，使吸附原子在结晶过程中排列得更加紧密、细致，致使铜层的硬度得到提高，硬度保质期也相应延长。但是温度降低时电流密度的上限也会降低，硫酸铜容易结晶析出，造成质量隐患。

温度升高能提高镀液的电导率，加快传质速度，降低阴极极化作用，使镀层硬度、光亮度减低。但如果温度过高，会分解部分不耐高温的添加剂中间体，增加添加剂的消耗量，降低其正常效果。因该工艺使用的电流密度较大，要特别注意铁辊装夹时的导电性，预防局部因导电不良，温度过高使铜层局部硬度下降。

3．硬度仪的结构和工作原理

图4–2–1所示为硬度仪结构图，仪器由探头、固定套筒、套筒支架、高度调节旋钮、滚筒支架、主机、连接线、主机支架和接口组成。其工作原理是利用动态测试方法中的超声波声阻抗法（UCI），施加静载以得到压痕，用装有压头的谐振杆的谐振频率增量来确定压头与被试材料的接触面积，以此来评价硬度。

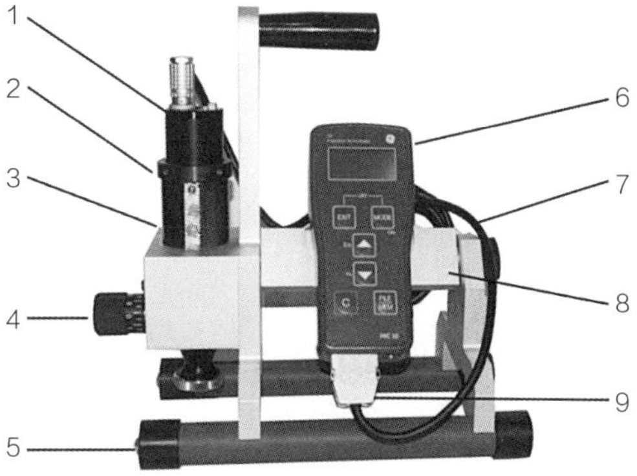

图4–2–1　硬度仪结构图

1—探头　2—固定套筒　3—套筒支架　4—高度调节旋钮　5—滚筒支架　6—主机　7—连接线　8—主机支架　9—接口

从图4–2–1中可以看到探头中间是一根振动棒，振动棒的下端是一个维氏压头。开机时，振动棒产生的超声振动被固定在振动棒上的一组压电晶片感应到，并由此计算出一个振动频率，此时振动棒类似一根“弹簧”棒。把这样一根“弹簧”的尖端（维氏压头）紧紧地压进材料表面，振荡会传递给材料的微观晶粒，微观晶粒也开始振荡。起初二者的振荡频率并不相同，但在1～2s内振荡会趋于同步，会产生共振，于是振动棒上的另一组压电晶片监测到了这个共振的频率。最终振动棒初始的频率和共振后的频率的变化量通过计算获得结果，用于评价镀铜层的硬度。

4．厚度仪的结构和工作原理

图4–2–2所示为TT220厚度测试仪的外观图，图4–2–3所示为TT220厚度测试仪的结构示意图，仪器由测头、液晶显示屏幕、▲键、▼键、MODE键、ON/C 键、充电插座、打印机插座和外壳组成。

TT220厚度测试仪采用磁性测厚法，可无损伤地测量磁性金属基体上非磁性覆盖层的厚度，如测量钢、铁、非奥氏体不锈钢基体上的铝、铬、铜、珐琅、橡胶、油漆镀层的厚度。其基本工作原理是：当测头与覆盖层接触时，测头和磁性金

图4–2–2　TT220厚度测试仪

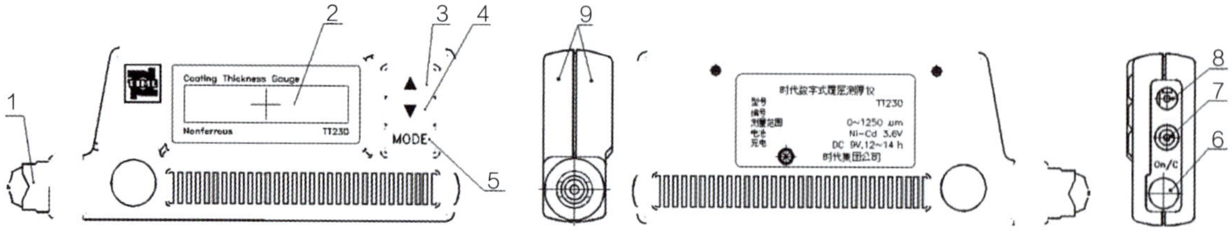

图4-2-3 TT220厚度测试仪结构示意图

1—测头 2—液晶显示屏幕 3—▲键 4—▼键 5—MODE 键 6—ON/C 键 7—打印机插座 8—充电插座 9—外壳

属基体构成一闭合磁路，由于非磁性覆盖层的存在，使磁路磁阻变化，通过测量其变化可计算覆盖层的厚度。

5. 表面粗糙度仪的工作原理

表面粗糙度仪也称为表面光洁度仪、粗糙度计等，广泛应用于各种金属与非金属的加工表面的检测，是一类传感器主机一体化的检测仪器。凹版滚筒表面粗糙度的测量需采用金属表面粗糙度仪。其工作原理是当传感器在驱动机构的驱动下沿被测表面作匀速直线运动时，其内部垂直于工作表面的探头，随工作表面的微观不平轮廓产生垂直方向的位移，再通过传感器将位移变化量转换成电量的变化，将该电信号进行放大、滤波，经A/D转换为数字信号，再经DSP处理，计算出Ra，Rz，Rq，Rt值并显示。

在表面粗糙度测试过程中，当探头快接触到测试表面时要缓慢旋转手柄，防止用力过大导致探头损坏。为了保证测量的准确性，试验结果以5次测量结果的平均值为准。

三、注意事项

对于凹版滚筒镀铜层的硬度、厚度和表面粗糙度测量，使用仪器时均要缓慢操作，避免探头或铜层表面损坏，且以多次测量取平均值为准。

第二节 雕刻质量常见故障的判定与排除

学习目标 能根据产品质量要求，对电子雕刻、激光雕刻常见故障进行判定和排除。

一、操作步骤

① 根据产品质量要求，判断故障属于人、机、料、法、环等哪方面的问题。

② 收集、整理和分析产生问题的各方面原因，尽量做到全面。

③ 通过分析，找到排除故障的最佳解决方案并予以实施。

④ 故障排除结束后，进行反思回顾。

二、相关知识

1．问题分析与解决的思路流程

电子雕刻或激光雕刻出现故障导致产品质量出现问题时，操作人员应遵循以下分析问题的原则与思路。

（1）问题的定义

一件事情发生后产生的结果是否能被定义成问题，首先要判定该结果是否会对工作产生影响，如果没有任何影响则不是问题，如果有影响则无论大小都称为问题。当结果被定义为问题后，操作人员要判断属于人、机、料、法、环等哪方面的问题，从问题属性的角度来准确定义。

（2）收集信息并进行原因分析

通过询问、观察、查阅资料、调查等方法收集产生问题的各方面原因，尽量做到全面，防止遗漏。接着做根本原因分析，通常情况会采用鱼骨图（也称为石川图）进行分析，即把问题放在鱼头，原因放在鱼骨，逐层往下分解，从不同的纬度探讨各方面的原因，从而获得产生问题的根本原因，可以有多个根本原因。

（3）确定最佳解决方案

找到产生问题的根本原因后，要生成不同的解决方案，既要考虑到解决的成本代价，又要兼顾到时效。此时，建议在相同对比下对不同的方案进行优缺点分析，尽量选择成本效益与产生影响均最小的最佳解决方案。

（4）实施解决方案并进行回顾反思

按照选定的解决方案实施既定的步骤，实施过程要摆脱无效的干扰，注意避免范围蔓延。实施结束后，要进行回顾反思，即是否有效解决了问题，是否能有改进之处，是否在后续工作中能避免发生类似问题等。这样的回顾反思是非常必要的，因为这是积累经验教训的过程，有利于提高操作人员的技术水平。

2．电子雕刻常见故障产生的原因和解决对策

（1）网值变

产生原因：

① 周向和横向网变。

② 版头有修痕的版面。

③ 版辊直径的差异过大。

④ 铜屑没清理，吸屑管吸力不足而网变。

⑤ 过滤网未清洗，排风不畅，导致机器本身温度升高。

⑥ 同心度不好，堵孔有伤，辊偏重。

⑦ 辊硬度不均或铜层厚度不均。

⑧ 针孔太松或雕刻途中针尖松动。

⑨ 操作者没调准网值，网值差异大。

解决对策：

① 根据版头有修痕的位置调整浮动起始，避开修痕。

② 定期检查试验辊的硬度，不能与正式辊偏差太大。

③ 一定要定期检查雕针的同心度。

④ 换针时一定要检查针的松紧是否合格。

⑤ 在测试网值时，务必将镜头调至清晰。

⑥ 网值一定要调准，出现试雕网值差异太大的情况要追究操作者责任。

（2）打针

产生原因：

① 制版铜层的厚度太薄。

② 铜层硬度太高。

③ 镀铜时含有较多的杂质成分。

④ 电雕前未将滚筒表面擦洗干净，表面可能粘有杂质异物或灰尘油污。

⑤ 电雕针的角度小，且雕刻深度又比较深。

解决对策：

① 重新镀铜，而且应将铜层的厚度控制在0.1mm左右。

② 调整镀铜药液配比，一般铜层硬度应控制在80 ~ 200HS。

③ 过滤或处理镀铜药液。

④ 电雕前应该将滚筒表面擦洗干净。

⑤ 更换合适的电雕针。

（3）滑脚伤

产生原因：

① 润滑油没擦好。

② 滑脚位置不当。

③ 滚筒同心度不良。

④ 滑脚本身磨损不平，有缺陷。

⑤ 版辊硬度太大，铜层厚度不均。

解决对策：

① 从操作规范做起。

② 定期更换滑脚。

③ 每次换针都要检查滑脚是否滑辊，并调整到最佳位置，若无法调好，则更换滑脚。

④ 遇到版辊直径小于100mm或直径大于250mm时要注意。

（4）木纹

产生原因：

① 版辊加工精度不够，如表面平整度较差等。

② 装卡调整过程中的偏差，如版辊装卡不紧，版孔与顶锥配合不佳，运转时别住。

③ 传动部件磨损。

解决对策：

① 重新加工版辊至精度达标。

② 装卡调整规范操作。

③ 定期检查传动部件，必要时应进行维修更换。

（5）行距变化

产生原因：

① 传动部件磨损或配合不佳引起。

② 点值超出工艺要求引起，如小网角最大值雕刻，网型不规整时易出现行距变化。

解决对策：

① 定期检查传动部件，必要时应进行维修更换。

② 调整网角雕刻工艺要求。

（6）网点错位

产生原因：

① 雕刻头选用不正确。

② 文件传输中发生错误或传动部件引起。

③ 版辊装卡不紧。如雕后图案变斜的现象，一般情况是版辊装卡不紧所致。

解决对策：

① 重新选择合适的雕刻头。

② 检查文件传输流程并予以纠正。

③ 定期检查传动部件。

④ 版辊装卡紧。

（7）出横纹

产生原因：

① 版辊加工精度不够，如研磨横纹、车磨横纹都会引起雕刻网变，出现横向某处或多处变浅或变深。

② 版辊装卡调整过程中的偏差较大。

③ 传动部件磨损。

解决对策：

① 重新加工版辊至精度达标。

② 调整版辊装卡偏差。

③ 定期检查传动部件，必要时应进行维修更换。

（8）两次雕刻偏差

产生原因：

① 两次雕刻时起始定位不准。

② 雕刻头磨损。

解决对策：

① 检查雕刻针的针尖是否存在偏差，必要时换针。

② 更换雕刻头。

3. 激光雕刻常见故障产生原因和解决对策

（1）激光雕刻深浅不一或雕刻不深

产生原因：

① 水循环系统的水管弯折或水管破裂，水流不流畅。

② 激光聚焦的焦距不正常。

③ 光路不正常。

④ 版辊上铺纸过厚，水量过多。

⑤ 横梁不平行。

⑥ 镜片破碎。

⑦ 镜片或激光管发射端受污染。

⑧ 水温超过30℃。

⑨ 激光头或聚焦镜松动。

⑩ 激光电流光强偏小。

⑪ 激光管老化。

解决对策：

① 更换水循环系统的水管。

② 重新校正激光聚焦焦距和光路。

③ 重新调整铺纸厚度，并控制水量。

④ 调节横梁两边皮带，确保平行。

⑤ 更换镜片。

⑥ 重新清洗镜片或激光管发射端。

⑦ 更换循环水。

⑧ 夹紧激光头或聚焦镜。

⑨ 激光电流光强须达到8mA。

⑩ 更换激光管。

（2）漏刻

产生原因：

① 初始化不正确。

② 操作顺序颠倒。

③ 静电干扰。

解决对策：

① 重新更正初始化操作。

② 重新输出操作顺序。

③ 检查地线是否脱落。

（3）清扫勾边错位、不闭合

产生原因：

① 编辑好的文件不正确。

② 所选目标超出版面。

③ 软件参数设置不正确。

④ 电脑系统有误。

⑤ 左右皮带松紧不一致或后端皮带太松。

⑥ 皮带或同步打滑、跳齿。

⑦ 横梁不平行。

解决对策：

① 重新编辑文件。

② 重新选取目标，确保不超出版面。

③ 重新设置软件参数。

④ 重新安装操作系统及软件。

⑤ 皮带加紧。

⑥ 加紧同步或皮带。

⑦ 重新调节左右皮带。

（4）不能计算路径

产生原因：

① 设置路径的计算方法不正确。

② 图形文件格式不正确。

③ 软件运行异常。

解决对策：

① 重新计算设置路径。

② 重新更正图形文件格式。

③ 卸除软件重新安装并设置。

此外，激光雕刻过程中还会出现电脑中字体逐渐减少，此时需要重新安装操作系统。数据量太大时不能计算激光路径，此时可以等待一段时间，如果发现还是无法计算激光路径就加大电脑内存。计算路径长时间没响应，此时可以重新启动电脑测试。

三、注意事项

① 分析故障产生的原因时，尽量全面客观。

② 排除故障时，要事先分析，找到最佳解决方案。

③ 故障排出后，务必进行反思。

第三节 涂胶和腐蚀质量常见弊病的判定与排除

学习目标 能根据产品质量要求，对涂胶、腐蚀常见故障进行判定和排除。

一、操作步骤

① 根据产品质量要求，判断故障属于人、机、料、法、环等哪方面的问题。

② 收集、整理和分析产生问题的各方面原因，尽量做到全面。

③ 通过分析，找到排除故障的最佳解决方案并予以实施。

④ 故障排除结束后，进行反思回顾。

二、相关知识

1. 涂胶常见故障和排除方法

（1）喷胶量大小不一致

涂胶机喷胶量不一致的主要原因是储存流体的压力筒或空气压力不稳定。通常情况下，进气压力调压表应设定于比厂内最低压力低10～15psi，压力筒使用的压力应介于调压表中间以上的压力，应避免使用压力介于压力表之中低压力部分；胶阀控制压力应至少在60psi以上以确保出胶稳定。

此外，还应检查出胶时间。若出胶时间小于15/1000s会造成出胶不稳定，出胶时间越长出胶越稳定。

（2）涂胶设备、喷胶设备的胶体内有气泡

当胶体压力过大加上开阀时间过短，则可能导致空气渗入胶液，此时需降低胶体压力并使用锥形斜式点胶针头。

（3）涂胶流速过慢

涂胶流速过慢是因为管路太长所致，应将管路从1/4 改为3/8，管路若无需要应越短越好。

2. 腐蚀常见故障和排除方法

① 腐蚀不匀，即出现版面图案网墙大或小、局部网墙断、局部网点浅的现象。

产生原因：

a. 腐蚀速率把握不准，腐蚀时间过长，网墙腐蚀断。

b. 版面未清理干净，胶面局部有甩油或滴液，腐蚀不下去。

c. 试雕块和图案大小不一样，腐蚀速率跟不上。

d. 工艺线数和深度不匹配，深度不准确。

e. 特殊网点，腐蚀中间和边缘速率不一样，腐蚀网墙差距大。

解决对策：

a．腐蚀时间按常规速率的80%加，之后算准腐蚀速率再加时间，不可一次加过。

b．雕刻前和腐蚀前用石油醚把胶面擦干净，防止压缩气中的油点保护网点腐蚀不下去。

c．测试不同线数、相同深度工艺腐蚀出的实际深度差异，在雕刻网墙上做补偿。

d．实地图案边缘加勾边，勾边加宽到0.5～1.0mm，使腐蚀边缘和中间网墙接近一致。

② 腐蚀点，即版面出现小腐蚀点。

产生原因：

a．喷胶胶面有漏铜。

b．版面未清理干净，铜面有残留灰尘、氧化点。

c．喷完胶面有小毛毛、胶子、灰尘颗粒。

d．腐蚀完剥胶版面未擦干，有残留溶剂。

e．剥胶后版面防护不好，空气中腐蚀性气体和灰尘附着到版面。

解决对策：

a．喷胶工序设专人喷胶，提高胶面质量，减少胶面的毛毛和胶子，防止预腐蚀时刷掉产生腐蚀点。

b．喷胶机上增加加湿器，实时监控并记录温湿度，减少喷胶机周围环境中的毛毛和灰尘，提高空气质量。

c．剥胶后版面稀料擦干，用光刻砂纸抛一遍版面再用酒精擦一来回，清理干净版面的溶剂残留。

d．腐蚀完剥胶后版面涂电雕白油，降低腐蚀车间空气中的腐蚀性气体与铜面接触风险。

e．剥完胶后将铜辊放到雕刻车间，或及时镀铬，滞留时间不超过20min。

f．剥胶设备改造，采用最新技术激光灼烧剥胶，杜绝腐蚀性液体与铜面接触，从而减少剥胶产生的腐蚀点。

③ 掉胶，即出现胶层结合力差，腐蚀过程中胶层掉落，导致局部网点连接，没有网墙的现象。

产生原因：

a．喷胶胶面有漏铜。

b．版面未清理干净，铜面有残留灰尘、氧化点。

c．喷完胶面有小灰尘、胶子和灰尘颗粒。

解决对策：

a．喷胶工序设专人喷胶，提高胶面质量，减少胶面的灰尘和胶子，防止预腐蚀时刷掉产生掉胶。

b．喷胶机上增加加湿器，实时监控并记录温湿度，减少喷胶机周围环境中的灰尘，提高空气质量。

c．每天清洗喷嘴、胶壶、过滤网和烧杯。

d．胶面双检，胶面不能有胶子和灰尘。

此外色标位置错误、整体图案雕偏、文件雕错、拼版漏拼文件和马克线错等问题，其分析与解决措施同电雕常见故障分析与解决。

三、注意事项

（1）涂胶注意事项

① 装版时注意防护，注意力要集中，防止敲到版面或扳手滑动造成人员受伤与版辊碰伤。

② 进行日常维护时，应关闭设备上的总电源。

（2）腐蚀注意事项

①腐蚀前发现有未雕透的，原则上不允许扎点，有不超过半个网点的胶子时可用针将未雕透的部分扎开，扎点时针要垂直版面扎，扎完后要仔细检查网墙完好后再腐蚀。

② 腐蚀前注意一定把不用的试雕块和露铜点贴住。

③ 腐蚀前检查预腐蚀，若预腐蚀没刷匀或局部未刷开时要再刷一次。

④ 腐蚀完出槽前要确认网墙达到要求。

⑤ 装版与移动天车时，做好防护，禁止吊带碰到版面。

第四节 镀铬及质量判定

学习目标 了解镀铬的作用，规范进行滚筒的镀铬操作，并对镀铬质量进行判定。

一、操作步骤

① 目测镀铬层的外观，应没有任何划伤或碰伤的痕迹，表面应光洁、平整。

② 规范使用表面粗糙度仪测量镀铬层的表面粗糙度。

③ 规范使用硬度仪测量镀铬层的硬度。

二、相关知识

1. 镀铬的作用

由于镀铜层硬度低，如果印刷时直接使用铜质凹版滚筒容易被刮墨刀、油墨中的颗粒等刮伤硌坏。而铬硬度高，有很好的耐磨性，因此，雕刻或腐蚀好的铜层凹版滚筒表面需要再镀铬，以提高其耐印力。

2. 铬层的质量标准

凹版滚筒镀铬的质量标准为：目测铬层表面呈银白色，光亮平滑，不脱落；厚度

0.007～0.012mm；维氏硬度800～1000HV，注意要在维氏硬度180～210HV的铜层上测量；表面粗糙度$Rz \leqslant 0.35\mu m$。

3．影响镀铬层质量的因素

（1）铬酐浓度的影响

铬酐是六价铬离子的主要来源。其浓度偏高时，镀液的电导性好，镀铬层光亮度高，但硬度低。在中等浓度（如150～200g/L）时，镀液的分散能力好，电流效率高，镀铬层的光亮度虽不如铬酐为高浓度时好，但镀铬层的硬度高，印版耐印力高，因此凹版滚筒镀铬一般采用中等浓度的铬酐镀液。

（2）硫酸浓度的影响

硫酸浓度对镀铬层质量的影响较大。硫酸浓度偏低或偏高，铬都不易在阴极上沉积，镀层粗糙，光洁度差，硬度低。硫酸的浓度取决于铬酐的浓度，二者的浓度比应为1：100。

（3）铁离子等杂质的影响

铁离子等杂质的浓度应严格控制，当其浓度超过10g/L时，镀铬层颜色将变深，呈棕褐色，并有黄色斑点，严重影响镀铬层的质量。

（4）温度、电流密度的影响

铬层的硬度与温度、电流密度有着密切的关系。在低温、高电流密度条件下电镀时，镀铬层呈暗灰色，硬度高但脆性大；在高温、低电流密度条件下电镀时，镀铬层呈乳白色，硬度低但塑性好。在中低温（如50～55℃）中等电流密度（如25～30A/dm）条件下电镀时，镀铬层的光洁度好，硬度高。

三价铬离子含量过低时，镀液分散能力低，电流效率低，镀层光泽差，硬度低，甚至导致铬不易在阴极上沉积。三价铬离子含量过高时，则会使电镀液电阻增大，滚筒边缘会出现烧焦现象。

三、注意事项

1．镀层结合力

在镀硬铬时，也常因结合力不好而产生镀层起皮现象，在生产操作中，可采用以下几种措施。

① 冲击电流。对一些形状复杂的零件，除了使用象形阳极、保护阴极和辅助阳极外，还可以在零件入槽时，以比正常电流密度高数倍的电流对零件进行短时间冲击，使阴极极化增大，零件表面迅速沉积一层铬，然后再恢复到正常电流密度施镀。

② 冲击电流也可用于铸铁件镀硬铬，由于铸铁件中含有大量的碳，氢在碳上析出的过电位较低。另外，铸铁件表面有很多气孔，使得真实表面积比表观面积大很多，若以正常电流密度施镀，则因真实电流密度太小，没有金属铬的沉积。所以在铸铁件镀硬铬时，必须采用冲击电流，增大阴极极化。

③ 阳极浸蚀（刻蚀）。对表面有较厚氧化膜的合金钢及高碳钢镀硬铬或在断电时间较长的镀铬层上继续镀铬时，通常先将零件作为阳极进行短时间的浸蚀处理，使氧化膜电化学溶

解并形成微观粗糙的表面。

④ 阶梯式给电。含镍、铬的合金钢，其表面上有一层极薄而致密的氧化膜，镀硬铬时会影响镀层与基体的结合力，为此，首先将镀件在镀铬液中进行阳极浸蚀，而后将零件转为阴极，以比正常值小数倍的电流，一般电压控制在3.5V左右，使电极上仅进行析氢反应。由于初生态的氢原子具有很强的还原能力，能够把金属表面的氧化膜还原为金属，然后再在一定时间内（如20～30min）采用阶梯式通电，逐渐升高电流直至正常工艺条件施镀。由此在被活化的金属表面上进行电镀，即可得到结合力良好的镀层。另外，在镀硬铬过程中，有时会遇到中途断电，此时镀铬层表面也会产生薄膜氧化层，若直接通电继续施镀，将会出现镀层起皮现象，克服方法可采用“阶梯式给电”，使表面得以活化，而后转入正常电镀。

⑤ 镀前预热。对于大件镀硬铬，工件施镀前需进行预热处理，否则不仅会影响镀铬层的结合力而且也影响镀液的温度，所以大件镀前要在镀液中预热数分钟，使基体温度与镀液温度相等时，再进行通电操作。镀液温度变化最好控制在±2℃以内。

2. 镀后除氢

由于镀铬的电流效率低，在阴极上大量析出氢气。对于易析氢的钢铁部件，应在镀后180～200℃的温度，除氢3h，以避免发生氢脆。

① 镀液中杂质影响及去除镀铬电解液中常见的有害杂质主要是Fe^{3+}、Cu^{2+}、Zn^{2+}、Pb^{2+}、Ni^{2+}等金属离子和Cl^-、NO_3^-。

② 金属离子主要来源于没有被铬层覆盖部位金属的溶解、落入镀槽中的零件未及时打捞而溶解以及阳极浸蚀等。当金属离子积累到一定含量时，将给镀铬工艺带来很大的影响，如镀层的光亮范围缩小，电解液的分散能力降低，导电性变差等。镀液对杂质的容忍量随铬酐浓度的增加而增加，所以低浓度镀液对杂质极为敏感。当镀液中Fe^{3+}超过15～20g/L，Cu^{2+}超过5g/L，Zn^{2+}超过3g/L时，镀液必须进行处理。采用低电流密度处理能收到一定的效果。

③ 金属杂质可用强酸性阳离子交换树脂处理而除去。为减小镀铬溶液对离子交换树脂的氧化破坏，应先将镀液稀释至80g/L以下后再处理。由于强酸性阳离子交换树脂价格较高，因此，有时也将废了的镀液转为他用，如钝化液等而降低生产成本。

④ 新配制的镀铬液，电压一般在3～5V，如浓度高时，电压要低些。如果发现电压大于前述值，镀液中可能含有杂质。Cl^-来源于槽液补充水、零件清洗水等的带入，或是盐酸浸蚀后清洗不干净带入。Cl^-过多会使镀液分散能力与深度能力下降，镀层发灰、粗糙甚至出现花斑，还可引起基体及铅阳极的腐蚀。消除过多的Cl^-，可将镀液加热到70℃，大电流密度电解处理，使其在阳极上氧化为氯气析出。但此法能耗大，效果也不十分理想；也可加入适量的碳酸银，生成氯化银沉淀，虽然此方法效果较好，但加入的碳酸银还能与铬酸反应生成铬酸银沉淀，不仅银盐消耗太多，又损失了铬酐，增加了生产成本。最好的办法是尽量减少Cl^-的带入，因此，补充槽液最好使用去离子水，镀前的弱浸蚀采用稀硫酸溶液。必须采用盐酸时，则加强清洗。NO_3^-是最有害的杂质，即使含量很低也会使镀层发灰、失去光泽，并腐蚀镀槽的铅衬里和铅阳极。除去NO_3^-的方法是：以每升电解液1A电流电解处理。若

镀液中NO_3^-含量较多，先用$BaCO_3$将镀槽中的硫酸根除去，然后在65～80℃下大电流电解处理，使硝酸根离子在阴极上还原为NH_3而除去。

3．铬雾的抑制

镀铬过程中，由于使用不溶性阳极，阴极电流效率又很低，致使大量氢气和氧气析出，当气体逸出液面时，带有大量的铬酸，形成铬雾造成严重的污染。目前抑制铬雾的方法有两种。

① 浮体法。将泡沫塑料碎块或碎片放入镀液的液面上，这些浮体可阻滞铬雾的逸出，但零件出槽时，操作不方便。另外铬酸氧化能力很强，对加入的碎块有浸蚀作用，使分解产物在镀液中积累，也会影响镀层质量。

② 加入泡沫抑制剂。泡沫抑制剂是一种表面活性剂，能降低镀液的表面张力，产生稳定的泡沫层，覆盖在镀液表面。一般的表面活性剂在较高温度和有强氧化剂存在下不稳定，但氟碳型表面活性剂在上述介质中能稳定存在。据报道，已用作铬雾抑制剂的有多种，其中最好的是含有极性基团的脂肪长链有机化合物，如全氟辛烷基磺酸钠盐［$CF_3(CF_2)_6CF_2SO_3Na$］是最典型的一种，每升镀液中加入量为0.2～0.5g/L时，即可达到良好的效果。中国已试制出全氟烷基醚磺酸钾，简称F-53铬雾抑制剂，在镀铬液中的添加量为0.04～0.06g/L。使用时，先将F-53用水调成糊状，加水稀释，煮沸溶解静置片刻，转入加热至50～60℃的镀铬槽中，不能把不溶的F-53直接倒入镀槽。

铬雾抑制剂在镀液中形成的泡沫层，严密覆盖在镀液表面，当带有铬酸的氢气和氧气析出时，与表面的泡沫层相碰撞，无数微小的铬酸雾结合成较大的雾滴，由于重力作用，当上升一定高度时将重回镀液，而氢气和氧气继续上升，直至离开液面，这样可实现气体的排除和对铬雾的有效抑制。

第五节　雕刻质量标准的制定

学习目标　根据印刷材料适性和产品生产要求，制定合理的电子雕刻和激光雕刻质量标准。

一、操作步骤

① 分析印刷材料的适性。

② 分析产品生成要求。

③ 根据材料适性和产品要求，制定电子雕刻和激光雕刻质量标准。

④ 标准指定后可根据需求、生产的实际做调整，但每次的变更，需要评审通过。

二、相关知识

1．纸张类产品电子雕刻和激光雕刻的质量要求

纸张类产品电子雕刻和激光雕刻的质量要求分别见表4-2-1和表4-2-2。

表4-2-1　纸张类产品电子雕刻质量要求

序列	项目	标准	检测工具	检测方法	备注
1	网值	暗调±2μm通沟±2μm高光±2μm	网点测量仪	横向测量3点	—
2	网形	网点左右对称≤3μm、边缘光滑无缺口、网墙均匀、网底光滑	网点测量仪	测量/目测	—
3	针角	核对工艺指示	—	目测	—
4	雕刻工艺	网线、网角、曲线、边缘增强同工艺要求一致	—	目测	拼版检查
5	版面	无齐茬、打针、空行、拉丝、铜屑回填、碰划伤、滑角伤、手印、氧化、修痕	—	目测	—
6	图案	无漏雕、合雕不准、周向漏缝	—	目测	—
		无震纹、横纹	—	目测	—
7	离边	±2mm	T型尺/卷尺	测量	—
8	端面	端面光亮无锈迹	—	目测	—

表4-2-2　纸张类产品激光雕刻质量要求

序列	项目	质量标准	检测工具	检测方法	备注
1	网墙	网墙均匀、对称，误差≤2μm 烟包版网墙误差≤2μm	网点测量仪	测量试雕块、实地	预防蹭胶
2	胶面	无划痕、蹭胶、碰伤	—	目测	—
3	图案	无漏雕、多雕、雕乱、震纹、工艺加错（马克、色标、实地直刻问题）	—	目测	—
4	离边	±2mm	卷尺	测量	—
5	雕刻工艺	网线、网角、网型正确	—	核对工艺指示	—

2．薄膜类产品电子雕刻和激光雕刻的质量要求

薄膜类产品电子雕刻和激光雕刻的质量要求，与纸张类产品雕刻的质量要求一致。

3．特殊类产品电子雕刻和激光雕刻的质量要求

特殊类产品在此主要是指壁纸类、皮革类产品，他们的电子雕刻和激光雕刻的质量要求分别见表4-2-3和表4-2-4。

表4-2-3　壁纸类、皮革类产品电子雕刻质量要求

序列	项目	标准	检测工具	检测方法	备注
1	网值	暗调±2μm通沟±2μm高光±2μm	网点测量仪	横向测量3点	—

续表

序列	项目	标准	检测工具	检测方法	备注
2	网形	网点左右对称≤5μm、边缘光滑无缺口、网墙均匀、网底光滑	网点测量仪	测量/目测	—
3	针角	核对工艺指示	—	目测	—
4	雕刻工艺	网线、网角、曲线、边缘增强同工艺要求一致	—	目测	拼版检查
5	版面	无齐茬、打针、空行、拉丝、铜屑回填、碰划伤、滑角伤、手印、氧化、修痕	—	目测	—
6	图案	无漏雕、合雕不准、周向漏缝	—	目测	—
		无震纹、横纹	—	目测	—
7	离边	±2mm	T型尺/卷尺	测量	—
8	端面	端面光亮无锈迹	—	目测	—

表4-2-4　壁纸类、皮革类产品激光雕刻质量要求

序列	项目	质量标准	检测工具	检测方法	备注
1	网墙	壁纸、皮革类产品≥50线网墙误差≤3μm 壁纸、皮革类产品<50线网墙误差≤5μm	网点测量仪	测量试雕块、实地	预防蹭胶
2	胶面	无划痕、蹭胶、碰伤	—	目测	—
3	图案	无漏雕、多雕、雕乱、震纹、工艺加错（马克、色标、实地直刻问题）	—	目测	—
4	离边	±2mm	卷尺	测量	—
5	雕刻工艺	网线、网角、网型正确	—	核对工艺指示	—

三、注意事项

① 质量标准的制定可以由质量部主导完成，也可以由客户提供，但都需通过内部评审，各方统一标准。

② 质量标准制定人员可以根据用户体验、强制要求等提出补充意见，但需通过内部评审。

第三章

设备维护与保养

第一节　雕刻机的故障判定与排除

学习目标　根据雕刻滚筒的质量缺陷，能检查并排除电子雕刻机和激光雕刻机的故障。

一、操作步骤

① 了解电子雕刻机和激光雕刻机的常见故障。
② 熟悉解决疑难故障的步骤与方法。
③ 能根据雕刻滚筒的质量缺陷，检查和排除电子雕刻机和激光雕刻机的故障。

二、相关知识

1. 电子雕刻机的常见故障

（1）半轴瓦和机架轴承的磨损

半轴瓦是丝杠和雕刻车的连接器，其作用是保证雕刻车的平稳匀速移动。由于电子雕刻机连续不间断地作业，半轴瓦在长年累月使用后会因磨损而产生间隙。这种间隙不消除，就会造成雕刻网点的网墙不均匀，反映到印刷品上，就会出现画面效果粗糙、不细腻。要消除此类间隙，除定期更换半轴瓦外，临时应急措施是当网点试雕完成后，将雕刻车向雕刻方向端移动，同时在雕刻过程中雕刻车不能带载或遇大的外阻力。

机架轴承起着支撑版滚筒转动的作用。由于轴承高速长期运转，滚珠产生磨损，磨损达到一定程度，尾座部位出现杂音，版滚筒在旋转过程中会产生轻微的颤动。这种颤动一方面容易打雕刻针，另一方面会将版面雕成不规则的鱼尾纹状。为避免这种现象，要定期更换轴承。

（2）滑脚飘移

滑脚的作用是调整雕刻刀和凹版滚筒之间的距离至恰当位置。滑脚的正确位置是正对被雕刻版滚筒的母线，雕刻针在版面上拉出的沟宽度为8个测量单位。当滑脚每进一个单位，网穴值增加8个测量单位；每退一个单位，雕刻网穴减少8个测量单位。

滑脚经测试完成后应将螺栓锁死，以免在运动过程中飘移，造成雕刻网点大小的变化和铜表面的划伤，此外滑脚金刚石表面有破损时要修磨。

（3）刮刀未定期修磨或定期更换

由于雕刻好的网穴四周多少都有一些毛刺，刮刀的作用就是刮掉这些毛刺。如果刮刀不锋利，就可能刮不掉网穴四周的毛刺，并将毛刺压回网穴。经镀铬后，网穴四周不规整，减少了网穴的体积，降低了印刷过程中网穴的含墨量，不利于油墨的转移。所以，要定期修磨刮刀，不可长期使用不换。此外，刮刀位置可分别向上、下、左、右进行调整。

（4）电雕针质量引起的打针故障

① 钻石成色不佳。根据金刚石质量的不同，电雕针的品质也有不同级别。质量越好的金刚石，其色泽越透明，硬度等综合指标越高，而色泽浑浊的金刚石质量就会差很多。一个合格的电雕针，表面绝不可以有任何的瑕疵，因为在电雕针高速雕刻实地图案时，任何一点瑕疵都可能引起金刚石的破损，造成打针故障。

② 电雕针在装配过程中不够标准。金刚石针体与针架的装配如果不够标准，导致电雕针底面与雕刻点切线方向的夹角偏大，就会使电雕针在工作过程中受力过大，造成打针。通常情况下，夹角要小于90°。

③ 修磨质量不好。通常情况下，电雕针出现磨损或打针之后会被送到制针厂家进行修磨。如果修磨时电雕针底面与斜面的角度不合适，也会造成打针。通常角度宜在60°左右，角度过小容易造成针尖的强度不够，造成打针。

电雕针在损坏的过程中会在断裂处形成很多裂纹，修磨时应把所有裂纹全部磨掉，否则会影响使用寿命。

高速电雕机相对于低速电雕机更容易出现打针故障，电雕针在工作过程中做前后震荡，可以简单地认为做匀变速直线运动（前半部分为匀加速运动，后半部分为匀减速直线运动），震荡的中间位置速度最大。

（5）划辊

电雕划辊一般是由于滑角调整不当，与版滚筒表面没有完全形成切线方向，手动调整滑角要特别注意。另外，雕刻形成的铜屑因吹风不良而附着在电雕针头上，也会导致划辊，因此还要检查吸风装置。再有一种情况是，电雕针位置调整不当，容易导致电雕针在滚筒表面雕一整圈，这种情况在试雕时比较常见，也应加以注意。

（6）电流值引起的故障

电雕机的电流平衡调整不好，会导致电雕针在空白区域不能完全收回，从而雕刻出高光点。针对这种情况，雕刻高光点时，注意不要雕刻过大。

电流值对雕刻针的影响有两个：一是暗调电流值，二是振荡频率电流值。两个电流值相辅相成，暗调电流值过小，说明电雕针过于靠近铁辊，较小的振荡频率容易引起打针现象；而暗调电流值过大，则说明电雕针离铁辊太远，较大的振荡频率容易造成雕针的快速磨损。而最佳的电流值应该是暗调可控范围的中间值。

2. 激光雕刻机的常见故障

（1）激光雕刻机的激光头不发光

当激光雕刻机的激光头不发光时，首先按操作面板测试键观察电流表状态，如果发现没有电流，则检查激光电源是否接通、高压线是否松动或脱落、信号线是否松动；如果有电流，则检查镜片是否破碎、光路是否严重偏移。其次，检查水循环系统是否正常，如果发现不通水，则检查水泵是否损坏或没通电；如果通水，则检查进水口、出水口是否接反或水管是否破裂。第三，能点射，能自检，发送数据却不发光，则需要检查电脑设置是否正确。

（2）激光雕刻机复位不正常

激光雕刻机复位不正常的原因主要有传感器沾灰、接触不良或受损；柔性导带数据线接触不良或损坏；地线接触不可靠或高压线受损；电机线接触不良。此时的一一解决对策是擦净传感器上的灰尘或更换传感器；修剪柔性导带数据线，重新拔插或更换数据线；重新接地或更换高压线；更换电机。

（3）电脑不能输出

当激光雕刻机的电脑不能输出时，首先检查软件参数设置是否正常，如果不正常则重新设置；其次，检查雕刻机是否先按定位起动再输出，如果顺序不正确则需重新输出；第三，检查机器是否没事先复位，如果没事先复位则要重新更正；第四，检查输出串口是否与软件设置串口一致，不一致则重新设置；第五，检查地线是否可靠，静电是否干扰数据线，如果不可靠则重新接地。当以上问题排除后仍出现电脑不能输出的情况，则需更换电脑串口输出测试，或重新安装软件并重新设置测试，或格式化电脑系统盘，重新安装软件测试。

3．容易引起雕刻机故障的外界因素及解决方法

（1）灰尘

制版设备特别是电雕机，是精密设备，灰尘对于此类机器来说是最大的天敌。灰尘能对设备造成极大的伤害，所以在日常的保养中，清洁最为重要，一般进入雕刻车间都需要戴脚套。

（2）油污

受精密机械摩擦的影响，几乎所有的设备都要使用不同性质的润滑油。在长期的润滑过程中，受温度、灰尘及摩擦时产生的粉末影响，润滑油极容易形成油污直接造成机械受阻、局部温度升高，也是使设备发生机械故障的一个重要因素。

（3）磨损

磨损大多数发生在机械经常活动的部位，如各类制版设备轴承以及活动的丝杠卡子等，减少磨损最有效的办法是多加油。

振动：振动不仅会造成设备的本身故障，还可能使产品的质量出现问题，在有效保证设备安装正确后，还要经常检测其稳定性及水平。

（4）松动

松动的原因大多数是由外界原因造成的，如设备的振动等，在日常保养过程中要注意检测各个螺钉的松紧和固定。

（5）发热

电子设备通电后，一般都有发热的现象，电子的发热需要辅助的散热装置，而金属机械则靠本身的热传导来减少散热。日常设备检测中需要注意设备的发热程度。

（6）声音异常

机械设备在运行过程中，受发热磨损等因素的影响而发出异常声音，需要及时进行停机检修，否则容易使故障扩大。

（7）短路

短路常常伴随着其他元件的损坏，而短路本身是由于元件老化，人为失误等所致。发生短路后，不要及时通电，需要认真检查引起此类故障的原因后，再进行通电测试。

（8）绝缘不良

设备的老化、运行过程中的发热，都能造成绝缘体的绝缘性能降低。绝缘不良会使设备短路。控制及更换元件或线路时一定要使宽容性尽可能大一些。

导通障碍：是指导体或电子开关、继电器等元件在工作过程中，受电压、电流以及触头电阻影响使可动性元件动作后，无电流通过的现象。导通故障一般可通过接通电源测试。

（9）电阻变化

导体电阻随着温度的变化而变化，但变化后不能恢复到常温下的阻值，称之为电阻变化。电阻的变化除受本身材料影响外，还与通过的电流有较大关系。在维修过程中，注意更换与原阻值相同的元件或导体。

（10）电容变化

电容的变化与制作工艺有较大的关系。要注意电容的工作电压，长期的超电压运行很容易使电容的值发生变化。

（11）疲劳

设备的工作应当有一定的休息时间。长期的不间断工作，设备的每一个方面都有疲劳的现象发生，并且很多的故障都与疲劳有直接的关系。虽然很多设备都标明可长期工作，但如果每天能休息1～2h，运行将更稳定。

（12）锈蚀

锈蚀与腐蚀一样，只是所针对的物质不一样。锈蚀与金属物有较大的关系，锈蚀明显的特征是金属场表面生产锈蚀物而影响设备的工作，也有不少设备因缺少必要的油性保护而在活动的地方锈蚀。

（13）流失

使设备性能及参数在工作过程中丢失的过程称为流失。流失表现在设备超负荷运行，流失的问题还与设备的电性能设计有关。

（14）润滑不良

缺油或局部油温过高都是润滑不良的特征。润滑不良使机械金属间直接摩擦造成设备机械故障，后果将是磨损。

（15）冷却不当

电子设备的散热需要根据发热程度来确定其散热装置。当电子设备局部需要进行冷却，而外界温度又较高时，极容易造成冷却不当的现象发生。

（16）烧焦

烧焦是当元件发生短路或局部过热时，极易产生的一种故障现象。

（17）电参数漂移

当外界的电压供给主板时有很大的波动，使元件在工作时的参数随着电压的较大波动而变化，长期发生这种现象会使元件的固定工作点漂移，形成电参数漂移现象。

（18）变质

由于本身的质量问题或受电流的冲击等现象，使元件的性能发生很大的变化而不能工作，称之为变质。我们在维修时更换元件一定要精确测量，以防有变质的元件使电路发生二次故障。

第二节　涂胶机、腐蚀机和清洗机的故障判定与排除

学习目标

1. 根据滚筒表面涂胶的质量缺陷，能检查并排除涂胶机的故障。
2. 根据滚筒表面腐蚀后的质量缺陷，能检查并排除腐蚀机的故障。
3. 根据滚筒表面的清洁程度，能检查并排除清洗机的故障。

一、操作步骤

① 分析滚筒表面胶层的质量，并排除因涂胶机产生的故障。

② 分析滚筒表面腐蚀后的质量，并排除因腐蚀机产生的故障。

③ 目测滚筒的清洁情况，并排除因腐蚀机产生的问题。

二、相关知识

1. 涂胶机的常见故障

（1）喷涂阀、喷胶阀滴漏

喷涂阀、喷胶阀滴漏经常发生于喷涂阀关闭以后不久，主要原因在于使用的针头口径太小。太小的针头一方面会影响液体的流动造成背压，导致胶阀关闭后不久形成滴漏；另一方面也会影响胶阀开始使用时的排气泡动作，此时只要更换较大的针头即可。建议选用锥形斜式针头，因为此类针头产生的背压最少，液体流动最顺畅。

此外，胶液中含有的气泡也会导致喷涂阀关闭后产生滴漏现象，此时最好是预先排除液体内的空气，或改用不容易含气泡的胶，或先将胶离心脱泡后再使用。

（2）瞬间胶（快干胶）在点胶阀接头及管路上堵塞

瞬间胶（快干胶）在点胶阀接头及管路上堵塞的情况，主要是因为过多的湿气或重复使用过的瞬间胶，此时要确保使用新鲜的瞬间胶，将管路用未含湿气的丙酮彻底清洗。要确保使用的空气完全干燥，且在空压机与胶阀系统间加装过滤器。若以上方法仍然无效，则应

使用氮气。

2．腐蚀机的常见故障

（1）机械部分常见故障

腐蚀机机械部分常见故障有：上液泵不上液；头尾座转不动/有异响；尾座不能移动；喷头左右不能移动；喷头前后不移动。一一对应的解决方法有：检查气阀是否失效，或在气缸前端增加油水分离器；拆卸更换新轴承及骨架油封；拆卸更换新的氟四丝母环；拆卸更换新防护套，并更换新黄油；更换齿轮。

（2）电气部分常见故障

腐蚀机电器部分常见故障有：尾座不动作；主轴不转；喷嘴左右移动电机不转；上液泵不上液；回流泵不工作；回流泵工作不停止；输入灯灭的时候不能加热；蜂鸣器报警。一一对应的解决方法有：根据具体报警代码解决问题，或更换新开关按钮；检查输入/输出信号和DA的第3、6接口线路是否安好；检查是否有输出信号，有输出但接触器还是不吸合，则是热接触器保护，按热接触器上面绿色按键一下；检查输出信号，接触器是否吸合，接触器是否保护，上液泵是否工作，大液箱里的液位是否过低，逐个排查；检查小浮子是否有输入信号，检查接触器是否吸合，热接触器是否保护；按下急停按钮，清洗下面的小浮子；重新设定合适的温度值；检查翻板气压，限位是否松了没感应到气缸。

（3）软件部分常见故障

腐蚀机软件部分常见故障有：触摸屏点击没反应；触摸屏有反应，但机器无动作。一一对应的解决方法有：关闭腐蚀机总电源约5min后重启；查PLC通信线路有无破损/脱落，或者检查急停开关状态。

3．清洗机的常见故障

清洗机常见的故障有喷枪不喷水，以及出水压力不稳。当喷枪不喷水时，要检查入水口、进水滤清器、喷嘴是否堵塞。当出水压力不稳时，要检查供水是否不足，是否管路破裂、清洁剂吸嘴未插入清洁剂中等原因造成空气吸入管路，是否喷嘴磨损，是否高压水泵密封漏水。

第三节　国产设备技术资料的解读

学习目标　能看懂国产凹版制版设备的图纸和技术资料。

一、操作步骤

① 根据机械图纸对设备结构进行识读。

② 对中文技术资料进行解读。

二、相关知识

1. 机械图纸的识读方法

图样是工程界的技术语言，是表达和交流技术思想的重要工具，也是工程技术部门的一项重要技术文件。机械图样按规定的方法表达出了机器（部件），零件的形状、大小，材料和技术要求，熟练识读机械图样是机械行业从业人员的一项基本技能。随着机械行业的迅速发展，从事机械设计行业的人员和开设机械制图课程的高校越来越多，而初学者识读机械图样往往感到很困难，不知该如何下手。

（1）机械零件及零件图样

机械零件是组成机器或设备的基本单元。在日常生活和工程实践中会用到或看到各种各样的机械设备，无论哪种类型的机器，都是由若干零件组装而成的，因此零件是构成机器的基本单元。零件的形状、大小、材料和内外在质量，是由零件在机器中所承担的任务和所起的作用决定的。

零件图样是由设计人员按照机器的使用目的和使用条件，通过设计计算、确定结构、形状、大小和材料后，绘制成零件图样，再由技术工人加工、制造、检测、组装成机器。零件图样是加工零件的技术依据，是设计部门交给生产部门的技术文件。设计者根据机器对零件的要求，设计出符合使用要求的零件，并用零件图样的形式表达出来，生产部门按照设计部门提供的图样进行制造、加工和检验，设计部门和生产部门是通过机械图样进行交流的。所以说，机械图样是工程界交流的语言和工具，是不可替代的技术文件。学会阅读和绘制机械图样是每个从事机械行业的技术人员必备的技能。

零件图样应包含以下内容：零件的名称、数量、材料、结构形状、大小、加工方法、内外在质量等。归纳起来应包含四方面的内容：一组视图、完整的尺寸、技术要求、标题栏。

① 一组视图。用来表达零件形状和结构的，包括视图、剖视图、断面图等。

② 完整的尺寸。用来确定零件各部分形状结构大小的，包括定型尺寸、定位尺寸和总体尺寸等。

③ 技术要求。用来确定零件内外在质量的，包括尺寸公差、表面粗糙度、几何公差、热处理和涂镀等信息。

④ 标题栏。标题栏中需要填写零件的名称、数量、材料、质量、比例、设计单位和设计者等信息。

阀体的结构形状是用多个视图来表达的，采用了视图和剖视图来表达阀体的外形和内部结构。零件尺寸的大小，要按一定要求用数字标注在图样上。在有些尺寸数字的后面带有正、负和小数或零，这是对零件加工尺寸的精度要求。此外，在图上还有RY等表面粗糙度符号，这是控制零件表面加工质量的要求。还有一些加工的技术要求是用图形、符号表示的，或用文字写在标题栏的上方。

图样的右下角是标题栏，也代表图样看图的方向。记载着零件的名称、材料、比例等。制图比例，表示该图形与实物线性尺寸之比，即所画图形的线性尺寸与实物的线性尺寸相同。除此之外，图样中还记载着设计单位和设计人员等信息。

（2）机械部件及部件图样

机械部件是由若干零件组装而成，在整个机器中起一定独立作用的零件组。它本身就是一个部件，它还可以与其他零件和部件组装成更大的部件。

表达部件的图样称为部件装配图。装配图用来表达机器或部件的构造、性能、工作原理，各组成零件之间的装配关系、连接方式，以及主要零件的结构形状。在机器制造过程中，需要按照装配图所表达的内容、装配关系和技术要求，把零件组装成部件或机器。在使用机器设备时，通过阅读装配图来了解机器或部件的功用，从而正确地使用机器或设备，并进行保养和维修。

一张完整的装配图应包含以下内容：一组视图、必要的尺寸、技术要求和零件序号、明细表、标题栏等。

① 一组视图。用来表明机器或部件的工作原理、结构形状、相对位置、装配关系、连接方式和主要零件的形状。

② 必要的尺寸。在装配图中应标注性能规格尺寸、配合尺寸、安装尺寸、总体尺寸和一些重要尺寸。与以上内容无关的尺寸不需要标注。

③ 技术要求。是说明装配、调试、检验、安装、使用和维修等要求，无法在图中表示时，可以在明细表的上方或左侧用文字加以说明。

④ 零件序号、明细表、标题栏。在装配图中，每一种零件都有一个编号，在明细表中列出该零件的名称、数量、材料和质量等信息，标题栏中需要填写部件的名称、数量、比例、设计单位和设计者等内容。

（3）阅读机械图样应具备的基本知识

阅读机械图样必须具有以下方面的基本知识：掌握正投影法的基本原理及各种图样的表达方法及画法；掌握机械零件加工制造的工艺知识和机械部件装配工艺的知识；掌握机械设计和制图国家标准方面的知识。

2. 技术资料的解读思路和方法

凹印机的购买和使用维护已成为凹印企业设备管理工作中的重要环节。设备开箱检验以后应立即组织人员研读、消化技术说明书和图纸内容，了解设备性能、结构、接线方式、准备材料和工具。设备的技术资料大多数是说明书及图纸。图纸的解读思路和方法参照前文，本部分着重介绍说明书的解读思路和方法。

凹印机使用说明书（或称技术说明书）是设备最重要的附件，是了解设备性能指标、正确使用凹印机的依据，是校正设备、维护与修理设备必须使用的详细可靠的资料。

面对不曾用过的设备时，只要能正确地使用这些仪器的说明书，便能够根据说明书了解设备的性能和使用方法，达到正确使用设备的目的。可见，掌握使用仪器说明书的方法，对于技术人员来说，无疑是很重要的。

（1）使用说明书的主要内容

使用说明书一般包括以下内容：

① 概述。主要介绍凹印机设备的性能、用途和特点。

② 凹版印刷机主要技术参数。主要包括：印刷色数、工艺流向、最大料卷宽度、最大

印刷宽度、最高印刷速度、放卷收卷直径、印版滚筒直径范围、横向纵向套印精度、张力控制范围及控制精度、压印力、自动换卷速度、干燥方式、机器总功率、总重、外形尺寸等。这些技术参数是选择凹版印刷机的主要依据。

③ 面板结构图（或操作面板的照片）。介绍操作面板各显示部件（表头、屏幕、指示灯等）、各控制（开关、旋钮等）以及插座、保险丝等部件的外形和它们在面板上的位置。

④ 凹版印刷机主要结构。主要包括放料单元、放料牵引及张力摆辊装置、印刷单元、收料单元、自动纠偏装置、主传动装置、干燥装置、走料系统、张力控制系统、光电套准系统、电气传动与控制系统、气路系统、冷却系统和供墨系统等。

⑤ 使用方法。这是说明书的重要内容之一，它介绍设备各控制部件的用途和使用方法，介绍在使用设备的全过程中应该遵循的操作步骤。

⑥ 注意事项。根据设备的特点，提出有关保证精确度、保障仪器安全和维护设备的要点，强调设备的使用条件，指出操作过程中容易忽视的问题。这一部分内容应予以足够的重视。

⑦ 调试、校正（或保养）方法。为保证设备的精确度，有必要定期或在维修设备之后对设备有关部件进行必要的调整，此时，应遵循一定的操作方法与步骤。有些设备在每次使用前，都必须进行必要的调试与校正。

⑧ 电原理图（有的附有安装图）。介绍设备各部分电路的组成，是分析、维护和修理设备的主要资料。

⑨ 故障维修方法。介绍设备可能出现的故障现象、判断方法及处理的措施。

⑩ 设备的附件和清单。

（2）根据说明书使用设备的基本步骤

① 详细阅读说明书。重点阅读概述、技术指标、使用方法、注意事项这几项内容，以便对仪器的使用方法能有一个较为完整清楚的认识，同时考虑设备的性能指标是否满足要求、工作条件是否符合设备的使用条件。

② 仔细观察凹版印刷机。对照说明书逐个辨认仪器面板（包括后面板、侧盖板）上的旋钮、开关、插座、显示器等部件。搞清各控制、显示等部件的用途和使用方法。有时需反复对照，直至熟悉。

③ 按说明书要求逐一完成操作步骤。边操作、边分析、边记录。为了达到熟练掌握的目的，可以反复进行。

④ 根据说明书介绍的方法和操作练习体会，将使用方法要点简要写出。必要时还可以建立凹版印刷机使用卡片，简要写出设备的用途、主要技术指标、简明使用要点和使用注意事项，供今后再使用此凹版印刷机时参考。

第四章

培训指导

第一节　理论培训

学习目标

1. 掌握理论培训的方法，学会编写培训讲义。
2. 掌握组织培训教学的方法和思路，学会进行凹版制版基础知识讲座。

一、操作步骤

① 了解培训的基本方法。

② 按照国家职业标准编写培训讲义。

③ 准备培训讲座的思路和方法。

④ 开展凹版制版基础知识讲座。

二、相关知识

1．技师的工作要求

凹版制版技术知识培训是一个系统工程，包括印刷色彩学、图像处理、排版原理、制版工艺等方面内容。

技师不仅要在技能方面高人一筹，还要在理论上有深厚的基础。技师要对其他各级别的凹版制版工进行技术知识的培训；需要对各级别工作要求中的相关知识十分熟悉，并形成知识体系，能将这些知识融会贯通，并传授与人，这是对技师理论水平的重要检测，因此，任何一名技师在做培训前必须认真学习，绝不可敷衍了事。

“印前制作与处理员”国家职业技能标准中“凹版制版员”技师的工作要求见表4-4-1。

2．编写理论培训讲义

技师要根据培训对象来拟定培训目标，编写培训讲义。对于刚入门的新学员，用技师的理论知识来武装他们的头脑是毫无意义的。培训活动是以过程形式出现的，通常把培训过程分为：准备阶段、进行阶段和评价阶段。

准备阶段包括钻研培训大纲、教材、了解受训人员的情况、编写教案等工作。编写教案的过程是细分教材疑难重点的过程，也是培训教师对自己授课的方式、方法的再设计，一

表4-4-1 技师的工作要求

职业功能	工作内容	技能要求	相关知识
1. 图像文字输入	1.1 图像扫描/数字拍摄	1.1.1 能根据各类原稿的特点设置扫描参数 1.1.2 能对图像质量进行分析 1.1.3 能对非标准原稿进行扫描调整 1.1.4 能利用标准原稿生成扫描仪和数字照相机的特性文件	1.1.1 去网扫描的原理 1.1.2 非标准原稿的种类与调整方法 1.1.3 扫描仪和数字照相机色彩管理的流程与方法 1.1.4 屏幕校正仪的功能
	1.2 图像处理	1.2.1 能进行多图像的融合及缺损的修复 1.2.2 能从图像信息表上判断颜色的准确性 1.2.3 能用图像处理软件进行图像输出设置 1.2.4 能对专色图像进行补漏白、叠印处理 1.2.5 能识别网点百分比在5%以内的误差 1.2.6 能进行灰平衡的校正	1.2.1 专色概念及专色图像处理方法 1.2.2 蒙版、图层、通道、滤镜的图像处理方法 1.2.3 灰平衡的概念
2. 图像文字处理及排版	2.1 图文排版	2.1.1 能进行文件跨平台、跨版本软件之间的相互转换 2.1.2 能处理字体冲突，进行字体替换 2.1.3 能进行可变数据排版 2.1.4 能对格式化程度高、数据量大的书籍进行批处理和自动排版 2.1.5 能设置并管理多级标题编号，完成目录、索引的生成 2.1.6 能编辑、使用并管理版面素材库 2.1.7 能根据版面的模切成型要求、纸张开料方向，设置不同的版面拼版位置	2.1.1 图文的排版流程 2.1.2 印品质量要求 2.1.3 出版物的结构和要素 2.1.4 专业学科排版规范 2.1.5 数据库的概念
	2.2 标准文件生成	2.2.1 能制作输出参数模板 2.2.2 能制作补字文件，补充字库所缺字符	2.2.1 网络基础知识 2.2.2 字库结构基本知识
3. 样张制作	3.1 数字打样实施	3.1.1 能对数字打样样张颜色进行调节 3.1.2 能使用色彩管理软件制作色彩特性文件	3.1.1 色度系统知识 3.1.2 图像颜色空间转换的再现意图概念 3.1.3 色彩管理软件的种类和特点 3.1.4 数字打样使用的色标类型 3.1.5 色彩管理在印前处理中的应用方法
	3.2 数字化流程实施制作	3.2.1 能根据不同的印品选择适用的加网方式 3.2.2 能根据印后加工的要求制作各种拼版的模板 3.2.3 能安装、调试数字化工作流程软件 3.2.4 能设置特殊印刷效果的分色片制作参数	3.2.1 多种加网方式的印刷适用性 3.2.2 数字化工作流程软件的性能和应用
4. 制版	4.1 电子雕刻准备	4.1.1 能按要求更换并调整刮刀、滑脚 4.1.2 对电子雕刻针形的优劣进行判断 4.1.3 能在拼版过程中根据工艺文件对图文内容制定相应的电子雕刻工艺参数	4.1.1 刮刀、滑脚更换注意事项 4.1.2 电子雕刻工艺规范

续表

职业功能	工作内容	技能要求	相关知识
4. 制版	4.2 实施电子雕刻	4.2.1 能排除电子雕刻机的简单机械故障 4.2.2 能对雕刻过程中产生的网变等参数变化做出判断	4.2.1 雕刻参数变化对印品质量的影响 4.2.2 电子雕刻机的机械结构
	4.3 涂胶及激光雕刻准备	4.3.1 能对激光网点形状进行设置 4.3.2 能选择激光雕刻工艺	4.3.1 激光网点的类型和适用范围 4.3.2 激光雕刻工艺要求和质量要求
	4.4 实施激光雕刻	4.4.1 能对雕刻质量问题进行分析并制定解决方案 4.4.2 能排除激光雕刻机的故障	4.4.1 操作环境对激光雕刻的影响 4.4.2 激光雕刻机的故障原因及排除方法
5. 打样样张、印版质量检验	5.1 检验打样样张质量	5.1.1 能检测网点密度、色差值（ΔE）、打样相对反差值（K值）、网点增大值和湿压湿的叠印率 5.1.2 能根据检测的结果与质量缺陷提出纠正措施 5.1.3 能对印品设计缺陷进行分析并提出解决方案	5.1.1 色差值（ΔE）的相关知识 5.1.2 相对反差值（K值）、叠印率的基本概念和计算方法 5.1.3 印品质量的评价知识
	5.2 检验印版质量	5.2.1 能对印版质量进行综合检查、分析，并提出改进建议 5.2.2 能分析、判断印版质量与印品质量间的关系，并提出解决方案	5.2.1 分析和调节印品误差的方法 5.2.2 印品质量标准
6. 培训指导	6.1 理论培训	6.1.1 能编写培训讲义 6.1.2 能进行印前处理与制版基础知识讲座 6.1.3 能讲述本专业技术理论知识	6.1.1 培训讲义的编写要求 6.1.2 本职业行业标准和国家标准 6.1.3 理论培训的程序和要点
	6.2 指导操作	6.2.1 能指导三级/高级工对高难度印品进行打样操作 6.2.2 能指导三级/高级工使用仪器和设备检测样品质量	6.2.1 指导操作的步骤和要点 6.2.2 制版所用检测仪器、设备的适用范围和使用方法 6.2.3 影响印刷质量的因素 6.2.4 印刷机的构成及工作原理
7. 管理	7.1 质量管理	7.1.1 能进行印品的等级评定 7.1.2 能应用质量管理体系知识，实现操作过程中的质量统计、分析与控制	7.1.1 印刷的相关质量管理标准及各种打样工艺质量管理要求 7.1.2 生产管理基本知识，安全技术操作规程，质量统计、分析与控制方法
	7.2 生产管理	7.2.1 能针对打样中可能出现的问题提出相应的预案 7.2.2 能依据ISO 9001国际标准制定打样工序的质量管理方案 7.2.3 能进行生产计划、调度、设备安全及人员的管理 7.2.4 能制定部门的环保作业措施	7.2.1 相关环境保护标准和质量标准 7.2.2 生态环境保护作业的措施
	7.3 工艺控制	7.3.1 能制定、优化制版的工艺流程 7.3.2 能对特殊产品制定工艺方案 7.3.3 能根据各工序生产情况制定生产计划 7.3.4 能分析产品质量问题的产生原因	7.3.1 各类印刷工艺特点 7.3.2 国内外最新的制版工艺和技术

般有条件的地方可选用电子教案。

培训阶段是指对于制版相关知识的讲授，拟采用渐进式教学方法组织教学，重点突出、难点分散、由浅入深、科学推理、严密分析。如果是在职职业培训，一定要结合典型案例，采用互动式教学方法，调动学员的学习热情，吸引学员的注意力，引导学员跟随讲课的内容开展积极的思维活动，从形式概念、判断、推理到认识规律、掌握理论和技能的目标。另外，在课堂教学过程中，恰当、充分地使用现代教学技术手段，如动画、教学片等。当教学课程结束后，要适当布置作业，以便学员更好地消化课程所传授的知识。

培训结束是需要进行教学评价的。考试是课程结束的一种常见评价手段，采取覆盖面广、难度适中，以简答、计算、论述、分析和绘图等试题形式闭卷考试，这样既能考查受训者的学习水平，又能检验培训教师的授课质量，对教学有一个客观的评价。

凹版制版技术相关知识的培训教材是实现课程目标、实施教学的重要资源，因此，对教材的基本要求就是教材内容的科学性、逻辑性和系统性。经过培训教师的讲解，学员能接受理解教材的知识要点，完全消化教材的内容。要根据培训学员的级别选用教材，级别不同选用的教材不同。

当教材确定之后，培训教师要吃透教材，首先要理解教材的每一部分，即划分重点。章的内容是整个知识结构中相对独立的部分，或者是整个知识结构中的一个分支；节是这部分内容中的一个方面或组成部分，而小节就是要讨论的一个问题，找出本教材的难点、重点，再根据教材的章节内容，安排需要的课时数进行培训。

而凹版制版作业指导书，是凹版制版企业质量管理文件中必不可少的一个组成部分。通常作业指导书的内容包括：图像输入与处理、图文制作与处理、滚筒加工与电镀、实施制版、制版结束后的工作及质量标准等。凹版制版作业指导书根据技术标准、设备标准、专业技术人员的经验以及成熟实用的加工工艺进行编写，主要是进一步阐明生产过程中的具体技术要求、质量标准、工艺要求和操作方法，用于规范现场作业人员的活动行为与进一步明确工序质量标准，对指导生产和确保工作质量与产品质量具有重要意义。

（1）编写凹版制版作业指导书的目的

① 从格式、内容、发放及管理等方面，进一步规范企业作业指导书编写使用等工作，进而完善和健全企业的质量管理体系。

② 使作业指导书更贴近现场实际情况，切实起到指导生产过程的作用，以确保作业人员的工作质量和产品质量，进而确保企业质量方针的执行和质量目标的实现。

（2）凹版制版作业指导书的特征要求

编写凹版制版作业指导书时应有以下特征：

① 详细、具体、单一，有很强的操作和针对性。

② 措辞准确、逻辑性强，应具有可检查性，尽量数字化、图表化。

③ 应具有经济性，在满足技术标准的情况下充分考虑项目的经济效益和生产成本。

（3）凹版制版作业指导书的编写要求

作业指导书应按照岗位编制，仅限于企业内部指导该岗位作业人员使用，没有普及性和统一性。实际应用中可依据质量管理体系的质量手册、程序文件要求及企业具体情况，同时要熟悉各种型号的凹版制版机的相关技术参数，不可臆造。作业指导书的编写包括：开机前检查、开机准备、开机操作、停机操作、现场定制管理、产品标识及安全管理等。编写时要结合设备使用说明和企业的各项管理制度。作业指导书既要指导员工正确使用设备，又要满足企业卫生、安全方面的需求，是一个综合性管理文件。编写完成后，应由企业生产技术负责人或部门主管负责审核，审核完毕报质量管理部批准执行，并及时发放到作业人员手中。

（4）凹版制版作业指导书的格式和内容要求

① 封面。在封面上应有作业指导书的名字，文件编号，受控标识及受控状态，编写、核对、审核、批准人员签字，发放日期，项目和单位名称。

② 编写依据。主要依据是设备特点、产品技术要求和标准、各种规范、规程、企业的质量手册和程序文件等。

③ 作业对象和适用范围。作业对象就是针对具体的工序或工种，适用范围规定该作业指导书适用的具体的作业人员。

④ 人员、设备、材料的配备。作业指导书应明确作业活动中相关人员和操作人员的基本要求，应明确机械的设备型号，必要时可明确质量要求及数量。

⑤ 作业程序（顺序）。

⑥ 作业方法（应作为重点详尽叙述和描写）。

⑦ 作业控制要求和措施。

⑧ 质量检验标准和质量记录要求。

⑨ 安全注意事项。

⑩ 其他事宜。

总之，作业指导书的编写是确保作业人员质量和产品质量的一个必不可少的环节。同时，在企业的质量管理体系中，应明确作业指导书是质量管理体系的一个重要组成部分，为了标准化工作行为和规范化工作要求，高级技师必须重视作业指导书的编写和执行。

（5）凹版制版作业指导书编写注意事项

各制版企业技术水平、设备、产品不尽相同，所以作业指导书要根据实际情况，从使用角度有针对性地编写。工人技术水平较高的企业编写时可以简单扼要一些；工人总体水平偏低的企业编写作业指导书时，要尽量把每一步的工作要求写明，特别要注意把动作的前后顺序交代清楚，防止出现操作故障。

3．理论培训的方法

培训计划是培训部门组织教育、培训工作的指导文件，是实现教学目的、培养合格人才的重要保证。它是根据相关的教育方针、培养目标和技能等级标准而制定的。

培训计划应体现企业对培养人才的具体要素，因此，它是培训教育和培训工作的主要依据。凹版制版工属于专业工种，其理论知识培训计划的制定应该依照本行业颁布的专业标准，同时需结合企业要求及人员的实际情况而制定。

制定计划之前有许多需要考虑的因素，这些因素直接影响培训计划的质量和效果。

（1）基本原则

① 系统性原则。是指注重全员性、全方位性和全程性。全员性一方面表示全员都是受训者，另一方面全员都是培训者。全方位性主要体现在培训的内容丰富宽广，满足不同层次的需求。全程性是指培训过程贯穿于员工职业生涯的始终。

② 理论与实践相结合原则。理论与实践相结合符合企业要求的培训目的。培训的根本目的是提高广大员工在生产中解决具体问题的能力，从而提高企业的效益，充分发挥学员学习的主动性。理论与实践相结合的原则决定培训时要积极发挥学员的主动性，强调学员的参与和合作。

③ 培训与提高性结合原则。全员培训就是有计划、有步骤地对在职的各级各类人员都进行培训，这是提高员工素质的必由之路。在个人成长环境中，组织和个人的因素都相当重要，因此，组织培训和自我提高应该相结合。

此外还需要人格素质培训和专业素质相结合。首先，从培训的知识、技能和态度三方面内容看，三者必须兼备，缺一不可；其次，从培训的难易程度来看，态度的培训更为困难；再次，员工的态度也影响培训效果的好坏。总之，在培训中应将人格素质的训练融入知识技能的学习中，而不是与现实脱节，成为一种形式主义。

④ 人员培训与企业战略文化相适应。培训应服务于企业的总体经验战略，培训应有助于优秀企业文化的塑造和形成，培训应有助于企业管理工作的有序和优化，人员培训应结合企业质量管理要求和产品质量标准内容。

（2）制定培训计划的步骤

培训计划制定时第一步要分析确定培训需求；第二步是根据企业生产质量实际情况，分析员工技能与工作目标的差距，明确培训信息，包括培训时间、培训名称内容、培训对象、费用预算及讲师人选等；第三步是确定培训方案；最后一步是与培训相关部门进行沟通确认培训计划。

第二节　指导操作

学习目标

1. 能指导三级/高级工及以下等级人员进行版辊的雕刻。
2. 能指导三级/高级工及以下等级人员完成质量检测仪器的使用。

一、操作步骤

① 学习“印前制作与处理员”国家职业技能标准中“凹版制版员”五级/初级、四级/中级、三级/高级的技能要求。

② 了解被培训人员的工作经历、技能水平、等级等情况，以便能进行有针对性地操作培训。

③ 制定操作大纲，编写操作内容，并准备操作的相关设备和材料。

④ 示范版辊的雕刻和检测仪器的使用。

⑤ 指导受训者完成操作。

二、相关知识

1. “印前制作与处理员”国家职业技能标准中“凹版制版员”五级/初级、四级/中级、三级/高级的工作要求

“印前制作与处理员”国家职业技能标准中“凹版制版员”五级/初级、四级/中级、三级/高级的工作要求分别见表4-4-2、表4-4-3和表4-4-4。

表4-4-2　“凹版制版员”五级/初级的工作要求

职业功能	工作内容	技能要求
1. 图像文字输入	1.1 原稿准备	1.1.1 能对用户提供的原稿进行核对、分类和清洁 1.1.2 能识别连续调、网目调和数字原稿
	1.2 图像扫描	1.2.1 能使用扫描设备及软件获取原稿的数字图像 1.2.2 能使用数字照相机获取数字图像 1.2.3 能清洁扫描设备和数字照相机
	1.3 文字录入	1.3.1 能按工艺单要求完成文字录入操作 1.3.2 能在30min 内录入2000个汉字和字符，错误率低于3‰ 1.3.3 能对接收的文字稿件进行校对，错误率低于1‰
2. 图像文字处理及排版	2.1 图像处理	2.1.1 能选择图像文件格式并存储图像文件 2.1.2 能将图像文件传输到处理设备 2.1.3 能使用图像处理软件对图像进行变换、裁剪处理 2.1.4 能使用图像处理软件改变图像分辨率及尺寸 2.1.5 能创建选择区域和路径提取图像
	2.2 图形制作	2.2.1 能使用图形软件绘制图形 2.2.2 能用颜色和图案对图形进行填充
	2.3 图文排版	2.3.1 能输出分层文件 2.3.2 能使用排版软件进行书、报刊排版 2.3.3 能进行文字属性设置 2.3.4 能对文件进行格式转换
3. 样张制作	3.1 数字打样准备	3.1.1 能清洁打印喷嘴 3.1.2 能更换打样机墨水 3.1.3 能安装打印介质
	3.2 数字打样	3.2.1 能设置纸张页面尺寸与横、纵方向 3.2.2 能设置输出字体 3.2.3 能设置缩放比例 3.2.4 能设置出血、裁切线等标记 3.2.5 能识别与处理数字打样机的缺纸、卡纸、缺墨等故障

续表

职业功能	工作内容	技能要求
4. 制版	4.1 电子雕刻准备	4.1.1 能在电子雕刻机上装、卸滚筒 4.1.2 能按照工艺要求清除版面的油污、灰尘、氧化物，并检查滚筒表面是否有质量缺陷
	4.2 实施电子雕刻	4.2.1 能在电子雕刻机的控制面板上输入参数 4.2.2 能使用雕刻控制软件启、停电子雕刻机对滚筒进行雕刻 4.2.3 能使用网点测试仪测量网点参数
	4.3 激光雕刻滚筒涂胶	4.3.1 能清除版面的油污、灰尘、氧化物 4.3.2 能用辅助工具在涂胶机上装、卸滚筒 4.3.3 能操作涂胶机对滚筒进行涂胶
	4.4 激光雕刻滚筒腐蚀	4.4.1 能用辅助工具在腐蚀机上装、卸滚筒 4.4.2 能操作腐蚀机对滚筒进行预腐蚀和腐蚀 4.4.3 能清洗腐蚀后版面的残留物
5. 打样样张、印版质量检验	5.1 检验打样样张质量	5.1.1 能检验打样样张的尺寸与内容 5.1.2 能目测各种样张的白线、蹭墨、重影等缺陷
	5.2 检验印版质量	5.2.1 能目测印版的划伤、折痕、脏痕等缺陷 5.2.2 能对照签样检查版面尺寸，有无丢字、乱码、缺图、变形等问题

表4-4-3 “凹版制版员”四级/中级的工作要求

职业功能	工作内容	技能要求
1. 图像文字输入	1.1 原稿准备	1.1.1 能判断原稿的质量 1.1.2 能计算原稿的缩放倍率
	1.2 图像扫描、拍摄	1.2.1 能设定扫描设备的参数 1.2.2 能设定数字照相机参数并拍摄 1.2.3 能按照复制要求和印刷条件进行图像分色设置 1.2.4 能识别网点百分比，误差在10%以内
	1.3 文字录入	1.3.1 能录入特殊（生僻）文字和特殊符号 1.3.2 能进行汉字和外文或少数民族文字的混合录入 1.3.3 能识别字体的种类
2. 图像文字处理及排版	2.1 图像处理	2.1.1 能对图像的层次进行调整 2.1.2 能校正图像颜色并调整清晰度 2.1.3 能进行图像修饰 2.1.4 能选用色彩特性文件进行分色 2.1.5 能使用图像处理软件进行分色
	2.2 图形制作	2.2.1 能对图形元素实施路径运算 2.2.2 能对图形进行渐变填色、实时上色和描边 2.2.3 能设置各种专色
	2.3 图文排版	2.3.1 能对版面元素进行检查 2.3.2 能检查链接文件 2.3.3 能进行主页设置、添加、删除、移动页面等操作 2.3.4 能制作表格 2.3.5 能进行图文混排

续表

职业功能	工作内容	技能要求
2. 图像文字处理及排版	2.4 标准文件生成	2.4.1 能输出拼页与拆页文件 2.4.2 能输出页面描述语言文件 2.4.3 能设置渐变级数
3. 样张制作	3.1 数字打样准备	3.1.1 能按要求选择和准备油墨、承印物等 3.1.2 能对打样机进行日常维护保养 3.1.3 能根据需要选择打样软件的参数和色彩特性文件
	3.2 数字打样	3.2.1 能在RIP处理前后进行数字打样 3.2.2 能进行专色版文件打样 3.2.3 能判断版面出血设置的正确性 3.2.4 能按照标准参数调节打样机
4. 制版	4.1 实施电子雕刻	4.1.1 能检查滚筒表面是否有质量缺陷 4.1.2 能对滚筒进行试雕和补雕 4.1.3 能根据要求换针雕刻 4.1.4 能通过RIP对雕刻文件进行加网
	4.2 实施激光雕刻	4.2.1 能调配激光涂胶液 4.2.2 能调配预腐蚀液及腐蚀液 4.2.3 能设置雕刻参数 4.2.4 能发现雕刻后滚筒表面的异常 4.2.5 能设置腐蚀机的工作参数并进行腐蚀操作 4.2.6 能对凹版制版设备进行维护保养
5. 打样样张、印版质量检验	5.1 检验打样样张质量	5.1.1 能加载测控条和打样信息 5.1.2 能通过加载的测控条检验打样质量
	5.2 检验印版质量	5.2.1 能用测量仪器测量印版的网点及角度 5.2.2 能检验加网文字、线条的清晰度和完整度

表4-4-4 “凹版制版员”三级/高级的工作要求

职业功能	工作内容	技能要求
1. 图像文字输入	1.1 原稿准备	1.1.1 能判定原稿复制的适用性 1.1.2 能对图像数据格式文件进行格式转换
	1.2 图像扫描 / 数字拍摄	1.2.1 能对不同类别原稿进行定标并获取数字图像 1.2.2 能对分色图像的质量进行检查和调节 1.2.3 能识别和处理扫描设备的报警信息 1.2.4 能导入/保存扫描（拍摄）参数数据 1.2.5 能设置多任务扫描
2. 图像文字处理及排版	2.1 图像处理	2.1.1 能进行图像的融合和特效处理 2.1.2 能配置和指定色彩特性文件 2.1.3 能检查显示器的色彩还原准确性 2.1.4 能检测工作环境的光源显色指数 2.1.5 能识别网点百分比在8%以内的误差

续表

职业功能	工作内容	技能要求
2. 图像文字处理及排版	2.2 图形制作	2.2.1 能对图形进行特殊效果处理 2.2.2 能对图形进行外观设置和图像描摹 2.2.3 能使用图形软件绘制模切版 2.2.4 能使用图形软件制作各种专色印版
	2.3 图文排版	2.3.1 能进行补字和拼注音排版 2.3.2 能设置补漏白、叠印、富黑和铺底的参数 2.3.3 能对数理化公式、特殊字符进行编排 2.3.4 能处理中文竖排中的排版问题 2.3.5 能设计各种装饰艺术版面 2.3.6 能设置文字与图像、图形对象的跟随关系 2.3.7 能根据工艺要求拼版 2.3.8 能设置套印标记、检测线
	2.4 标准文件生成	2.4.1 能输出PDF文件 2.4.2 能设置颜色转换的ICC（International Color Consortium，国际色彩协会）色彩管理标准文件
3. 样张制作	3.1 数字化流程制作	3.1.1 能设置数字化流程中的预检、补漏白、拼版、色彩管理模块的参数 3.1.2 能选择印刷补偿曲线或反补偿曲线 3.1.3 能备份工作流程作业文件 3.1.4 能创建工作流程作业文件与传票 3.1.5 能在流程中设置字库与补字库参数
	3.2 数字打样	3.2.1 能安装、设置及使用数字打样软件 3.2.2 能设置打样机的功能参数 3.2.3 能进行软件参数的备份与恢复
4. 制版	4.1 电子雕刻准备	4.1.1 能使用电子雕刻机的拼版软件拼版 4.1.2 能设置加网参数
	4.2 实施电子雕刻	4.2.1 能处理雕刻中及雕刻后出现的打针、漏雕等简单问题 4.2.2 能对辊筒进行补雕
	4.3 激光雕刻准备	4.3.1 能设置涂胶机的工作参数 4.3.2 能对涂胶机、腐蚀机进行维护保养
	4.4 实施激光雕刻	4.4.1 能设置激光雕刻机的工作参数 4.4.2 能选用激光雕刻网点形状
	4.5 激光雕刻滚筒腐蚀	4.5.1 能检测腐蚀液的波美度 4.5.2 能目测检查腐蚀后的版面质量
5. 打样样张、印版质量检验	5.1 检验打样样张质量	5.1.1 能使用测量仪器测量样张的各项技术参数 5.1.2 能使用测控条检验样张的质量 5.1.3 能提出并实施打样机的周、月保养计划
	5.2 检验印版质量	5.2.1 能使用测量仪器和测控条检查网点形状完整性和网点增大值，并提出制版工艺的改进建议 5.2.2 能对印版质量进行综合检查，并对产生的问题提出解决方案

2．指导操作的步骤（认知、模仿和熟练）

作为技师，首先要了解“印前制作与处理员”国家职业技能标准中，“凹版制版员”五级/初级工、四级/中级工、三级/高级工和二级/技师的工作要求；其次要了解被培训人员的情况，如基础、等级、工作经历等，以便进行针对性操作培训；接着要设计操作内容，准备操作的相关设备和材料，编写教案，对每次教学内容进行详细准备，并制定详细计划；最后要示范操作。

操作培训是在技术培训中最重要的环节，所以在操作培训中要讲解与操作技能相关的知识，以便更好地完成培训工作。操作技能的形成，是通过练习而逐步掌握的过程，通常分为认知、模仿和熟练3个阶段。

（1）认知

认知的目的是使学习者对所学的操作技能有一个初步认识，其主要任务是按技能操作的基本要求，形成定向的操作印象。

（2）模仿

模仿是一种特殊的学习形式，是模仿示范者的操作方式或行为，再现示范者的操作。模仿是以前一个阶段所形成的操作印象为前提，在操作印象的指引下和调节下进行的。

（3）熟练

熟练是在前两个步骤的基础上，通过严格地练习，使操作者的技能达到规范、娴熟，具有高度的适应性。特别强调的是，这种练习是一种有目的的、有步骤的、有指导的教学互动活动。

3．操作大纲和内容的制定编写（示例）

操作培训提纲的编写原则上要按照培训步骤的要求来写，也就是说，培训提纲中要贯穿认知、模仿、熟练三方面的内容，当然，有时要根据具体问题来确定。

操作培训提纲通常按下列步骤编写：

（1）培训课题

指整体培训中某一专题、某一单元或某—机型的操作培训。

（2）培训目的

明确本次培训是为了发展员工何种具体的职业能力。

（3）培养目标

说明通过某一专题、某一单元或某—机型的操作培训所要达到的效果。

（4）培训对象

指接受培训的学员的基本状况。

（5）时间与培训地点

指整个培训所需要的课时和培训的具体地点。

（6）操作内容和进度

操作内容是培训提纲的核心。要详细讲述操作技能的相关知识以及操作过程的重点、难点。文字要求精练、简洁，主题鲜明。另外，给予受训者足够的模仿时间，使受训者的操作达到规范、娴熟。

例　培训课题——滚筒质量检测

培训目的：掌握滚筒质量检测方法。

培训目标：通过该专题的培训指导，使受训者了解滚筒质量的标准和检测方法。

培训对象：高级工。

培训时间：2 课时。

内容与进度：培训讲师应讲解滚筒质量的检测标准，并展示检测方法和步骤，使受训者对滚筒的质量标准、检测方法和步骤有初步认知，然后进行模仿，最终实现熟练操作。

4．凹版制版质量检测的标准

凹版制版质量检测的标准可以参考现行的行业标准《电子雕刻凹版质量要求及检验方法》（CY/T 9—2017），该标准基本内容为：

（1）主题内容与适用范围

本标准规定了电子雕刻凹版的技术要求及检验方法。适用于印制书刊和包装装潢产品的电子雕刻凹版。

（2）引用标准

① GB 9851印刷技术术语。

② CY/T 6凹版印刷品质量要求及检验方法。

（3）技术要求

① 版辊

a．直径允差 ± 0.02mm。

b．长度允差 ± 3mm。

c．直线度允差≤0.04mm。

d．筒壁厚度。版辊直径在200mm以内≤7mm，200mm以上≥10mm。

e．版辊径向跳动允差≤0.03mm。

f．彩色版套版版辊直径递增尺寸符合工艺要求。

g．版辊静平衡允差。版辊外圆上所加配重数值的允差≤100g。

h．倒角。版辊两端倒角为R7 ~ 10mm；版辊两端倒角表面粗糙度Ra≤3.2μm。

i．端面粗糙度Ra≤6.4μm。

j．轴孔。轴孔尺寸（包括键槽）符合要求，轴孔表面粗糙度Ra≤3.2μm。

② 铜层

a．铜层厚度≥0.12mm。

b．铜层维氏硬度180 ~ 210HV。

c．铜层不起皮。

③ 铬层

a．铬层厚度0.007 ~ 0.010mm。

b．铬层维氏硬度800 ~ 1000HV（在维氏硬度180 ~ 210HV的铜层上测量）。

c．铬层表面粗糙度Ra≤0.4。

d．铬层表面呈银白色，光亮平滑，不脱落。

④ 电雕成品版辊外观：无划痕、锈斑及凹坑等。图片和文字周围没有不需要的网穴。
⑤ 网墙整齐光洁，网穴形状及尺寸达到印刷质量要求。
⑥ 图文变化或重复尺寸符合工艺要求，角线规矩准确。
⑦ 单色和彩色印刷品质量要求见CY/T6。
（4）检验
① 检验条件见CY/T6。
② 检验仪器和工具
a．密度计（对反射密度计的要求见CY/T6附录A）。
b．定量检验用30～50倍读数放大镜。
c．常规检验用10～15倍放大镜。
d．金属表面粗糙度仪。
e．铜、镍及铬镀层测厚仪。
f．维氏金相硬度计。
g．凹印网穴深度测度仪。
h．直尺和卷尺。
i．R规（测量版辊两端倒角）。
j．千分表（配有磁座）。
k．外径千分尺。
③ 检验方法
a．测量法。用规定的仪器或工具检验雕刻版和印样质量。
b．目测法。按标准要求用目测检验雕刻版和印样质量。

三、注意事项

① 操作大纲需简明扼要。
② 示范动作需准确规范。
③ 指导过程需明确操作关键点，并做到安全操作。

第五章

管理

第一节　质量管理

学习目标　了解ISO 9000质量管理体系的内容，掌握制定滚筒制版质量管理方案的方法，能制定滚筒制版质量方案。

一、操作步骤

① 熟悉ISO 9000质量管理体系相关内容。

② 制定版辊制版质量管理方案。

二、相关知识

1．ISO 9000质量管理体系的相关知识

（1）ISO 9000系列标准的由来

20世纪70年代以来，质量成为企业竞争力的主要要素。随着全球经济一体化和日益开放的世界市场的发展，质量更是企业进入国际市场的通行证。为了适应国际贸易及经济合作和交往的需要，世界各主要工业发达国家都对质量体系制定出了各种国家标准。这些不同的标准尽管在总的方面由于质量管理的客观要求而具有共同点，但在细节上还存在许多的不一致和差异，并不能在国际贸易中得到广泛应用，却反而导致了贸易交往中的障碍，企业为了获得市场，往往不得不付出巨大的努力去满足形形色色的质量体系要求。而且在不同的标准中，以及在工商贸易中所用的名词术语也不一致，常引起混乱和不便。因此，人们迫切需要有统一的国际通用的质量管理标准，来克服这种分散的各自为政的状态。

1987年3月，国际标准化组织质量管理和质量保证技术委员会（ISO/TC176）经过近10年的努力，在总结各国质量保证经验的基础上，制定并正式发布了ISO 9000、ISO 9001、ISO 9002和ISO 9004等国际标准。在这之前的1986年5月，发布了ISO 8402《质量术语》国际标准。

ISO 9000系列标准的发布，使质量管理和质量保证的概念、原则和方法统一在国际标准的基础上，标志着质量管理和质量保证工作进入了规范化、程序化和国际化的新阶段，

满足了当今国际贸易的需要，所以，其一经发布，就被许多国家和地区采用，迅速代替了以工业为基础的国家标准。迄今为止，已有70多个国家，包括美国、日本、欧盟国家和欧洲自由贸易联盟国家等，都采用ISO 9000作为国家标准。亚太地区的澳大利亚、新西兰、新加坡、中国香港等，也都采用它作为国家或地区的标准。同时，ISO 9000系列标准也已成为国际认证机构进行质量认证、注册的主要依据。许多大工业公司，特别是跨国公司，以及许多国家的政府机关，如美国的海军部、新加坡的国防部等，都要求大型供应商必须注册ISO 9000，才能签订订货合同。由此可见，ISO 9000所产生的世界范围的重大影响。

我国于1988年8月开始，等效采用了国际标准ISO 9000系列，即GB/T 10300。后来，随着发展外向型经济的需要，于1993年1月开始由等效采用改为等同采用这个标准，即GB/T 19000—ISO 9000，并推行质量认证制度。自此以后，许多大企业和知名企业都大力贯彻ISO 9000系列国际标准，并通过权威认证机构对质量体系进行认证，以良好的信誉进入了国际市场。ISO 9000系列国际标准同样对我国的经济发展产生了积极的和重大的影响。

（2）ISO 9000系列标准的组成

ISO 9000系列标准包括3个具体标准，分别是ISO 9000：2015《质量管理体系　基础和术语》、ISO 9001：2015《质量管理体系　要求》、ISO 9004：2018《质量管理-组织质量-对实现持续成功的指南》，每个标准都有其特定的功能和应用范围。

① ISO 9000：2015《质量管理体系　基础和术语》。此标准为质量管理体系（QMS）提供了基本概念、原则和术语，并为质量管理体系的其他标准奠定了基础。标准旨在帮助使用者理解质量管理的基本概念、原则和术语，以便能够有效和高效地实施质量管理体系，并实现其他质量管理体系标准的价值。

标准基于融合已制定的有关质量的基本概念、原则、过程和资源的框架，提出了明确的质量管理体系，以帮助组织实现其目标。它适用于所有组织，无论其规模、复杂程度或经营模式，旨在增强组织在满足其顾客和相关方的需求和期望以及在实现其产品和服务的满意方面的义务和承诺意识。

标准包含七项质量管理原则以支持在标准中所述的基本概念，并针对每一项质量管理原则，通过“概述”介绍每一个原则；通过“理论依据”解释组织应该满足此原则的原因；通过“主要益处”说明应用这一原则的结果；通过“可开展的活动”给出组织应用这一原则能够采取的措施。

ISO 9000：2015《质量管理体系　基础和术语》标准在发布之时，包括了ISO/TC176 起草的全部质量管理和质量管理体系标准及其他特定领域质量管理体系标准中应用的术语和定义。

② ISO 9001：2015《质量管理体系　要求》此标准中所有要求是通用的，适合于各种类型、不同规模和提供不同产品和服务的组织。标准旨在帮助组织证实其能够稳定地提供满足顾客和适用法律法规要求的产品和服务；并通过体系的有效应用，包括体系改进的过程，以及保证符合顾客要求和适用的法律法规要求，旨在增强顾客满意通过。

标准包括7个主要内容：质量管理体系的范围、引用文件、术语和定义、质量管理体系的要求、管理责任、资源管理、产品实现、与客户相关的过程、持续改进。标准的实施需要参考ISO 9000：2015《质量管理体系 基础和术语》。

③ ISO 9004：2018《质量管理-组织质量-对实现持续成功的指南》。此标准是一个指南性标准，而不是一个用于认证目的要求的标准。它与ISO 9001：2015《质量管理体系 要求》彻底分离，关注点不再是一般的质量和改进，而是为组织的持续成功提供了指导。

标准中包含自我评估工具，以评审组织采纳本文件中概念的程度，也同样适用于任何规模、类型和从事不同活动的组织。

此外，还有ISO 19011：2018《管理体系审核指南》标准。标准提供了对管理体系进行审核的指导原则，适用于包括质量管理体系（如ISO 9001）和环境管理体系（如ISO 14001）在内的各种管理体系。标准为组织实施审核程序或管理外部审核提供了一个共同的框架，确保审核的一致性和有效性。

（3）ISO 9000系列标准的实施

为了实施ISO 9000系列标准，大致上需要经过以下的步骤，即组织策划、总体设计、体系建立、编制文件和实施运行5个阶段。这些工作中，最重要的是要做好职工的培训教育、编制质量文件、进行内部质量审核、通过权威机构的质量认证以及获证后的巩固工作等。

① 职工的培训教育。推行ISO 9000系列标准需要企业上下全体员工的积极参与，要求每个职工必须有实施质量体系的意识和责任感。为此，应首先组织好培训工作。可通过举办讲座、学习班、研讨会等形式广泛地开展宣传和培训活动，提高全体员工的思想认识和必要的业务知识，为推行以ISO 9000系列标准为核心的新质量体系建立深厚的群众基础。

② 编制质量文件。质量文件是企业推行ISO 9000系列标准的根基，编制质量文件的过程也是对企业质量管理工作进行的一次全面检查。因此，应组织力量，深入调查，结合企业的实际需要制定必要的质量文件。

③ 内部质量审核。为使所建立的质量体系真正地按照ISO 9000的要求运作，必须对其运行进行不断地检查和审核，这需要应用内部质量审核的办法。内部质量审核的人员不仅是企业内部的人员，也可适当聘请企业外的专家参加，以便能更好地掌握标准和要求，保证审核的质量。

④ 权威机构的质量认证。通过权威机构的质量认证，是证实贯彻ISO 9000系列标准取得成效的一个步骤，也是获得质量信誉的关键一环。因此，必须围绕质量认证推动ISO 9000系列标准的贯彻落实，推动质量体系的建立与完善，并作好质量认证的一切准备工作，力争在提出质量认证的申请后，被权威认证机构确认通过，获得合格证书，并给予注册。

2. 滚筒制版质量管理方案的制定思路

制造型企业如果没有掌握正确的质量管理思路，那么就会出现产品质量经常起伏不定，严抓品质，生产效率下滑；狠抓生产效率，但品质又出问题的状况。因此，如何符合精益生产的要求，实现品质管理成了值得关注的问题。

在大多数的制造型企业里，员工对于质量管理工作的效果=良心+责任心，因此，首先要通过企业文化管理来提高生产和品检人员的良心意识。在大家有了这个意识，再适当往下引导，这个质量原因也不是很难控制，只要稍微有点责任心，就不会出质量事故了，而这时就需要培养员工品质的3种意识：

（1）自检意识

产品质量是制造出来的，而不是检验出来的。生产质量控制的秘诀是：让每个人做好自己的产品。要求员工对自己生产的产品进行自我检验，只有自己认为是合格品，才可以流向下道工序或车间，在自检中发现的不合格品，要自己做好标识并把它分开放置。

（2）互检意识

对于上道工序或车间流转过来的产品，有些员工看都不看，就继续往下做。正确的是要检验后，结果为合格品，才可以继续生产。对检验到的上道工序或车间的质量问题，要及时反馈。坚决做到不制造不良品，不接收不良品，不传递不良品。

（3）专检意识

做了自检和互检的动作后，生产主管就可以对专职检验员灌输："员工一边要生产，一边都在做自检和专检的工作，作为专职的检验员，就更应该有强烈的质量控制意识"。专职的检验员如果是你部门的下属，那更好沟通；如果不是你部门的人员，他也会接受你的教导。

在质量管理中，很多制造型企业都迫切地希望快速看到结果。因此，很多时候对于进行质量管理工作时都疏于对其过程进行把控。但是如果没有过程，哪来的结果呢？因此，对于品质的控制，一定要注重过程，只有紧跟了过程控制，才可控制住品质。控制分为以下三个方面：

（1）首检控制

在产品上线前，必须要求班组长、品检人员和员工，对要投入生产的物料，都要仔细核实；要使用的工装配备，都要确认性能是否稳定完好。然后小批量生产3只产品，确认产品是否合格。合格后再上线生产，不合格要查找原因，直至合格后才能批量生产。

（2）巡检控制

在生产过程中，管理人员和品检人员要对产品进行抽查，检查内容一般分为对各工序的产品质量进行抽检、对各工序的操作人员的作业方式和方法进行检查、对控制计划中的内容进行点检。要用80%的精力关注生产中的薄弱环节，如：生手员工、关键设备、关键岗位等。

（3）终检控制

对于最后的产品，要重点控制，往往此时员工的心态都比较急躁。所有完成加工过程的产品部件，在安装、包装前，车间终检员要对其进行全面的检查验收。严格监督生产员工按质量标准及要求进行作业，不允许不合格品流入包装工序。依据制定的产品检验标准，检验合格，并在核定栏内盖印章或签名才能送成品库。

生产过程中的品质控制，不是在上升，就是在下降。如果要实现品质管理的长治久安，管理人员就必须做好"三分析三不放过"活动和人员质量意识试验法的工作。

（1）"三分析三不放过"活动

每天的生产早会上，都要分析昨日生产中出现和碰到的质量问题，深入分析这些质量问题的危害性，使大家充分认识到：不合格品一旦出厂，不仅会对企业造成巨大的负面影响，而且将损害用户利益。

接下来分析产生这些质量的原因，层层追溯，明确质量责任，找出漏洞。在此基础上，分析应采取的措施并付诸实施，及时改进不足。整个活动过程要真正做到“原因未查清不放过，质量责任未明确不放过，纠正措施未落实不放过”。管理者每刀手握“明刀”，每天追求质量提高一点点。

（2）人员质量意识试验法

在品质控制中，要杜绝员工麻痹大意的思想。人员质量意识试验法的实施过程是指：管理者不定期地找一些质量缺陷不明显的不合格品，记下编号或做好标识后，混入一大堆同类产品中间，看员工能否把它们及时、如数地检查出来。

那些质量意识不强、工作不细致的员工，在碰到这种事先不打招呼，且随时随地都可能进行的考试时，就往往很难得到高分。所以要想经受住考验，只有一个办法，那就是在工作中时刻保持高度的警惕心和责任心，不接收来自上道工序的不合格品，不把不合格品传递给下道工序。

第二节　生产与环境管理

学习目标

1. 熟悉凹版制版生产计划、生产管理和生产统计的相关内容，能按照规范组织制版作业顺利进行。
2. 熟悉国家环境保护相关法律法规和标准，能制定部门的环保作业要求。

一、操作步骤

① 能按照规范组织相关人员分工协作进行制版作业。
② 能根据国家环保法律法规和标准，制定本部门的环保要求。

二、相关知识

1. 生产计划（特征、任务、内容、用途、依据、种类、安排的前提和要点、编制的步骤）

生产计划是企业对生产任务做出统筹安排，具体拟定生产产品的品种、数量、质量和进度的计划。是企业经营计划的重要组成部分，是企业进行生产管理的重要依据。既是实现企业经营目标的重要手段，也是组织和指导企业生产活动有计划进行的依据。企业在编制生产计划时，还要考虑到生产组织及其形式。但同时，生产计划的合理安排，也有利于改进生产组织。

生产计划是指一方面为满足客户要求的三要素“交期、品质、成本”而计划；另一方面又使企业获得适当利益，而对生产的三要素“材料、人员、机器设备”的确切准备、分配及使用的计划。

（1）生产计划特征

一个优化的生产计划必须具备3个特征：有利于充分利用销售机会，满足市场需求；有利于充分利用盈利机会，实现生产成本最低化；有利于充分利用生产资源，最大限度地减少生产资源的闲置和浪费。

（2）生产计划任务

生产计划任务通常包括：要保证交货的日期与生产量，使企业维持同其生产能力相称的工作量（负荷）及适当开工率；作为物料采购的基准依据，将重要的产品或物料的库存量维持在适当水平；对长期的增产计划，作人员与机械设备补充的安排。

（3）生产计划的内容

通常生产计划的内容为：

① 生产什么东西——产品名称、零件名称。例：生产汽配行业的一种凸轮，名称代号：kj908。

② 生产多少——数量或重量。因客人订单需要10000只，那实际生产应考虑到报废的产生，需要投产10500只，方能保证10000只的交货量。

③ 在哪里生产——部门、单位。因生产制造行业的特性，显然主要是在生产部门完成指标，细化是在生产的各个工序班组间加工，包括：铸造、锻压、车床、铣床、高频淬火、磨床、清洗等。

④ 要求什么时候完成——期间、交期。

（4）生产计划的用途

生产计划的用途是指生产的依据，产能需求计划的依据，以及其他相关计划的制定依据。

（5）制定生产计划的依据

一般情况下，制定生产计划的依据来自：各工序的设备加工能力；各工序的标准工时和产量；不同产品生产投料标准；合同规定的交货期限和允许交期偏差范围；目前公司各工序人员配备和产能富余情况；目前各工序生产设备的完好状态；体现生产计划的全局性、效益性、平衡性、应变性；原材料的配备情况，原辅料的安全库存、最高库存、最低库存和采购周期；其他影响计划制定的因素。

（6）生产计划的种类

生产计划可以按照时间周期分类，也可以按照计划层级/作用层级分类。

① 按时间周期分类。表4-5-1是按照时间周期制定的生产计划示意表。

② 按计划层级/作用层级分类。可以分为主生产计划和次生产计划两种。随着MRP的使用和ERP的推广，主生产计划成为控制工厂内部运作的核心。

一般凹版印制企业应按本公司主要生产工序来作为主生产计划涉及的作业步骤，并排好先后顺序，明确时间和数量要求，而将相关的原料采购计划、包装辅料采购计划、印刷版

表4-5-1　按时间周期制定的生产计划示意表

计划类别	计划周期	计划时间单位	适合产品类型
长期计划	年	季或月	有长期采购合同、不轻易改变产品包装、市场占有率稳定的包材
中期计划	季或月	月或周	按客户要求备货、与顾客有良好的合作关系，客户了解双方包材库存量，若改变包装会提前一批告知
短期计划	周或日	日或小时	交货急，交货数量要求准确，不允许有较大的交期延误的单个包材订单（大部分订单属于此类型）

辊采购计划、外发加工计划、货运计划等作为次生产计划（次MPS）。

（7）生产计划安排的前提和要点

生产计划应该是综合考虑各有关因素的结果，必须是充分考虑生产能力，必须依据生产作业活动内容安排计划的粗细，同时计划的下达时间必须以满足交期为前提条件。

在安排生产计划时应基于四类原则：交货期先后原则，客户分类原则，产能平衡原则和工序长短原则。

① 交货期先后原则。交期越短，交货时间越紧急的产品，越应安排在最早时间生产。

② 客户分类原则。客户有重点客户、一般客户之分，越重点的客户，其排程应越受到重视。如有的公司根据销售额按ABC法对客户进行分类，A类重点客户应受到最优先的待遇，B类次之，C类更次。当然，企业应合理安排生产计划，尽最大努力满足客户交货需求。

③ 产能平衡原则。各生产线生产应顺畅，半成品生产线与成品生产线的生产速度应相同，机器负荷应考虑，尽可能不产生生产瓶颈或出现某工序停机待料事件。

④ 工序长短原则。工序越多的产品，制造时间越长，应重点予以关注。

（8）编制生产计划的步骤

生产计划的编制必须遵循4个步骤：

① 收集资料，分项研究。收集生产计划所需的资源信息和生产信息。

② 拟定优化计划方案，统筹安排。初步确定各项生产计划指标，包括产量指标的确定，产品品种的合理搭配、产品生产进度的合理安排。

③ 编制计划草案，做好生产计划的平衡工作。主要是做好生产指标与生产能力的平衡；测算企业主要生产设备和生产面积对生产任务的保证程度；生产任务与劳动力、物资供应能源、生产技术准备能力之间的平衡；对于中长期生产计划来讲，要做好生产计划指标与资金、成本、利润等指标之间的平衡。

④ 讨论、修正、定稿、报批。通过综合平衡，对计划做适当调整，正确制定各项生产指标，上级主管批准。

2. 生产管理（生产计划下达、开具雕刻工艺单、设备管理、样稿管理）

（1）生产计划下达

应以书面文件的形式下达生产指令，生产指令应经过制单及审核两级管控。开具生产指令单的一般步骤为：

① 审核订单。开具生产指令单之前，必须仔细审核已经通过了合同评审的客户订单。要看清产品名称、数量、交期、质量要求、运输方式和交货地点等信息。在核对订单并开具生产指令单时，要注意产品名称、交期、投产数量、质量要求以及运输方式和交货地点。生产指令单应统一使用公司规定的产品名称；要明确产品完成时间；要根据订单数量以及工序损耗来确定投产数量；要看清合同或订单约定的质量标准。在下达生产指令单时，同时要组织工艺及质量文件的下达；要明确运输方式和交货地点，便于完工后计时。运输距离不同，运输所用时间当然也不同，这些都应事先考虑。

② 投料数量的确定。开具生产指令单前，需要确定产品投料数量。企业一般可参考经验数值来确定投料数量，或根据以往的生产统计数据，获得按照订单数量来制定的成品率关系经验值；或按最终产品数量和排版情况确定最终产出，可反推投料数量；或参考本产品以往正常生产时的损耗量，通过了解前几次生产时的损耗情况，来准确地估算投料量；或依据库存成品和半成品的数量，在估算投料数量时要扣除库存成品和半成品数量。

③ 客户对数量的特殊要求。有时候客户对数量要求比较特殊，例如准数交货（不能多也不能少）、足数交货（只能多不能少）、限数交货。因此，在对待客户特殊要求时，投料数量更加需要严加控制，以防止再次投料补印或产品剩余过多。

（2）开具雕刻工艺单

对某一套原稿在电子雕刻之前，应加强电子雕刻工艺设计，做到充分解读原稿。考虑原稿的主色调及各颜色之间的关系，合理选用各种电子雕刻参数，分析并能断定所选用的工艺参数后会产生出的效果，做到心中有数；并通过较理想的层次曲线，雕刻出较完美的、既还原原稿、又优于原稿的优质产品。

（3）设备管理

产品是通过人运用机器设备和生产工具加工而成的，许多印刷产品的质量问题往往是由于印刷设备陈旧、精度低下造成的。为了排除或使这些影响达到最低限度，企业应健全设备管理的体制和责任制。为了使机器设备影响工序质量波动的因素得到较好的控制，建议做好以下几件事：

① 设备选用。制版企业在设备购置方面一定要结合企业自身的具体情况和产品要求合理选用。选择和配置时要考虑到设备的质量、成本、效率和利用率等方面，不能只减少投资而不顾质量，也不能只考虑质量而不顾成本和设备的利用率，盲目选用那些精、大、稀的昂贵设备。要根据本厂产品的特点和发展的方向合理选用相应设备，做到所选用的设备能得到充分利用。有的企业通过技改、设备的引进配置，提高了企业的综合能力，增强了市场竞争力，使企业得到了迅速发展。有的企业在技改后，不但不见成效，反而因为技改的投资和设备的配置而陷入了更加沉重负债的困境，究其原因是设备的选用配置不合理所致。

② 设备使用。正确使用制版设备是保证印版质量的重要因素。在生产过程中，操作者要严格执行安全操作规程和设备保养细则，对设备运行情况做好记录，发现异常情况及时报告，并进行检修，发现较大故障时应报请车间通知设备部门处理。操作者必须经培训熟悉设

备的性能和操作方法，并不断学习提高操作技能。

③ 设备维修保养。认真做好设备维修保养工作，是保持设备精度和良好技术状态的一项重要措施。维修保养主要有：日常检查、一二级保养和按计划定期检查维修等。如定期开展设备的预检预修，可以减少故障发生，定期的一二级保养可以保持设备的精度，每日按点检卡进行日常点检和润滑，可以保持设备的良好状态。另外还必须做好设备的备件工作，以保证及时满足设备维修的需要。

④ 设备管理台账。是设备质量信息、进行质量控制和改进设备质量的重要依据。制版设备质量台账包括设备制造日期、制造厂家、机器型号、出厂编号、投入使用日期、使用部门、维修记录、故障情况、设备零部件寿命、设备事故原因、经济损失情况和精度变化情况等。如果对有关信息进行分析和处理，就可延长无故障运转周期，保持制版设备的精度和良好的技术状态。

（4）样稿管理

印版雕刻时，在现场须以标准样稿为依据进行生产，对于样稿的管理，须注意以下几点：

① 样稿和生产施工单所指向的产品一致。领取样稿时，必须看清楚产品的名称、产品的编号或版本号；雕刻前要先认真核判雕刻工艺单和样稿，核对版号及产品编码与版面。当产品新老版本同存时最容易出现差错，因此，必须给新老版本规定不同的产品编码，雕刻时认真核对编码。

② 样稿更换。由于样稿经常在现场使用，较容易破损，所以制版企业在制定样稿时定期更新制度，以便生产现场有正确有效的标准样本。通常样稿更新周期为3个月。

③ 样稿存放条件。光线的作用，有可能使样稿颜色发生变化，所以样稿应避光保存。

④ 产品一旦改版，应立即封存旧版的样稿，防止错误使用。

3．生产统计

通常企业进行生产统计的目的一方面为了及时了解生产进度，一旦发现生产异常能做出适当调整处理；另一方面是了解生产效率情况，计算产品实际生产成本。还有一个重要原因是用于员工绩效考核。生产统计的范围包含各种原辅材料消耗、能源消耗，工时、设备、人员、半成品、成品数量等生产数据，合格率、废品率等产品质量数据，设备停机时间及停机原因等。生产统计的数据要求真实且及时，要求：车间需每天向生产部报送统计报表，生产部门应每月向厂部报统计分析数据。

4．现场管理的基本知识（5S）

所谓5S，是指对生产现场各生产要素（主要是现场物的要素）所处状态不断进行整理、整顿、清洁、清扫和提高素养的活动。由于整理（Seiri）、整顿（Seiton）、清扫（Seiso）、清洁（Seiketsu）和素养（Shitsuke）这5个词日语中罗马拼音的第一个字母都是“S”，所以简称5S。

（1）整理

整理是彻底把需要与不需要的人、事、物分开，再将不需要的人、事、物加以处理。此时需对“留之无用，弃之可惜”的观念予以突破，必须挑战“好不容易才做出来的”“丢了好浪费”“可能以后还有机会用到”等传统观念。

整理是改善生产现场的第一步。首先，对生产现场摆放和停滞的各种物品进行分类；其次，对于现场不需要的物品，诸如用剩的材料、多余的半成品、切下的料头、切屑、垃圾、废品、多余的工具、报废的设备、工人个人生活用品等，要坚决清理出现场。

整理的目的是改善和增加作业面积；现场无杂物，行道通畅，提高工作效率；消除管理上的混放、混料等差错事故；有利于减少库存，节约资金。

（2）整顿

整顿是把需要的人、事、物加以定量和定位，对生产现场需要留下的物品进行科学合理地布置和摆放，以便在最快速的情况下取得所要之物，在最简洁有效的规章、制度、流程下完成事务。

简言之，整顿就是人和物放置方法的标准化。整顿的关键是要做到定位、定品、定量。抓住了上述3个要点，就可以制作看板，做到目视管理，从而提炼出适合本企业的物品的放置方法，进而使该方法标准化。

生产现场物品的合理摆放使得工作场所一目了然，创造整齐的工作环境有利于提高工作效率，提高产品质量，保障生产安全。对这项工作有专门的研究，又被称为定置管理，或者被称为工作地合理布置。

（3）清扫

清扫是把工作场所打扫干净，对出现异常的设备立刻进行修理，使之恢复正常。

清扫过程是根据整理、整顿的结果，将不需要的部分清除掉，或者标示出来放在仓库之中。清扫活动的重点是必须按照企业具体情况决定清扫对象、清扫人员、清扫方法、准备清扫器具、实施清扫的步骤，方能真正起到作用。现场在生产过程中会产生灰尘、油污、铁屑、垃圾等，从而使现场变得脏乱。

脏乱会使设备精度丧失，故障多发，从而影响产品质量，使安全事故防不胜防；脏乱的现场更会影响人们的工作情绪。因此，必须通过清扫活动来清除那些杂物，创建一个明快、舒畅的工作环境，以保证安全、优质、高效率地工作。

清扫活动应遵循下列原则：

① 自己使用的物品，如设备、工具等，要自己清扫，而不要依赖他人，不增加专门的清扫工。

② 对设备的清扫要着眼于对设备的维护保养，清扫设备要同设备的点检和保养结合起来。

③ 清扫的目的是改善，当清扫过程中发现有油水泄露等异常状况发生时，必须查明原因，并采取措施加以排除，不能听之任之。

（4）清洁

清洁是在整理、整顿、清扫之后，认真维护、保持完善和最佳状态。在产品的生产过程中，永远会伴随着没用的物品产生，这就需要不断加以区分，随时将它清除，这就是清洁的目的。

清洁并不是单纯从字面上进行理解，它是对前3项活动的坚持和深入，从而消除产生安全事故的根源，创造一个良好的工作环境，使员工能愉快地工作。这对企业提高生产效率，改善整体的绩效有很大帮助。

清洁活动实施时，需要秉持3个观念：

① 只有在“清洁的工作场所才能生产出高效率、高品质的产品”。

② 清洁是一种用心的行动，千万不要只在表面上下功夫。

③ 清洁是一种随时随地的工作，而不是上下班前后的工作。

清洁活动的要点则是坚持“三不要”的原则——即不要放置不用的东西，不要弄乱，不要弄脏。不仅物品需要清洁，现场工人同样需要清洁，工人不仅要做到形体上的清洁，而且要做到精神上的清洁。

（5）素养

素养是指养成良好的工作习惯，遵守纪律，努力提高人员的素质，养成严格遵守规章制度的习惯和作风，营造团队精神。

这是5S管理活动的核心。没有人员素质的提高，各项活动就不能顺利开展，也不能持续下去。因此，实施5S管理实务，要始终着眼于提高人的素质。

5S管理活动始于素养，也终于素养。在开展5S管理活动中，要贯彻自我管理的原则。创造良好的工作环境，不能指望别人来代为办理，而应当充分依靠现场人员来改善。

5．国家环境保护的法律法规和标准

宪法关于环境保护的条文现行1982年宪法第二十六条第一款：“国家保护和改善生活环境和生态环境，防治污染和其他公害。”体现了国家环境保护的总政策。1989年《中华人民共和国环境保护法》是我国环境保护的基本法。我国环境保护单行法在环境保护法律法规体系中数量最多，主要有：《中华人民共和国水污染防治法》《中华人民共和国大气污染防治法》等。

目前，国务院出台了一系列环境保护行政法规和行政规章，几乎覆盖了所有环境保护行政管理领域，如《中华人民共和国水污染防治法实施细则》《建设项目环境保护管理条例》《生态环境行政处罚办法》《生态环境标准管理办法》等。

此外，我国各地都存在着大量的环境保护地方性法规及规章。环境保护地方性法规及规章，是享有立法权的地方权力机关和地方政府机关依据《宪法》和相关法律，根据当地实际情况和特定环境问题制定的，在本地范围内实施，具有较强的可操作性，如《北京市实施〈中华人民共和国水污染防治法〉办法》等。

此外，还有环境标准。环境标准是具有法律性质的技术标准，是国家为了维护环境质量、实施污染控制，而按照法定程序制定的各种技术规范的总称。我国的环境标准由五类三级组成。“五类”指5种类型的环境标准：环境质量标准、污染物排放标准、环境基础标准、环境监测方法标准及环境标准样品标准。“三级”指环境标准的3个级别：国家环境标准、国家环境保护总局标准及地方环境标准。国家级环境标准和国家环境保护总局级标准包括5类，由国务院环境保护行政主管部门即国家环境保护总局负责制定、审批、颁布和废止。地方级环境标准只包括两类：环境质量标准和污染物排放标准。凡颁布地方污染物排放标准的地区，执行地方污染物排放标准，地方标准未做出规定的，仍执行国家标准。

另外还有环境保护国际公约。环境保护国际公约是指我国缔结和参加的环境保护国际公约、条约及议定书等。目前我国已缔结及参加了大量的环境保护国际公约，如《关于持久性有机污染物的斯德哥尔摩公约》等。

第三节　工艺控制

学习目标

1. 能使用分光光度计和密度计对数码打样产品进行评价。
2. 熟悉电子雕刻和激光雕刻制版工艺流程和特点，对特殊产品能制定合适的制版方案。

一、操作步骤

① 使用密度计或分光光度计完成数码打样产品相关数据的检测，并完成检测数据的评价。

② 分析特殊产品的特征，完成此类产品制版方案的制定。

二、相关知识

1. 分光光度计和密度计的使用方法

（1）打开快速工具

分光光度计和密度计上有两个用于访问密度和L*a*b*测量工具的快速菜单屏幕。轻触图标可打开屏幕菜单上的相应工具。如图4–5–1所示，轻触了密度/ TV 图标。轻触右上角的主页图标，屏幕将返回主快速菜单。

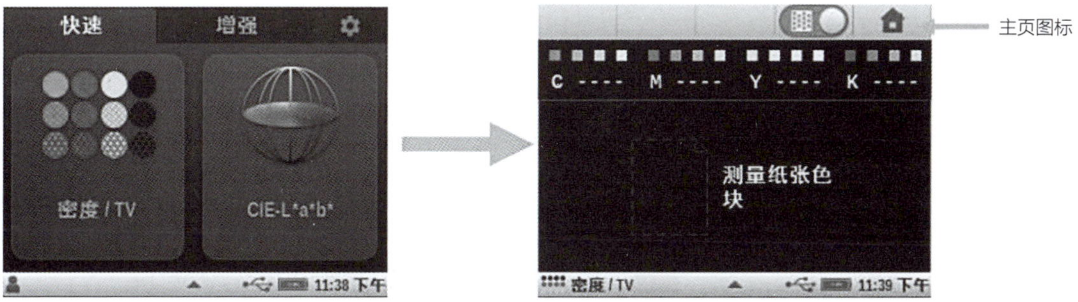

图4–5–1　分光光度仪和密度仪的使用方法1

（2）打开增强工具

分光光度计和密度计上有两个用于访问测量工具的增强菜单屏幕。轻触图标可打开屏幕菜单上的相应工具。如图4-5-2所示，轻触了基本工具图标。轻触右上角的主页图标，屏幕将返回主增强菜单。

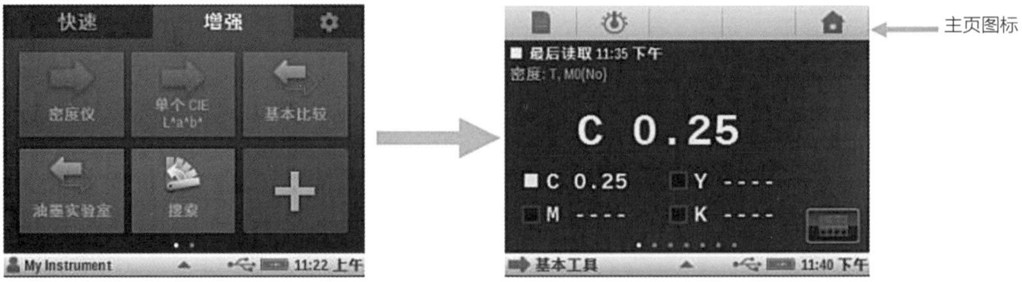

图4-5-2　分光光度仪和密度仪的使用方法2

（3）打开设置工具

分光光度计和密度计上有一个用于访问设置工具的设置菜单屏幕。如图4-5-3所示，轻触设置图标可打开设置工具菜单；轻触右上角的返回图标，屏幕将返回主设置菜单。

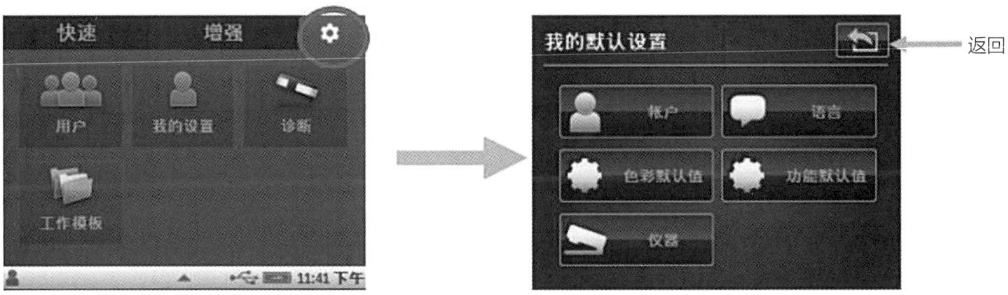

图4-5-3　分光光度仪和密度仪的使用方法3

（4）查看增强菜单

用手指向右或向左滑动分光光度计和密度计上的屏幕，可切换增强菜单屏幕，也可以快速或左或右轻弹屏幕以迅速改变屏幕视图。屏幕底部中心的点表示当前所在的增强屏幕，左侧突出显示的点表示所在的左侧增强菜单，右侧的点表示右侧增强菜单屏幕。如图4-5-4所示。

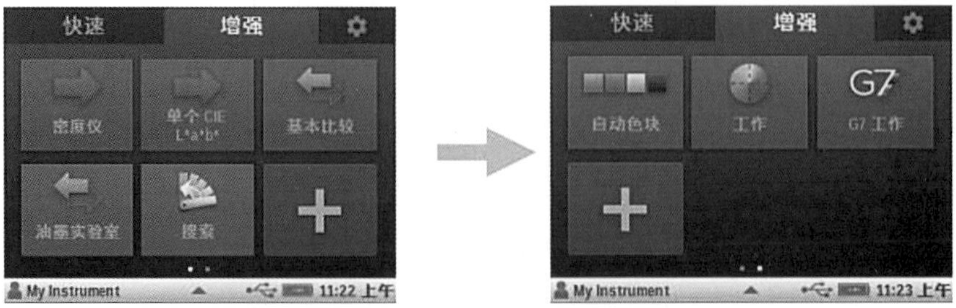

图4-5-4　分光光度仪和密度仪的使用方法4

（5）查看功能

点也出现在各种测量工具屏幕上，表示该特定工具已激活的功能数量。如图4-5-5所示，基本工具的4个功能已激活。与增强菜单一样，可以滑动或轻弹屏幕以切换到其他可用的功能屏幕。

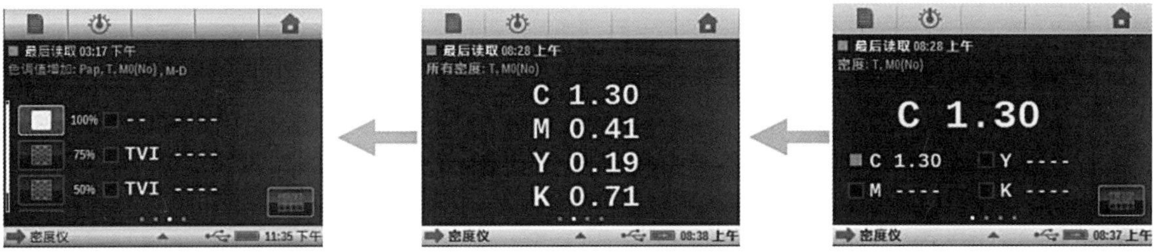

图4-5-5　分光光度仪和密度仪的使用方法5

2. 数码打样产品的评价指标

通常，评价印刷品特性的指标包括系统分辨力、网点还原性、实地密度、中性灰平衡以及网点渐变质量等。对于数码打样，质量评测体系也是围绕这几个指标建立的。

（1）分辨力评测

评测数码打样分辨力是检测打样体系对图像细微层次与图形细节的还原能力。针对数码打样系统的成像特性，对分辨力的评测需要使用阴阳线对检测标、半圆形阴阳线检测标、交替像素检测标，如图4-5-6所示，这些检测标可利用Photoshop、CorelDRAW等软件制作。

① 阴阳线对检测标如图4-5-6（a）所示，由水平和垂直的极细线构成，线宽可以以成像像素宽度为单位，也可以根据实际需要，制作成以微米为单位的细线，利用这些细线可以直接检测成像系统的最高分辨力。对于高分辨力成像系统，线状检测标是很敏感的监控方式。

② 半圆形阴阳线检测标如图4-5-6（b）所示，半圆形阴阳线检测标由两个对接的半圆形细线组成，上半圆是黑色实线，不同半径的弧线线宽不同。下半圆是在黑色背景下，不同线宽的阴线。

以上两种检测标对分辨力的检测原理都是利用了阴阳线在成像过程中对给墨量的敏感性，即以直线与半圆形阴阳线在给墨不正确时产生的方向性偏移程度，来评价图像分辨力。

③ 交替像素检测标如图4-5-6（c）所示，由成像（黑）与不成像（白）两种方式交替构成。以图中1pixel图样为例，第一格成像，第二格成像。无论成像与否，每个格子的尺寸都是当前分辨力下一个像素的分布情况。这种检测图样应表现为相同黑白单元组成的中性灰。如果喷墨系统精确性低，就不能适应这种快速转换，进而造成输出效果不理想。

打样分辨力并不是数码打样系统的技术难点，只要选择合适的打样控制软件、打印设备和输出介质，就能满足打样分辨力的要求。

（2）网点再现检测

数码打样系统的网点再现检测是通过检测图像高光和暗调部分的网点尺寸，找到打样系统所能显示的最大和最小的打印点。检测标的制作十分简单，可利用Photoshop或

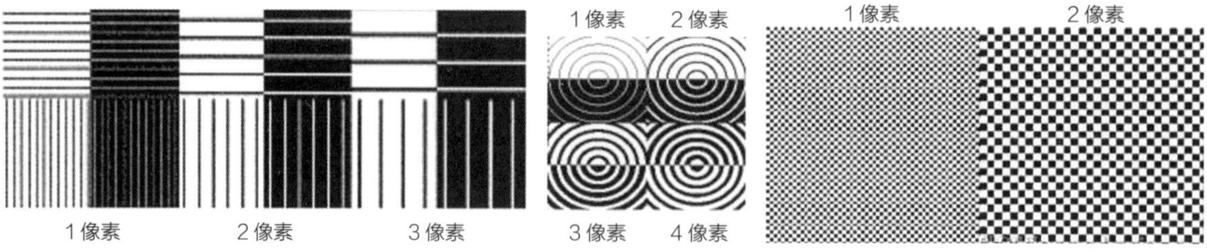

（a）　　　　　　（b）　　　　　　（c）

图4-5-6　分辨力检测标

（a）阴阳线对检测标；（b）半圆形阴阳线检测标；（c）交替像素检测标

CorelDRAW，做出大小便于观察和测量、填充不同网点面积的CMYK的4个网点色块。网点值变化范围为1%～5%和95%～100%，图4-5-7所示是CorelDRAW制作的网点再现检测标。利用放大镜可在色块中检查最小、最大网点面积和网点质量，以控制图像色调两端的网点值。

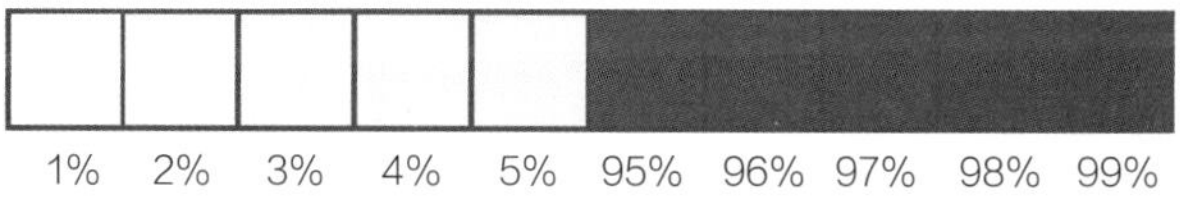

图4-5-7　网点再现检测标

（3）实地密度与灰平衡

实地密度与灰平衡是评价打样系统打样质量的重要指标。实地打印密度越高，图像印刷中的阶调范围越宽，在彩色印刷中，所表现的色彩范围也越宽；灰平衡再现是打印机墨水性能以及软件控制性能的最直接反映。

如图4-5-8所示，上排是黑墨单通道产生的实地与不同网点面积的灰色梯尺，下排是彩色墨水叠印产生的三色叠印中性灰梯尺。如果上下梯尺色差大，则说明打印系统中性灰的再现性能不好，线性化做得不准确，需要调整单通道墨水的给墨量。在制作该图标的数字文件时，不同网点的中性灰设定标准可参考SWOP灰度值色标。

（4）渐变检测

渐变检测条由从0逐渐均匀递增到100%的连续网点梯尺构成，用它可判断打样系统在本应该平滑的色调过渡中是否出现色调跳跃，即出现条带现象。如果一个颜色系统拥有的灰度级数太低，色调跳跃（条带现象）就很容易发生。有时由于一些机械和光学原因，高分辨力

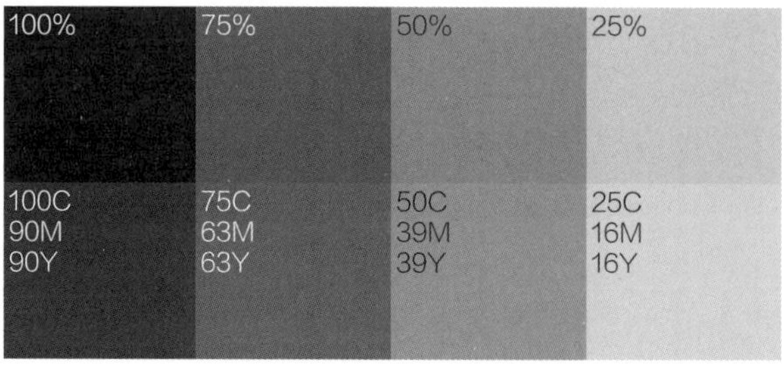

图4-5-8　实地密度与灰平衡检测标

的成像系统也会产生条带现象。

（5）数码打样与印刷品色彩匹配评价

图4-5-9所示为数码打样样张与印刷品进行色彩匹配的流程，其中的关键问题是，什么样的特性文件才是合格的特性文件，什么样的匹配结果才是合格的匹配结果。

基于这两个核心问题，打样样张与印刷品在色彩匹配上的评价指标主要考虑两点，一是打样样张与印刷品技术参数一致性评测，二是两者的色差评测。

① 印刷参数一致性评测。主要是为了检测样张和印刷品在实地密度、网点增大、印刷反差以及叠印等方面的匹配情况，检测工具是GATF颜色六角形。

在GATF颜色六角形中，互不相邻的3个角是理想的三原色（C，M，Y），另外3个角上是叠印复合色（R，G，B），中心是中性灰。中心密度为零，密度值自中心向顶点逐级增加，每刻度增加0.02。绘制GATF彩色六角形，首先需要测量出青、品红、黄、红、绿、蓝色块25%、50%、75%和100%的密度值，然后把同一网点值的6个点以线段相连，便形成4个不规则的、逐渐增大的六角形，如图4-5-10所示的红色区域。最外圈代表样张或印刷品所能实现的最大密度，通过比较可以得到打样样张与印刷品实地密度及青、品红、黄三色在25%、50%和75%处的位移情况，可以检查样张与印刷品的网点增大情况；通过比较实地密度和75%处密度的间距，可以比较两者的印刷反差；通过比较红、绿、蓝三复合色的六角形坐标位置，可以比较两者的叠印结果。叠印色饱和度以其色坐标点与六角形中心的距离表示。

在图4-5-10中，A是由印刷品绘制的六角形，B与C是通过两个不同的数码打样样张绘制的两个六角形，通过比较A-B与A-C的匹配情况，可见样张B比样张C更适合作为样张，同时由样张B建立的特性文件更适合作为数码打样用特性文件。

② 色差评测。数码打样之所以可以大行其道，关键是色彩管理技术的介入。因此，打

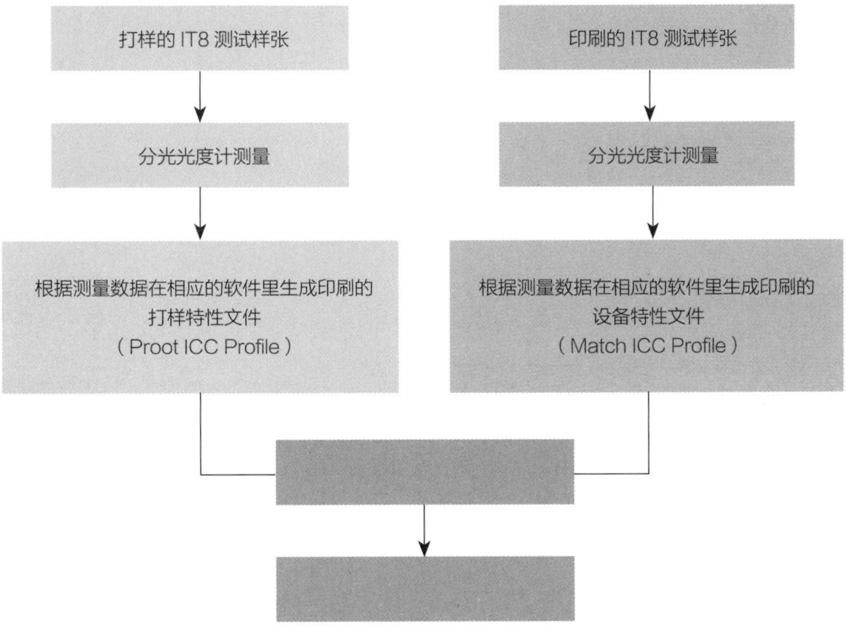

图4-5-9　数码打样样张与印刷品色彩匹配流程

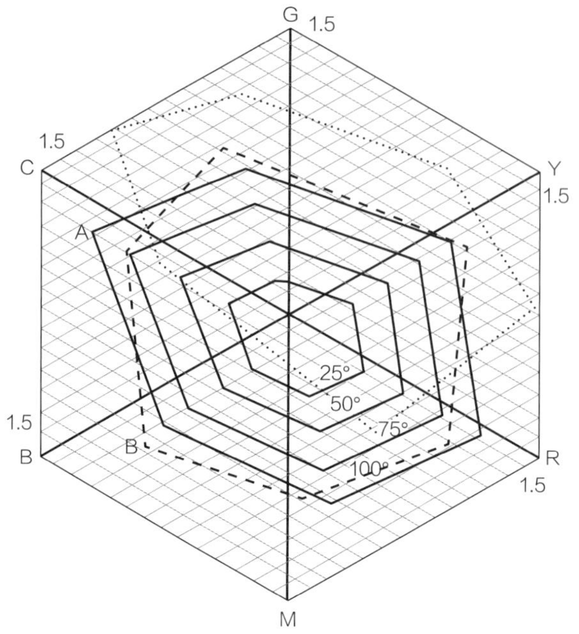

图4-5-10　A-B色域匹配比A-C匹配精确

样样张与印刷品之间的色差比较，是判定打样质量的核心指标。进行色差比较的方法是通过分光光度计分别测量样张和印刷品上的色标，得到其L*a*b*值，然后计算色差。

色标最好采用根据ISO12642标准制定的IT8.7/3，该色标所包含的928个色块覆盖了一般印刷所能表现的最大色彩范围。如果条件允许并且需要精确分析误差，可采用欧洲色彩促进会（ECI）制定的ECI2002_Visual_CMYK色标。这个色标含有1485个色块，对印品色彩点的采样更加完全。

计算色差的一个简便途径是利用特性文件的生成软件（如PrintOpen），在软件中导入用来比较的两个特性文件，根据需要选择色彩空间转换意图：绝对比色（Absolute Colorimetric）、相对比色（Relative Colorimetric）、饱和度优先（Saturated）和视觉优先（Perceptual），然后检测由软件计算得到的色差值。统计这些色差值，判定数码打样和印刷品之间色彩匹配的精确度。

3. 国内外最新的制版工艺和技术

目前，在我国凹印制版行业，凹印CTP装备以年均100台左右的速度增长，对于凹印CTP的发展而言，单纯的以数量的增长来预测未来的发展趋势是不科学的，结合相关市场发展环境、社会政治、经济、文化和技术环境进行分析，未来的凹印制版将会朝着更加细分和领域更加特殊、更加广泛化上发展。

随着凹印制版行业从业者和相关的研究人员数量的增长，以及精密技术和电子控制技术的快速发展、激光技术的成熟和广泛应用，凹印制版将会越来越多地采用激光雕刻技术、超高速和超精密雕刻技术，进而使得整个凹印制版工业的速度增高、成本降低。凹印制版将会随着相关雕刻技术的不断突破而取得新的发展成果。

第五篇

凹版制版

（高级技师）

第一章

雕刻前准备

第一节　制作雕刻层次曲线

学习目标　根据承印材料的印刷适性进行电子雕刻、激光雕刻层次曲线的制作。

一、操作步骤

① 分析承印材料的印刷适性。

② 确定合适的网线、网角、网点值、通沟等数据。

③ 根据数码打样灰平衡来确定凹版打样的灰平衡数据。

④ 求出灰平衡数据的网点扩大值。

⑤ 绘制凹版打样密度曲线。

⑥ 选择某色版的曲线为基础来设置电子雕刻或激光雕刻成组的层次曲线。

二、相关知识

由于凹版制版行业中，电子雕刻凹版占据主导地位，因此，本部分内容以电子雕刻层次曲线为主进行介绍。激光雕刻层次曲线制作的知识基本雷同，所以相同部分不再赘述，仅介绍差异部分的内容。

1. 层次曲线的含义和作用

电子雕刻层次曲线与Photoshop软件中的层次曲线相类似，其横坐标是网点百分比输入值，纵坐标是电流输出值，雕刻头就是在电流值的驱动下进行雕刻的。不同品牌的电子雕刻机的数值表示方式不一样，但原理是相同的。由于电雕工艺的设置是与承印材料、印刷机、油墨等条件密切相关，因此，电子雕刻机购买时配置的几组层次曲线，往往需要根据实际印刷条件进行调整，直至满足企业产品的质量要求后予以保存，以备后续生产调用。

层次曲线的作用就是通过目测和仪器测量凹印打样样张的三色灰平衡情况及其他信息，调整其他色版的层次曲线输入值来达到三色中性灰平衡，从而实现色彩管理系统的输出值与目标值的还原。

2．制作雕刻层次曲线的原则

制作凹版时，制版公司一般提供数码打样稿供客户确认，一旦客户签样确认后，制好的凹版在凹版打样机上打样获得的样张色彩就必须尽量与数码打样稿色彩保持一致。而打样样张是否能够正确还原数码打样稿的色彩，重点在于电子雕刻层次曲线能否根据印刷条件的变化进行正确的调整。

（1）规范电子雕刻的后道工序

首先，规范镀铬工艺。凹版滚筒表面铬层能提升滚筒的耐印力，但是铬层越厚则网穴大小损失越多，导致网点值减少。因此，在镀铬过程中要控制镀铬层厚度在0.01～0.02mm，维氏硬度在800～900HV，正常网点减少6个网点值以下。

其次，凹版打样的标准化。在凹版打样过程中，环境、设备、油墨、刮刀、压力等方面的变化都会影响到打样的质量，因此，控制这几个因素确保网点出齐、网点点型完好、墨色均匀。

由此可知，镀铬工艺影响凹版上网点大小的变化；凹印打样是检验凹版质量的手段，为电雕反馈准确的阶调和颜色数据信息，同时为数码打样提供模拟依据。因此，这两个工序的规范与否将直接影响到电雕层次曲线的调整。

（2）建立完整的测试用电子文件

制版公司拥有完整的测试用电子文件，是制作和调整层次曲线的基础。完整的测试文件应该包含有IT8标准色块、本公司工作用色谱、灰梯尺和彩色梯尺。其中IT8标准色块和本公司工作用色谱是公司进行标准化、数据化操作的基础；灰梯尺是用于调整层次曲线中中性灰平衡，行业的研究和实践表明，采用等量的三色灰平衡数值是较好的选择；彩色梯尺是用于检测3%的网点是否丢失，颜色的变化规律，阶调变化是否平滑和何处发生跳跃。

（3）凹印网点增大规律

印刷压力、油墨的流动性、承印物本身的特性，都会导致印刷过程中出现网点增大现象。由于凹版100%网点有网墙，0～75%网点增大率逐渐变大。彩色印刷中，更多的是以网点面积率的相互关系来说明中性灰平衡和网点百分比的变化。可以利用默里—戴维斯公式或尤尔—尼尔森公式得到凹印网点增大率规律图。

（4）电子雕刻层次曲线的调整要求

电子雕刻机的工作原理是把DTP（桌面印前处理系统）数据经过电雕层次曲线转换，忠实地复制到凹印滚筒上。德国海尔电子雕刻机一般提供了几组电雕层次曲线，由于承印材料有BOPP，PE，PVC，PET，PT，纸张等，且各印刷厂凹印机的性能不同，所用油墨各异，这些因素都决定了电雕工艺的复杂性。严格来说，只要是印刷条件不同，就应有不同的电雕层次曲线与之相对应。一般调整好一套成熟的电雕层次曲线，将其稳定下来，今后遇到相同类型的产品时就可调用，重点大客户应建立专用曲线。

通常，电雕凹版的雕刻网线数为40～120lpc，网角为30°～60°，雕刻针角度90°～130°。调整电雕层次曲线前，先要确定雕刻针、网线数、网角、网点面积率和网穴宽度等基础数据，制定这些数据要考虑到承印物类型、印刷品的效果、油墨的转移、水纹和龟纹等问题。

电雕层次曲线分为输入值和输出值。德国海尔电子雕刻机的输入值和输出值范围都是

0~255，其横坐标可以理解为网点百分比输入值，纵坐标为电流输出值，雕刻头是在电流值的驱动下进行工作的。由于高光网点容易丢失，暗调易并调，正确的曲线应是高光、亮调部分的电流值增加，而暗调处的电流值减少。不同的电子雕刻机这方面的数值表示方式不一样，但原理相同。目前，在电雕工作站上利用德国现有四色的K，C，M，Y层次曲线，在电雕工艺数据固定的条件下进行测试雕刻，以此为基础调整层次曲线。

用exact分光光度仪测量每一色21级梯尺的网点雕刻值，并绘制网点–网点值变化曲线，这条曲线和电雕层次曲线相对应，网点值变化曲线要平滑，10%~85%阶调层次变化要明显，1%网点确保有网点值，85%~100%网点值有差异，调整网点雕刻值可通过调整层次曲线的输出值来实现，初步得到单色层次曲线。首先固定C版的曲线，通过观测和测量凹印打样样张的三色灰平衡情况及其他信息，调整其他色版的层次曲线输入值来达到三色中性灰平衡。经过反复试验调整就可得到一组理想的电雕层次曲线。

（5）电雕机层次曲线调整的补偿处理要求

电雕层次曲线及其相关参数的匹配，是凹版制版工艺中最核心的技术之一。根据客户需求及印刷适性制作出雕刻层次曲线，才可以使雕刻出的印版印出客户满意、符合质量要求的印品。由于凹印网点转移时容易出现高光网点缩小，层次信息丢失；暗调网点增大，层次并级等问题，因此，必须通过对电雕机层次曲线的调整进行补偿处理。

三、注意事项

1．制作电子雕刻层次曲线的注意事项

① 电雕版的雕刻网线数一般为40~140lpc，网角一般为30°~60°。调整电雕层次曲线前，先要对网线、网角、网点百分值和网穴宽度等基础数据进行确定。

② 一般而言，在凹版印刷的阶调层次的再现中，网点百分比值在30%的地方才有密度值出现，对于75%以上的网点，其密度值则急剧增大。这种网点密度特性是同腐蚀凹版一样的，高光容易丢尖，暗调出现并调。正确的曲线应是曲线高光、亮调部分向上提、而暗调处向下压。

③ 只要是印刷条件不同，就应有不同的电雕层次曲线与之相对应。一般调整好一套成熟的电雕层次曲线，将其稳定下来，今后遇到相同类型的产品时就可调用，重点大客户应建立专用曲线。

2．制作激光雕刻层次曲线的注意事项

制作激光雕刻层次曲线需注意以下几点：

① 激光网点网形在确定后，只能通过网角的变化来规避网角之间的不规则纹路。

从图5–1–1中的网点叠印模拟效果可以看出：品红、青或品红、黑或青、黑网角错开低于30°，会出现不同大小的规律性纹路。

② 激光凹版的雕刻网线数为5~110lpc，网角为0°~360°任意角度。调整激光层次曲线前，先要确定网型、网线数、网角、网点面积率、深度等基础数据，制定这些数据同时要考虑到承印物类型、印刷品的效果、油墨的转移、水纹和龟纹等问题。

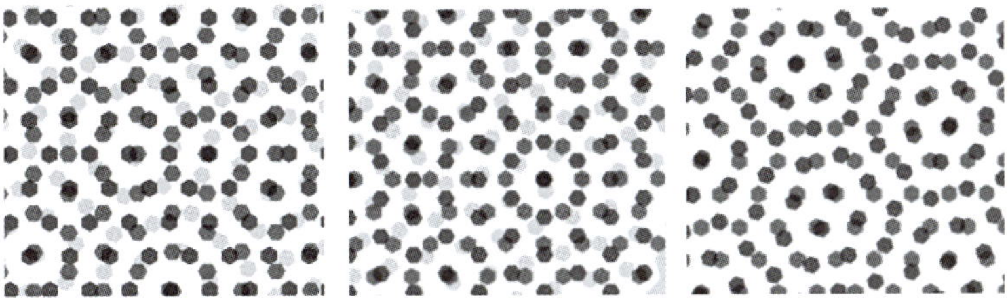

（a）M60°C30°Y45°　（b）M30°C60°Y45°　（c）M45°C60°

图5-1-1　激光网点各角度叠加效果图

③ 激光雕刻机的输入值和输出值范围都是0～100，由于高光网点容易丢失，暗调易并调，正确的曲线应是高光、亮调部分的输出值增加，而中调、暗调处的输出值减少。

第二节　ICC文件的优化和维护

学习目标　根据产品要求，规范完成ICC文件的优化和维护。

一、操作步骤

打印机/印刷机的ICC制作完了，但是效果不佳，需要优化和修改ICC文件来达到颜色修正，i1Profiler软件中内置有ICC文件的优化功能，可以基于已存在的ICC文件（需由i1Profiler软件制作）重新打印/印刷新的色表来优化当前ICC，生成新的ICC配置文件；或者使用ProfileMaker软件进行修改ICC文件中的线性、阶调、灰平衡和特定颜色。具体步骤如下：

① 单击新工作流程，编辑右边色彩选项，如图5-1-2所示。

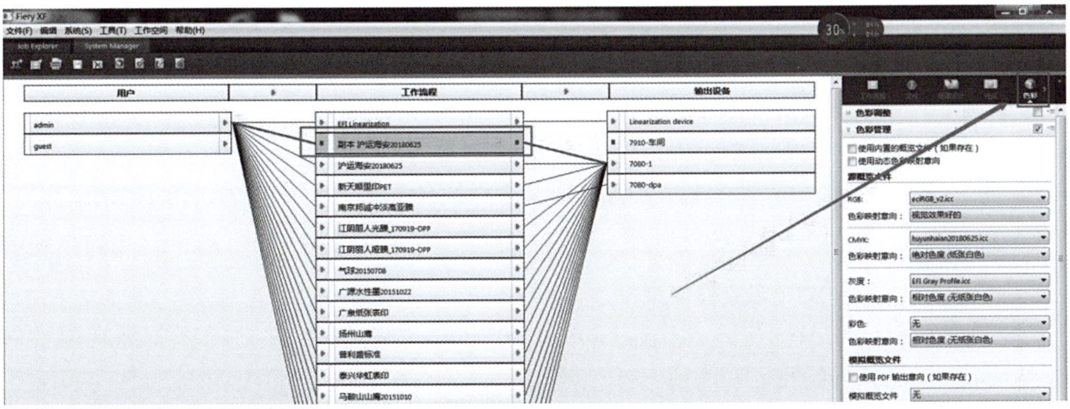

图5-1-2　ICC文件优化及维护-操作步骤1

② 核对各项参数设置，并选择新的ICC。其中CMYK选择需要优化ICC文件；模拟概览文件选择新生产ICC；Lab优化选择无，如图5-1-3所示。

图5-1-3 ICC文件优化及维护-操作步骤2

③ 选择工具，点击Color Tools，如图5-1-4所示。

图5-1-4 ICC文件优化及维护-操作步骤3

④ 进入Color Tools，选择“优化概览文件”，如图5-1-5所示。

⑤ 设置工作流程，选择新生成ICC。

核对测量仪器设置，选择对应的版本，点击下一步进行选择，如图5-1-6所示。

⑥ 确定进入下一步，如图5-1-7所示。

⑦ 打印色谱，并按顺序测量所打印的色谱值。

⑧ 测量完成，点击优化，再次打印光谱、测量，最终优化完成，DE平均值比上一次高，结束优化，保存最小DE平均值；点击完成生产优化3CC文件，根据ICC命名；对数码打样机的特性文件校准也是对ICC特性文件优化的一种形式，如图5-1-8所示。

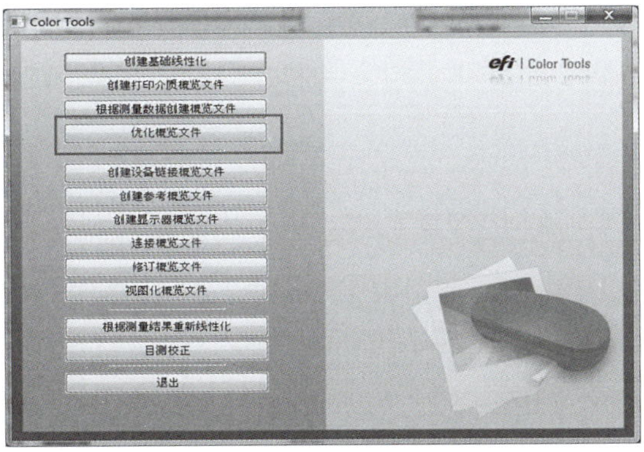

图5-1-5 ICC文件优化及维护-操作步骤4

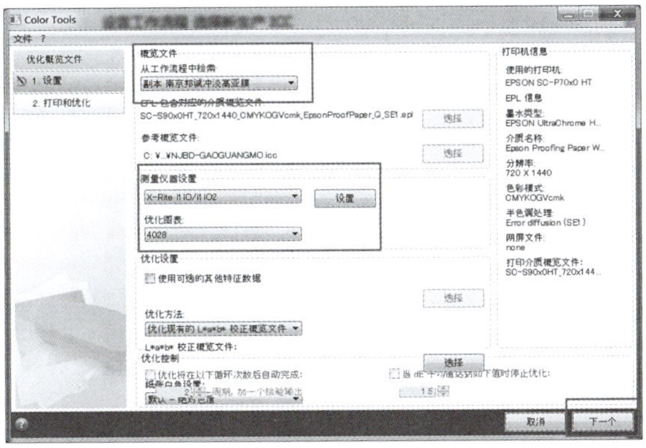

图5-1-6 ICC文件优化及维护-操作步骤5

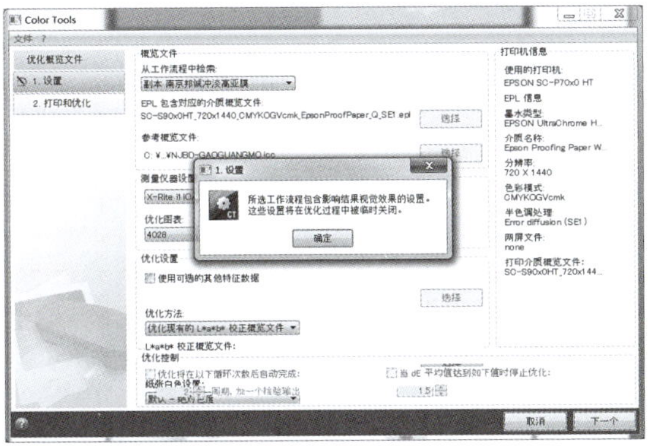

图5-1-7 ICC文件优化及维护-操作步骤6

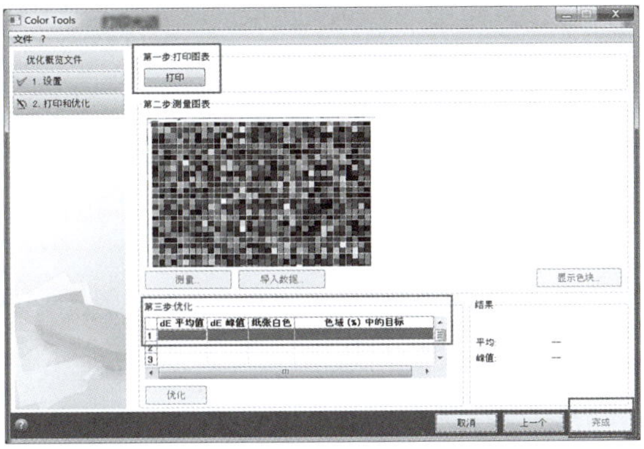

图5-1-8 ICC文件优化及维护-操作步骤7

二、相关知识

随着色彩管理技术的完善，印前工作人员可以选择在图像输入、图像处理甚至在图像输出时进行分色，其中最重要的一个手段便是使用输出设备ICC特性文件进行分色。由于ICC特性文件精确地描述了设备的色域，同时它又是采用与设备无关的色彩模式定义，更便于不同用户之间进行色彩交流。

1. 从ICC特性文件中获取信息的途径

使用ICC特性文件分色，一方面可以将固定的CMYK设置保存成ICC特性文件，以便以后调用；另一方面也可以使用分光光度计、IT8标准原稿及ICC特性文件制作软件得到其他输出设备，如彩色喷墨打印机、印刷设备的ICC特性文件，使分色更符合输出的要求，也能更好地预视最终产品的效果。在生产中会根据原稿或输出方式使用不同的分色设置，不可能使用某个特性文件或某种设置完成所有的分色，有时必须修改分色中的数据，使图像更符合输出要求，例如：更改分色方式（UCR或GCR）或黑版的数量。因此，操作人员获取ICC特性文件中的某些信息就显得尤为重要。

输出设备ICC特性文件的信息在Photoshop中无法进行修改，但是可从软件中获得分色方式、网点覆盖率及黑版最大限量等信息，即打开Photoshop，在CMYK设置中选择需要了解的

ICC特性文件；新建一个灰度图像或RGB图像，在图像中从左到右拉一条从白色到黑色的渐变；在图像上左右移动鼠标，通过信息面板读取CMYK数据。此外，还可以从特性文件的文件名中获得部分信息，但是这种命名方式并不太多。

2．色彩管理模块的转换方式

色彩管理模块（CMM-Color Matching Methods）根据转换方式将源色空间转换成目标色空间，转换方式将决定色彩如何进行转换。分色中的源色空间（RGB或Lab）均大于目标色空间CMYK，源色空间中的颜色就有可能落在输出设备可表现的色空间范围之外，转换方式就是决定如何处理这些超色域色彩。选择色彩管理模块的转换方式的重要准则之一，是保留原有图像的层次分布，也就是如果原始图像中的一个或多个色彩不在目标色空间内，则源色空间将向目标色空间进行整体压缩，转换虽然有可能造成那些已包含在目标色空间的色彩也发生变化，但通过压缩整个色域，达到图像的色彩转换后在视觉上保持相对稳定，这样不会导致图像的细微层次损失，能保证分色后的图像保持原有层次分布。

3．显示器尽可能地预视实际印品色彩的方法

通常情况，操作者可以在软件中"色彩设置"菜单只用于屏幕显示，而图像分色使用"转换为配置文件"菜单。在"色彩设置"中的"转换方式"选择"绝对比色"；而在"转换为配置文件"菜单中的"转换方式"则选择"感性的"。这样在分色上能够最大程度地保持原始图像色彩的层次，同时又充分考虑了纸张特性，实现在显示器最大程度预视实际印品色彩。

此外在操作过程中，取消"黑场补偿"。虽然图像看上去反差较小，却更接近印刷实际情况。

三、注意事项

ICC文件优化和维护的原则主要是建立在测量的基础上，无论是自动测量检查、手动测量检查还是目测检查，当检查结果不符合要求时都需要优化、维护或重新制作。

第二章

实施雕刻

第一节 制定雕刻质量解决方案

学习目标 能根据数码打样/凹版预打样产品的质量弊病，制定再次雕刻的质量解决方案。

一、操作步骤

① 判断数码打样产品和凹版预打样产品的打印质量，包括分辨率、阶调等的再现。
② 根据打样产品质量，判断是否需要重新雕刻。
③ 如打样产品弊病是雕刻过程所造成，则需重新制定再次雕刻的质量解决方案。

二、相关知识

1．喷墨印刷机的打样质量

目前业内主要采用喷墨印刷机进行打样，其产品的打样质量与软件、喷头、墨水和材料相关。通常软件会对打印质量产生重要影响，因要求软件对打印的控制更加合理和精确。

喷头工作情况的好坏将直接影响数码打样的输出效果，喷头能够达到的打印精度决定打样的输出精度。设备的横向精度是由喷头分布状况所决定的，纵向精度受步进电机影响，如果走纸不好，会对打印精度造成影响，打印时可能出现横纹，必要时需要校正。

喷墨墨水对打样色彩的还原起到决定性作用。喷墨印刷机的墨水有颜料型和染料型两种。颜料型墨水不易褪色，其墨水原色同印刷油墨更加接近，但光源环境对样张色彩影响更加明显。染料型墨水成本较低，且对打样的纸张适用范围更广。喷墨打样用的材料尽可能选择实际印刷的承印材料，这样更易于达到印刷色彩一致的效果。

对数码打样色彩再现性的评价，除了依靠人的视觉和经验进行主观评价外，更重要的是采用分光光度计进行客观评价。

（1）色彩再现性的主观评价

色彩再现性的主观评价主要是指基于色知觉的主观评价方法。色知觉是视觉对象发出的（或反射、投射的）300 ~ 700nm波长的电磁波，在人的大脑中枢神经中产生的一种物理心理刺激。影响色知觉的因素有观察光源、观察环境、观察者以及色彩观察模式。

理论上，若控制所有影响色知觉的因素保持一致性，就可以得到色觉值与测色值的一致性。但实际上，这是不可能实现的，因为观察得到的值与其周围局部的环境还有关系，因此，得到的对比效果也不同，此时，很难做到色觉值与测色值的一致性。可以说，这种主观的评价方式是不可靠的。

（2）色彩再现性的客观评价

一般来讲，色彩再现性的客观评价采用基于色度值的客观评价方法，即采用分光光度计对色彩再现性进行客观评价，主要是对匹配印刷色标后的数码打样样张与印刷样张的色度测量值进行比较，比较两者之间的色差，并将允许色差的色彩数量控制在规定的范围内。

其具体方法是：使用分光光度计，对样张表面色进行测量，得到CIEXYZ表色系统中的三刺激值X，Y，Z值，或CIEL*a*b*表色系统中的色度坐标a*b*和明度值L*。再现色与标准稿的色差采用CIE1976L*a*b*色差计算公式。

$$\Delta E=[(\Delta L^*)^2+(\Delta a^*)^2+(\Delta b^*)^2]^{1/2}$$

虽然测色值不能代表色觉值，但它仍然可以作为一种工业标准来使用，从一定意义上讲，色觉值与测色值是有一定的对应关系的。

色觉与视觉感受的关系是：

当$\Delta E \leqslant 1$时，几乎感觉不到色差。

当$1<\Delta E \leqslant 2$时，对色差感觉很小。

当$2<\Delta E \leqslant 3.5$时，对色差的感觉中等。

当$3.5<\Delta E \leqslant 6$时，对色差的感觉明显。

当$\Delta E>6$时，对色差的感觉强烈。

基于以上色度值的客观评价方法，企业可以建立一个色彩复制再现的绝对比较标准，以绝对数值来衡量两者色彩的差别程度，可给综合评价印刷色彩再现提供参考依据。这种方法能对数码打样的色彩再现性进行较好的评价，以满足打样与印刷之间的色彩匹配。

通过对以上数码打样机和色彩再现性的评价，发现问题、分析问题后，从而决定再次雕刻的质量解决方案。

2．凹版预打样设备出问题，导致印品质量受损

刮刀和印版滚筒是凹印中最易发生磨损的设备，并且一旦它们发生磨损，对于印刷品的质量有很大影响。下面印刷厂为各位提供防止刮刀损伤的措施及故障排除办法。

在凹印作业中，虽然刮墨刀在图文区磨损成月牙形状的现象很少出现，然而一旦出现，就会导致印刷品出现刮痕甚至连片，油墨出现条状的糊版或粘连，严重影响正品率并延误交货时间。

（1）防止凹版预印设备刮刀损伤的措施

① 需要停机半天或更长一段时间以墨槽进行清洗。除了将油墨倒出，清洗墨槽及印版外，还要在墨槽上方加个顶盖，用以防止尘埃落入。

② 对于定位式刮刀来说，在两端压轴芯处加个弹簧垫可以提高刮刀弹性。

③ 对于窜动式刮刀来说，在刮刀两端垫上橡皮垫片或发泡塑料垫片可以减轻硬性摩擦。

（2）造成刮刀磨损的原因及故障排除办法

① 刮刀不平直或带有损伤的痕迹时，需调换刮刀。

② 若刮刀与滚筒之间的角度不适，则需校正刮刀。

③ 滚筒加工不良（如版纹过深或镀铝材料较差）时，需调换印版。

④ 印版位置不合适，一般只需将印版调过来即可。

⑤ 油墨颗粒大而硬，或有杂质砂粒，将会导致油墨对印版的附着性过强，这时需调节或更换油墨。

（3）造成凹印版滚筒磨损太厉害的原因及解决办法

① 原因一：印版镀铬质量差。

解决方法：检查镀铬层的厚度、硬度和粗糙度。

② 原因二：凹印版滚筒表面不平整。

解决方法：应研磨印版滚筒表面，或者重新雕刻凹印版，或者重新镀铬。

③ 原因三：刮墨刀后面有杂质颗粒。

解决方法：应采用至少是25μm的过滤设备过滤油墨。

④ 原因四：刮墨刀角度和压力不正确。

解决方法：检查和调整刮墨刀的设置。

⑤ 原因五：油墨中有腐蚀性色料。

解决方法：用腐蚀性较弱的色料重新调配油墨。

⑥ 原因六：油墨研磨效果差。

解决方法：更换一批新油墨，或者把研磨效果不理想的油墨重新研磨。

⑦ 原因七：油墨干燥过快。

解决方法：减少溶剂用量，降低干燥速度，或者用慢干型溶液调配油墨。

⑧ 原因八：油墨的pH出现波动。

解决方法：将油墨的pH保持在一个特定的范围内。

三、注意事项

（1）不要轻易确定雕刻工艺，确定了的雕刻工艺不要轻易更改

产品出质量问题，要找到问题的根源、主要因素或者主要表现；在没有搞清楚问题前，轻易更改工艺其实是掩盖了真正原因和问题。

（2）过程控制要有量化和追溯的强烈意识

品质取决于众多的因素，不要忽略任何细节；任何细节尽可能用数据去控制并记录；过程细节不进行控制和追溯，会误导纠正、预防措施的制定。

（3）解决问题一定要有耐心

解决问题不能浮躁；发现异常情况不要因为与解决的问题没关系而置之不理；找不出原因和规律的时候不要不行动，可以把分析的影响因素控制规范起来；把以前试验和总结的一些经验和规律再复习复习；一旦发现一些经验和规律后，再深入下去把它上升为理论，哪

怕多废点成本也值得；要知道“千里之堤毁于蚁穴”，也要知道“愚公移山”。

（4）要建立预防的思维

质量管理的最高境界是预防，而不是出了问题后如何挽救。任何质量问题出现前一定是有征兆的，就看你有没有方法、手段和经验去监控和识别。同一质量问题出现第二次时应该引起高度重视；应该把每天的过程和结果数据用一定的工具进行整理，并从整理的结果中寻找规律和变化趋势，这些规律和显示的趋势是需要不断修正的；在加工产品之前各个控制要素尽可能一致性要高。

（5）质量控制一定要有管理的思维

不要希望直接靠工艺员来实现产品质量的稳定。产品质量是制造出来的，不对直接制造者进行管理，质量永远不能稳定。要观察、关注和研究产品直接制造者的表现和状态，并针对这些表现和状态进行管理和调动。如果产品直接制造者的表现和状态没有受控，一旦出了质量问题你永远分析不准确原因。不要以为现在工艺纪律中规定的过程控制要求都符合了，产品质量就绝对没问题；过程控制要求要不断完善，同时也要把人管好。

（6）要多听取意见和建议

不要认为别人不清楚实际、不能一下子解决问题，意见就没有价值。产品直接制造者能给管理者带来很多提示和提醒，多向他们请教。如果确定自己能解决这个问题，谁的意见和建议都可以不听；但当搞不定的时候，建议任何人的意见和建议都应该听，都应该去尝试和试验，不管赞不赞同；质量管理的思维常常触及科技的前沿，哪怕是随意的一句话或一个牢骚等，可能都指引或者暗示着一个重大技术革新方向，所以专业技术人员应是重视细节并善于捕捉细节的人。

第二节　制定雕刻故障排除方案

学习目标　根据产品质量检测结果制定雕刻故障排除方案。

一、操作步骤

① 全面、准确、深入地观察和认识雕刻故障出现的时间、位置及故障的表现形式。

② 质疑和判断故障产生的原因，并判断雕刻故障产生的真正原因。

③ 通过仔细观察，认真分析之后，采取措施排除故障。

二、相关知识

1．故障排除方案制定的方法和原则

（1）排除故障方法

排除故障的方法是一个相当细致的工作，不仅要一丝不苟，而且需要有耐心。要突破“功能固着”，在更大范围内寻找答案。爱德华·德·博诺提出的“横向思维”方式就摒弃按部就班的传统思维方式，调转方向进行思考。表5–2–1列出了纵向思维和横向思维方式各自的特点。

表5–2–1　纵向思维方式与横向思维方式

纵向思维	横向思维
选择	改变
探寻正确的解决方法	探寻不同的解决方法
按部就班	有意的跳跃
关注相关事物	崇尚抓住机会
朝最有可能的方向推行	探索最不可能的方向

用横向思维方式思考，常常导致那些看似自然或符合逻辑的做事方式被推翻。从而探寻不同的故障排除方法。横向思考问题很重要，就是将解决问题的根源延伸到你一直努力探索的盒子之外。

同时，排除故障要有相当强的基本功，实际的经验发挥着主要作用，如果是机械故障，一定要按照机器拆装的次序，采取摸、查的方法进行；如果是工艺故障，一定要按照筛选的方法逐一排除，做到手到病除；如果是由原材料引起的故障，就应该果断更换原材料。

（2）故障排除方案制定所遵循的原则

① 故障发现与登记。故障登记需要详细填写故障发生的时间、地点、故障状况描述、故障影响范围、初步处理措施、报障人联系信息等。

② 故障分析与恢复。故障分析与恢复核心在于根据故障场景，由现场处理小组商议是否启用系统应急预案，制定并实施快速处置方案，从而进行业务恢复。

③ 故障原因定位与根除。故障原因定位与根除是指对故障产生根本原因进行分析、定位并根除的过程。

④ 故障反馈与验证。故障反馈与验证是指对故障处理进展进行反馈及对故障恢复进行验证的过程。

⑤ 故障总结与整改。故障处理完毕后，制定整改与防范措施，并落实相关整改工作。

⑥ 重大故障责任追究。重大故障根据故障级别，按照“失职从严，尽职从轻”的原则进行责任追究。对于主动处理、并采取了实际应急措施缓解了故障对业务的影响、并积极根治故障原因等情况，视具体情况进行从轻处理。

2．解决故障的技术素质

（1）掌握制版设备的基础知识

对于不同型号的凹版制版设备结构要了如指掌，对重点部件的调节方法要相当熟悉，对机械故障的判断要基本准确。无论是国产凹版制版机还是进口高档凹版制版机，其基本原理是相同的，只是在具体操作方法上有些差异。一般来说国产机子出现机械故障概率相对进口机来说要大，但不能说进口机就不发生机械故障。在机器调节过程中一定要做好试调工作。

（2）精通雕刻工艺

雕刻工艺方面的故障大多反应在工艺操作及参数设置方面。此外，规范的操作规程、良好的设备定期保养，对故障的预测和及时的排除也能体现出技术素质的高低，而且对新手具有示范作用。

三、注意事项

① 在复现故障的过程前，要先判断此故障是否会造成更恶劣的后果（如：是否会使设备损坏加剧而造成不可挽回的损失；是否会破坏线路导致在封锁时间内无法正常开通线路；是否会造成维修晚点等）。

② 在复现故障的过程中要重点观察相关的仪表显示是否正常或相关部位的技术参数是否在标准范围。

③ 通过观察故障现象进行判断、分析、处理。切记！现场对设备故障进行处理的全过程，检修人员必须要有强烈的时间观念，要根据现场实际情况迅速地定下处理方案并汇报给责任负责人，以期将故障出现后的各种影响降至最低。

④ 对故障处理情况进行检验并记录。切记！任何设备故障现象的发生都有其根本的原因，多数故障不能简单地从表面故障现象的消失看问题，故障的发生可能还有深层次的原因。因此，要求维修人员在临时处理完故障现象后，都要对故障进行分析并反复的检验，以期发现引起故障的真正原因并消除，避免故障的再次发生。分析检修完毕后，检修人员要及时将分析处理的过程和思路记录下来，并提供给操作使用人员，为今后的故障排除积累经验。

第三章

打样

第一节　数码打样

学习目标　了解数码打样的作用，规范进行产品的数码打样，并制定数码打样工艺标准。

一、操作步骤

以GMG打样为例，进行数码打样操作。由于GMG打样标准中关联了打印机、介质、校准包以及打样曲线等打样流程需要设置的相关信息。因此，GMG打样标准的建立与使用，有助于减少作业属性的频繁设置，提高打样工作效率。

1．打开新建打样标准面板

在GMG打样软件的主界面系统面板中，切换到“打样标准”选项卡。点击按钮栏的“+”号，会弹出新建打样标准界面，如图5-3-1所示。

2．打样标准属性设置

“名称”处，定义该打样标准的名称，在“打印机”的下拉列表框选择该打样标准使用的打印机类型，在“介质”后面的下拉列表框选择介质名称。“校准包”处会自动加载对应于该打印机和介质组合的校准包，如果两个以上校准包，请选择一个。版本处不能为空，可输入V1，如图5-3-2所示。

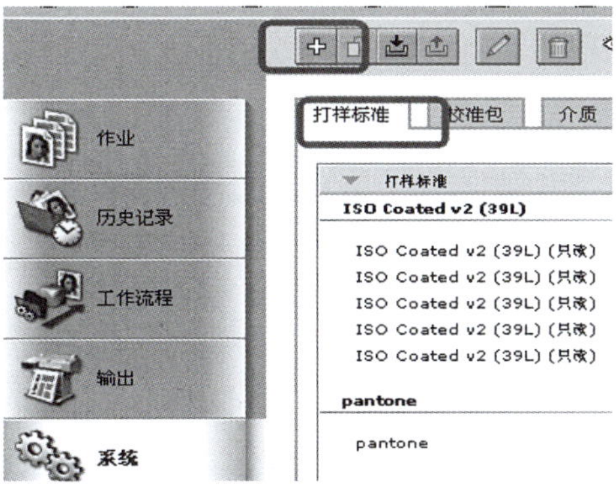

图5-3-1　数码打样-操作步骤1

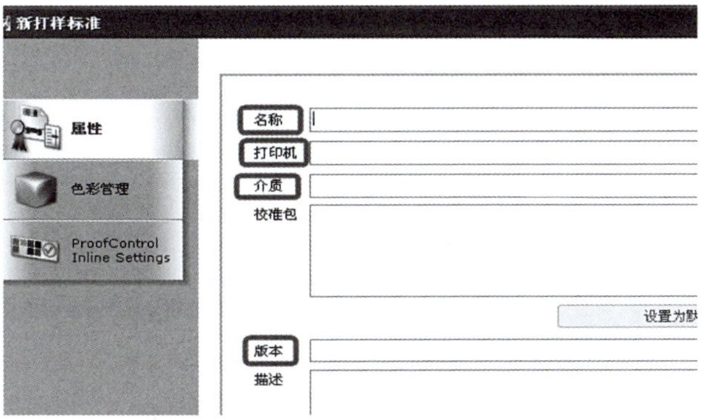

图5-3-2　数码打样-操作步骤2

3．打样标准色彩管理设置

GMG的色彩管理参数有两种选择，一个是基于MX的（GMG推荐的），另一个是基于ICC（与EFI的色彩管理方式相同）。基于MX的选项中，只需要在ContoneProof栏选择4.5.6建立的MX4文件最终版本，如图5-3-3所示。

4．使用打样标准

打样标准设置好后，在“系统”—“打样标准”下面，可以找到建立的打样标准。在新建作业时，只需要在新建作业对话框中的“打样标准”处，选择设置好的打样标准（介质与校准包已经自动选择），然后点击“打开”载入作业。作业载入后，无需再对作业的任何色彩管理属性进行设置，如有需要，可对图像的尺寸、排列方式等进行调整，然后直接点击界面右下角的确定发送作业，如图5-3-4所示。

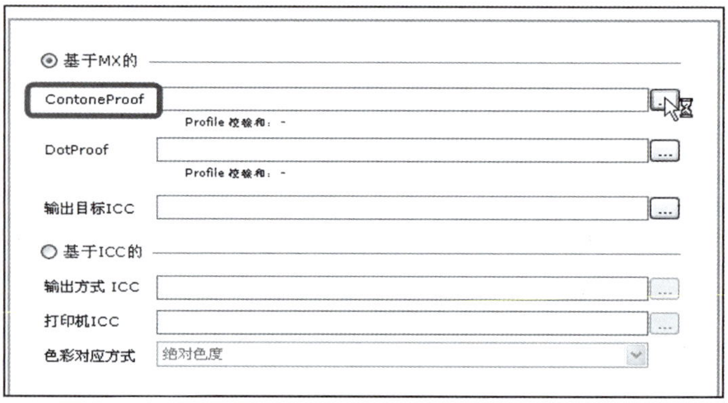

图5-3-3　数码打样-操作步骤3

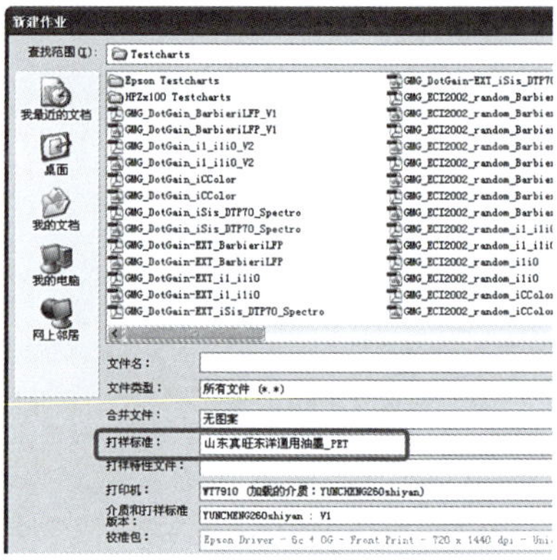

图5-3-4　数码打样-操作步骤4

二、相关知识

随着数字技术的发展，印刷技术得到了快速发展，色彩管理技术也应运而生。色彩管理技术不仅用于印刷行业，在其他与颜色信息复制和传递相关的领域都是必不可少的。色彩管理就是如何控制并描述在计算机屏幕上看见的、扫描仪捕获的、彩色样张上的和印刷机印刷的图像色彩。从图像创建或色彩捕获到最终图像输出，执行色彩转换是以系统化的方式进行的。在从一个设备到另一个设备的转换过程（无论是从计算机到印刷机，还是从样张到印刷机），色彩管理系统尽量保持并优化颜色的保真度，即色彩管理就是为了保证颜色在输入、处理、输出的整个过程中始终保证一致，也就是常说的“所见即所得”。

1．色彩管理的意义

实施色彩管理有两个方面的意义。第一是由传统彩色复制的基本要求决定的，即按照纸张、油墨及其他印刷条件决定的颜色再现特性进行的基本设定和选择（包括阶调复制、灰平衡及色彩校正等内容），目的是让分色和印刷的条件相适应；第二是基于桌面出版系统或图文设计系统的自动色彩管理，即以软件的方式来进行设备的色彩校准，对不同的色彩空间进行特性比，针对不同的输入设备进行颜色传递以取得最佳的色彩匹配。

2．色彩管理的主要目标

色彩管理的主要目标是实现不同输入设备间的色彩匹配，包括各种扫描仪、数字照相机、Photo CD等；实现不同输出设备间的色彩匹配，包括彩色打印机、数字打样机、数字印刷机、常规印刷机等；实现不同显示器显示颜色的一致性，并使显示器能够准确预示输出的成品颜色；最终实现从扫描到输出的高质量色彩匹配。

3．色彩管理中的基本流程

色彩管理都要遵循3个基本步骤：校准设备、特性化、色彩转换。

（1）校准设备

为了确保颜色信息在各种硬件的传递过程中的可靠性，需要对色彩流程中的输入设备、显示设备、输出设备进行校准，使它们处于标准状态。对于输入、显示和输出设备，其校准方式不尽相同。

① 输入设备校准就是对输入设备的亮度、对比度、黑白场（RGB三原色的平衡）进行校准。以对扫描仪的校准为例，当对扫描仪进行初始化归零后，对于同一份原稿，不论什么时候扫描，都应当获得相同的图像数据。

② 显示设备校准是使显示特性符合设备描述文件中设置的理想参数值，使显示卡依据图像数据的色彩资料，在显示屏上准确显示色彩。可以通过系统自带的软件或者其他软件制造商提供的软件进行调节。

③ 输出设备校准指的是对打印机、照排机、打样机、电子雕刻机和凹版印刷机进行校准。根据设备制造商提供的设备描述文件，对输出设备的特性进行校准，使该设备按照出厂时的标准特性输出。在对打样和印刷设备进行校准时，必须使校准所用纸张、油墨等印刷材料符合标准。

（2）特性化

特性指每个色彩输入或色彩输出设备以及颜料（例如油墨、显示屏幕的染料等）具备一定色彩范围或色彩表现能力。特性化的目的是确定设备或物料的色彩表现范围，并以数字方式及记录其特性，以便进行色彩转换。

对于输入设备和显示设备，利用一个已知的标准色度值表（如IT8标准色表），对照该表的色度值和输入设备所产生的色度值，得出该设备的色度特性曲线，再对照与设备无关的色空间，生成输入设备的色彩描述文件。对于输出设备，利用色空间图，得出该设备的输出色域特性曲线，对照与设备无关的色空间，生成输出设备的色彩描述文件。这些描述文件是从设备色空间向与标准设备无关的色空间进行转换的桥梁。

（3）色彩转换

色彩转换指设备与设备、设备与颜料或颜料与颜料之间的色彩转换。每个设备或颜料的色彩范围都各不相同：例如彩色显示器是RGB色彩，而彩色印刷是CMYK色彩；而且不同品牌（甚至相同品牌）的彩色显示器的色彩范围未必一样；同样，不同油墨制造商的油墨色彩范围亦可能不相同。色彩管理中的色彩转换不是提供完全相同的色彩，而是使设备或颜料达到最理想的色彩，同时让使用者能知道所得到的色彩。例如软打样是利用彩色显示器（RGB色彩）模拟四色印刷（CMYK色彩）的色彩。

4. 数码打样的色彩管理

在进行色彩管理前必须具备的条件有ICC色彩特性文件（ICC Profile）；Mac：Color Sync2.5或Windows：ICM2.0；色彩空间转换引擎，如爱克发、海德堡、柯达等软件；IT8.7标准扫描原稿及其标准数据，IT8.7/1（标准扫描透射原稿）及其标准数据，IT8.7/2（标准扫描反射原稿）及其标准数据，IT8.7/3（928阶，标准输出用电子档案）及其标准数据；生成ICC文件的应用程序，如：Color Tune3.0，Lino Color，Colorblind等；色彩测量仪器，如Gretag—Macbeth Spectronlino & Spectroscan等；支持置入ICC文件的图像处理或排版软件，例：Adobe Photoshop或PageMaker；支持运算ICC色彩描述档案的网点处理器（RIP）。

具备上列条件后，并不代表就可以很好地进行色彩管理。印刷稿可以从以下几个方面评估：输入设备的色彩特性文件是否符合ISO IT8.7的标准，其提供种类版本（透射、反射等）；设备的色彩特性文件是否由使用者自行产生；管理系统的价格；测量色块的仪器是否与色彩管理系统兼容；建立设备的色彩特性文档时，测取色块的量；色彩管理系统是否提供教育训练课程；管理系统是否支持软打样或硬打样。

凹印制版的数码打样前端作为客户确认电分图的质量，后端作为凹印油墨打样质量标准的依据，它为控制整个质量提供了一个有效的手段，并在各个环节中架起了一座桥梁。目前凹版制版公司采用两种数码打样系统，一是IRIS数码打样系统，二是EPSON打样系统。做好以上两种系统的色彩管理是控制色彩的一项关键技术，应建立4个高质量的色彩特性文件，分别是反映凹印打样适性的ICC Profile文件、打印机的ICC Profile文件、第一次色域转换后的ICC Profile文件、最终的ICC Profile文件。

使数码打样模拟凹印打样时，要确保色相、饱和度和密度尽可能与实际凹印打样和印刷样颜色相一致，通常要求颜色达到95%的准确性。

5. 屏幕色彩管理

目前彩色显示器主要有CRT（阴极射线管）和LCD（液晶）显示器。以前，印刷企业常用CRT显示器，其色彩丰富细腻，但随着时间的推移，其显像管易被磁化而发生色彩偏移。随着LCD技术的不断成熟，现在专业的LCD显示器已经在印刷业中广泛应用，其色彩丰富、色域宽、色彩稳定，不易受磁化而发生色彩偏移。显示器本身的校准参数有Gamma值、色温等，由于每台显示器的显示效果以及亮度、对比度、Gamma值的设置不同，因此，一是确保显示器的灰色尽可能地接近中性灰，二是精度设定显示器的亮度和对比度，确保显示器有最大的色域范围和最佳的显色性。

（1）使用特定软件的屏幕校准仪或分光光度计来完成

例如采用爱色丽Monaco OPTI屏幕校准仪校准，它是将色度仪和功能强大、直观易用的软件合为一体的屏幕校准系统，可以为LED及CRT显示器提供生成特性文件的方案，将仪器附着在屏幕上，向导式的软件界面引导用户在数分钟内迅速为屏幕建立特性文件。操作方法如下：

① 选择LED或是CRT显示器。

② 要求环境光与显示器亮度匹配，最好使用D65光源。

③ 选择调节色温为6500K。

④ 屏幕校准进行黑校准。

⑤ 将屏幕亮度和对比度调到最大100%（用显示器硬件功能调节）→屏幕校准仪放在屏幕正确位置上→按“测量”。

⑥ 将屏幕对比度调到最大（100%）→将屏幕亮度调到最小（0）→按“测量”→程序要求将屏幕亮度调到适合位置。

⑦ 调整色块，程序会从R（1～7）、G（8～15）、B（16～23）、Gray（24～33）的33个色块中调整灰度与灰色相匹配，对于其他几种选项，如荧光剂、最亮度等应与所使用的显示器相匹配。如果按“最亮点”的“测量中”则出现Adobe Gamma设置的向导面板。在该面板上可以进一步调整中性灰，此时会提示若继续进行将会变成全黑，并显示3个灰色方块。选择屏幕上最接近中性灰色方块，点击左边或右边的方块，会将方块颜色重新设置为更趋于暖白或冷白，最后点击中间的方框或按ENTER键将会执行所做的选择。

⑧ 选择Gamma值，PC为2.2，Mac为1.8，然后储存ICC色彩特性文件。

（2）利用Photoshop软件中的Gamma程序手动校准

以CRT显示器校准为例，方法为在校准前将显示器打开半小时以上，使显示器显示稳定。要求显示器的色温为6500 K，并调整室内光线，使光源处在正常工作状态，然后校准显示器亮度和对比度。同时将显示器的背景色改为浅灰色，以免视觉受到背景色干扰，有利于校准成中性灰色，完成上述准备工作后，即可进行校准。

① 选择Cama值，屏幕的Gamma值定义了中间调的亮度。若使用Mac机，可从苹果中选择“控制板”，在控制板窗口下，双击“Adobe Gamma”，此时出现Gamma控制板。

如果使用PC机，则从屏幕左下角“开始”菜单中选择“设置”，再从“设置”菜单中选择“控制面板”，则出现Adobe Gamma的图标，双击Gamma图标，出现Adobe Gamma面板，此时有两种选择，即“逐步”（向导）和“控制面板”。选择“控制面板”，出现Gamma面板。

② 在面板的顶部会自动出现一个已存在的特性文件，如果要采用不同的特性文件，从打开的文件中选择所需要的特性文件，在面板中部，可以选择Gamma值。

③ 拖动中间的对比度三角形滑块，使对比度显示条中的实地灰色与确保显示器的灰色尽可能地接近中性灰色；二是精确设定显示器的亮度和对比度，确保显示器有最大的色域范围和最佳的显色性。

④ 如果全部参数设定好，可按“确定”，并以一个新的特性文件名，另存到PC机系统设备的color文件夹中。

6. 扫描仪的色彩管理

为使模拟原稿中的图像信息转换为数字化信息，输入到计算机中，进而使计算机对这些数字化的图像信息进行处理，为了保证图像扫描质量，关键是使用扫描仪的1CC特性文件进行精确扫描。

（1）扫描仪特性文件的制作

① 选择测试图。为了制作扫描仪的特性文件，需要一个标准的测试图。扫透射稿，要选择透射测试图IT8.7/1；扫反射稿，则选择反射稿测试图IT8.7/2，这两个图是标准的扫描仪

色标。

富士、爱克发、爱色丽MONACO IT8版本图包括288个色块，而柯达版本的IT8图包括252个色块，并在右侧有一个人物肖像。

② 扫描测试图。为了制作一个输入特性文件，首先关闭扫描仪的所有控制选项；为了能更好地校正色调，关闭所有的自动控制，也不对扫描的图像做任何锐化。因为是做设备的初始响应，以便研究和记录设备的所有动作。扫描时要将扫描仪的盖子盖好，应注意减少光斑，分辨率的设置为300dpi，这样生成的图像文件不仅容易控制，而且能被大多数特性化的软件包所接受。

③ 参考文件。在制作特性文件之前，要有参考文件。参考文件是测试图的制造商提供的，参考文件包括厂商提供的Iab/XYZ，它用于测试图中的每个色块，参考文件是很简单的文本文件，它可以用任何的文字处理程序或文本实用程序打开。

④ 特性文件制作软件。一旦有了扫描色标及其参考文件，就可以开始制作特性文件。方法是打开特性文件制作软件包，它会询问扫描图图像的所在位置，以及参考文件的一系列指导步骤，确认后，该软件将生成一个扫描仪的特性文件。

特性文件制作完成后，必须将它存储在系统软件的一个适当位置，特性文件制作软件会自动将特性文件放在一个正确的位置。注意：特性文件必须在正确的位置，才能使应用软件找到它，使用它。

每个操作系统可能有不同的特性文件位置。在MAC OSX操作系统中，特性文件可存储在少数几个地方，其中之一是：Library/colorprofile。而在windows操作系统中，特性文件位于system32/system/color/profile。此时已完成了特性文件制作过程，并可使用特性文件扫描图像。

（2）扫描特性文件的使用

使用扫描仪特性文件的方法很多，它可以被嵌入在图像中，即通过扫描仪软件，直接应用到图像中，或者由用户选择合适的图像和特性文件（如在Photoshop中），使用哪种方法将图像与特性文件结合起来都没有关系，最重要的是特性文件一定要与图像联结起来。多数扫描仪厂商都会提供一个通用的ICC特性文件，有的嵌入在扫描仪驱动程序中，可以在“设置”中选择所使用的扫描仪特性文件。

扫描仪特性文件能改善扫描的图像质量，然而要注意的是：扫描仪的特性文件并不能校正质量很差的原稿，它只能保证精确地复制原稿。假如原稿质量很差，那么输入特性文件，将忠实地按照这个质量很差的原稿复制出很差的图像。因此，图质差的原稿，则通过后处理精心地技术加工，制出优质的图片。

7. 屏幕软打样

目前凹印制版公司屏幕软打样有两种方法，分别为Photoshop的屏幕软打样和模拟校正法软打样。

（1）Photoshop的屏幕软打样

通过上述对显示器本身的校准，生成屏幕ICC色彩特性文件后，拷到以下地址：winnt/system32/spool/drivers，/color（PC机）里以便屏幕软打样调用。然后把此文件置入“默认监视器”中的“颜色管理”中，重新启动机器即可。

采用爱色丽的MONACO色彩管理软件，用来生成ICC特性曲线，软件中有驱动分光光度仪（DTP41）的程序，内置有IT8色标文件，通过分光光度仪（DTP41）自动扫描测量样张上的IT8色标，将测得的凹印打样样张ICC特性曲线，再拷入到系统色彩库中。

打开Photoshop 6.0以上版本，在“编辑”菜单下有“颜色设置”。在工作空间中的CMYK下拉菜单中选“载入CMYK”，调入凹印ICC色彩特性文件即可。

若以上几步完成后，屏幕色仍与凹印样有些偏差，则应打开“彩色管理软件”，对ICC特性曲线进行编辑和修改，以减少屏幕色与凹印样色的偏差。

屏幕软打样的关键在于参数的配置，参数的完整性和准确性决定了屏幕软打样的效果。因此，必须首先将IT8.7/3色标文件，通过电子雕刻机标准层次曲线的雕刻滚筒，在规范、稳定的凹印打样条件下，打出IT8.7/3标准的样张，作为屏幕模拟的依据。

（2）模拟校正法软打样

采用Y，M，C，MY，CY，CM，C+M+Y7种色相的色标，从5%～100%中间间隔为5%的网点梯尺，选择有代表性的标准图。通过电子雕刻机标准化层次曲线雕刻滚筒后，在稳定的凹印OPP膜打样的条件下，打出标准样张。

把样张上的7种实地色标的中间挖一个小孔，把每一色块分别贴在屏幕上，在标准光源下，在视觉上与屏幕上相对应的色相进行比较。并利用Photoshop软件的颜色拾取对话框（Print Picker）工具的色彩轴调校色相，用渐变色选择图，调整每种色相的饱和度、亮度，用目视方法达到屏幕的7种色相与凹印样张上的7种色相基本接近的效果调校时，应在屏幕上方和左右两边加上一个黑罩，以防止周围光线干扰，使校色更加准确。实践证明，通过屏幕校准和屏幕软打样，达到了屏幕色与凹印打样色基本接近的效果。但由于固有的一些原因，二者之间还有一些色差，其中间色调比较接近，而100%实地色，如Y，C，G色达不到目标值，显得鲜亮，追不上油墨色那样深厚，但可作为预打样颜色的参照。同时可以找出上述色域误差的规律，进一步依靠分色软件显示的CMYK四色油墨的网点值来做精确调整，二者结合使色彩配置比例更准确。

三、注意事项

为了能够更好地使用数码打样，需要注意以下问题：

① 在选择打印机时要考虑到打印机色彩的稳定性，这也是现在多用喷墨打印机的原因。喷墨打印机色彩在一段时间内较为稳定，没有部件会逐渐衰减，在这方面较激光打印机更适用于数码打样。

② 作为数码打样模拟的样稿最好为印刷样稿，不要使用传统打样的样稿。

③ 数码打样的色域空间要较印刷的色域空间宽，这样才能够将印刷颜色更好地表现出来。

④ 在调整打印机色彩时，要考虑打印机与纸张、油墨间的关系，当纸张或油墨发生变化时，打印机特性曲线需要重新调整。

⑤ 要选择好数码打样所用的纸张，并非所有打印机用纸均适用。

⑥ 尽量使用相同的分光光度计及特性文件制作软件，来完成打印机特性文件和印刷特

性文件的制作，以免因为不同分光光度计和特性文件制作软件间的微小差异，造成数码打样样张的偏差。

⑦ 在可以调整打印机密度的色彩管理软件中，在制作打印机特性曲线前调整打印机密度是十分重要的，打印机密度与印刷密度越接近，色彩的偏差会越小。

⑧ 保证观察条件一致。数码打样的油墨特性与印刷油墨的特性不同，虽然数码打样的样张与印刷样张的色彩看上去相同，实际上存在着同色异谱现象。当照明条件发生变化时，两者的色彩不能保证一致，而在使用分光光度计对色块测试时使用的是内置标准光源，因此，在观察样张时对照明有较高要求，需要使用D65标准光源，否则会出现不同的光线下，出现不同的色偏差。

⑨ 最后要注意控制好数码打样系统与实际印刷品间的色差（ΔE），要将色差ΔE控制在5.0以内。当ΔE=2.0时，人眼基本感觉不到色彩的差异；ΔE=3.0时，人眼刚刚能观察到色彩的差异；ΔE=4.0时，不相邻的两个色块较难看出区别。

第二节　凹版预打样

学习目标　了解凹版预打样的作用，能完成产品的凹版预打样，并制定凹版预打样工艺标准。

一、操作步骤

① 安装承印材料至大滚筒上。

② 安装印版滚筒至两夹头顶心之间或摆臂轴承上。

③ 移动大滚筒靠近印版滚筒表面，转动至锁定位置，利用销针固定使大滚筒处于安全状态。

④ 转动印版滚筒，将套准针的横向规线对准滚筒表面雕刻的横向规线。

⑤ 大滚筒靠上印版滚筒并达到一定的压力。

⑥ 检查套准状态，不断重复，直到规线完全对准为止。

⑦ 将刮墨刀调节到与滚筒表面形成适当的平行度，再进行垂直方向调节，以便刮墨良好。

⑧ 将油墨涂布在沿滚筒表面的刮墨刀处，然后将锁定销钉拔出。

⑨ 驱动大滚筒，带动从动的印版滚筒转动，通过刮墨刀，在大滚筒与印版滚筒接触处形成“压印”。

⑩ 按照上面步骤依次打样其他色。

⑪ 检查凹样预打样张是否符合要求，主要检查套印误差、色差、网扩和浅网转印等内容。

二、相关知识

1．凹印生产系统的色彩管理基本要求

当前凹版制版公司的图文处理工艺流程中普遍存在的问题是屏幕颜色、数码打样颜色与凹印打样机印刷颜色不一致，造成许多凹印制版返工。因此，凹版制版企业通常运用传统工艺优秀的标准化、规范化、数据化作业管理与先进的ICC色彩管理相融合的管理法，加上后期精心的技术加工制作出优质的凹版滚筒。

凹印生产系统的色彩管理基本要求是指屏幕显示的颜色与数码打样的颜色基本一致；图像处理车间客户签字认可的数码打样颜色与凹印打样颜色基本一致；屏幕显示的颜色与凹印打样的颜色基本一致。

2．凹印打样工艺规范

凹印打样工艺规范化管理和色彩参数的确定，是色彩管理系统中屏幕软打样、数码打样模拟颜色的前提和基础。其规范的技术指标如下：

① 规范油墨品牌、油墨冲淡比例、搅拌充分程度、黏度、打样机速度、压力和环境温湿度等。

② 规范客户产品档次的不同要求，高档产品采用高档油墨，普通产品则选用中、低档油墨。

③ 规范黑、青、品、黄四色版的最佳实地密度，相对反差。

实地密度值对样张色彩的饱和度影响极大，相对反差大小对暗调区网点增大及其层次再现密切相关。所谓最佳实地密度，即最大相对反差的实地密度。大多数制版厂规范的实地密度为：黑2.10～2.20，青1.90～2.0，M1.70～1.80，Y1.25～1.35。相对反差规范为：黑、青、品为0.45以上，黄为0.40。

凹印打样工艺是个稳定因素，应千方百计做到条件的稳定、样张的标准。从而有效地建立反映本公司打样适性的ICC Profile文件。

3．凹版预打样的工艺要求

通常情况下，凹印打样机的打样操作顺序为：安装打样材料→调整打样材料的压力→插入定位销→调墨→检验油墨黏度→安装印版滚筒→设定刮墨刀压力→印版滚筒定位→施涂打样油墨→单色和多色打样→检测打样样张。

（1）外层橡胶硬度

打样时，压印滚筒通过压力确保承印物紧贴于印版表面上，分离时承印物将凹版网穴中的油墨吸附过来，形成图像。图像转移的好坏在很大程度上取决于压印滚筒最外层的橡胶硬度，硬度一般为65HS，比印刷公司所用的压印滚筒的硬度稍低。

不同硬度的压印滚筒所产生的压力分布是不一样的，硬度小的滚筒在同等压力的作用下所产生的变形大于硬度大的滚筒。橡皮变形所产生的弹性可使承印物产生弹性变形，导致承印物和凹印版滚筒间产生较大面积的接触，将更多的油墨吸附到承印物表面。硬度大的压印滚筒产生的变形小，同凹印版滚筒的接触面积小，承印物吸附上来的油墨也就少。橡皮硬度不一样，其印品在高光部分的表现差别也比较明显，特别是在纸张打样时会在高光部分产生空白点。这种现象与电雕版网穴的V形结构有很大关系。英国机在打样时加了一个辅助静电吸墨装置，能很好地解决高光白点问题。

（2）套准误差

套准装置在凹版打样机上占有很重要的位置。通常情况下套准误差一旦大于0.2mm，凹样上电分图的效果就会受到很大的影响。

凹样机的第一圈打样不能存在套准误差。每打完一色，压印滚筒下方的一块定位挡规会使压印滚筒停在其上次所停的位置上，当压印滚筒同凹印版滚筒再次靠近时，它们的挤压点同上次的挤压点的位置是一致的，保证了打样的套准精度（套准误差小于0.2mm）。国内仿制机很大的一个缺陷就是在套准精度上不过关。

此外，要求套准装置具有很大的灵活性。凹印版滚筒的长度差别较大，短的只有400mm，长的则可能达到1600mm，而且版滚筒上的套版线没有一个固定的位置，有的在图案上，有的干脆就没有套版线。这些版滚筒只要能装到打样机上，就要求打出套准精确的样张，因而，对打样机套准装置的灵活性要求就比较高。

日本机的套准镜固定在版滚筒上头的横杆上，套准镜在横杆上可左右滑动，对版滚筒的右半部分均可进行套准处理。英国机的套准镜是独立的，它可对版滚筒的任何一处进行套推聚焦，灵活性较日本机的好。

三、注意事项

当印刷条件、设备、纸张、油墨发生变化时，印刷品的色彩、阶调也将发生变化，此时，印刷的特性曲线也要重新调整。

第四章

设备维护与保养

第一节　进口设备技术资料的解读

学习目标　能借助词典看懂进口凹版制版设备的图纸和技术资料。

一、操作步骤

① 了解常见翻译工具的使用方法。
② 根据机械图纸对设备结构进行识读。
③ 熟悉设备常用单词和术语，并对英文技术资料进行解读。

二、相关知识

1. 英文技术资料的解读思路和方法

凹版印刷机常用外语词汇并不多，找一本经典的中文设备资料，分段阅读感兴趣或相关的内容，然后先找一两篇英文设备资料认真阅读一下，不会的单词可用翻译工具查阅。

（1）词典等工具书

词典不同于其他图书，既特殊又复杂，它是一种集语言、科学文化和日常生活等方面的词语和知识，按一定方式编排，以备查检参考的工具书。人们通过查检词典获得所需的知识，释疑解难。例如《英汉汉英印刷词典》，是解释有关印刷领域的一些词汇以及汉语的对应词，是阅读翻译英文印刷资料的一种工具。词典的种类也很多，按种类来分，有单语的，有双语的，还有3种语言以上的。就内容来说，有语言方面的词典，还有各种专科词典。

词典主要提供发音、词性、释义、用法或与另一种语言的对应词等方面的信息。英语词典由于其服务对象和用途的不同，收词规模和收词范围也不一样。主要分为4类：一是详尽词典，例如举世闻名的《韦氏三版新国际英语词典》，收词量堪称世界之最，共收45万多个词。二是节本词典，如《朗曼当代英语词典》收词5万多条。三是一般性有限词典，如英语动词成语词典、英语惯用法词典、同义词词典等。四是专科词典，它是某种学科的专业性工具书，可分为单语专科词典，如英文的《现代经济学词典》，以及双（多）语词典。

如英汉医学词典、英汉贸易词典等。目前的双语专科词典还可细分为两类：一是通用型的双语专科词典，其内容包括较广，如工程技术双语词典、医学双语词典；二是选择型的双语专科词典，其内容较专业，如英汉塑料词典、英汉汉英印刷词典等。下面简介词典使用基本顺序：

① 了解词典的基本构成。仔细阅读词典的前言、目录及用法说明，熟悉该词典的基本内容和编排方法。如该词典共收入多少词条、习惯用语，有哪些附录。只有了解了它的基本构成，才能在遇到疑难问题时迅速在对应栏目中找到答案。

② 按英文字母的排列顺序，快速查出单词在词典中的准确位置。任何一种英汉词典，其编排方式都是按26个字母顺序排列的。查找一个单词时，应先查出这个词的第一个字母，接着再找第二、第三个字母，依次往下找，直到找到该词为止。如查print这个单词，应先查以字母P开头的单词，然后在此范围内查找Pr，接着再找int-……直至查到print这个词为止。

③ 选准要查的词意。词典中每个词列举了好多词类，每个词类又可能有几个释义，要结合上下文查词义。

④ 记录查询内容。由于资料中有可能同一单词重复出现，故查到词义后应做记录，避免后续重复查找，并可以帮助积累词汇量。

⑤ 建议标注词典。在词典每一个字母开头与结尾的页面空间标注该字母的大写形式，这样能够让大家快速地翻到所查字母页。当熟练之后翻查单词时会迅速翻到所需页面，大大加快查阅时间。

（2）电脑翻译英文资料

随着电脑知识的普及应用和计算机新软件的不断开发，人们阅读英文资料变得较为轻松。使用电脑翻译英文资料的基本顺序：

① 准备工具。硬件和软件是翻译英文资料的必要条件，必备的硬件是电脑、扫描仪（数码相机）、打印机；软件选择商必须选择正版软件，以保证合法应用和维护电脑安全，如光学字符识别软件、图像处理软件、翻译软件等。

② 翻译过程。平铺英文资料在扫描底板上，选择好扫描类型和分辨率；启动扫描，保存扫描文件；应用光学字符识别软件转换文件；选择软件进行全文翻译，然后结合自己的专业知识来读懂英文资料；按照前后文的内容和全文意思，用翻译软件进行译后处理；保存翻译好的技术资料。

2．国外机械图纸的识读方法

引进设备技术资料中有大量图纸，读懂图纸是正确安装、调试、维修设备的重要环节。因此，需要掌握快速看懂国外机械图纸的方法。主要从识别图纸的画法、掌握图纸标注尺寸的方法和技术要求的表达、熟悉图纸上常见的符号及缩略词的含义等方面进行学习。

（1）识别图纸的画法

首先要察看在图纸标题栏中的一项“Projection（投影）”，辨认该图采用的是第几角画法。如无标记，应先予确认。

所谓第几角画法，指的是空间可由正平面（V）、水平面（H）、侧平面（W）将其划分成8个部分，每个部分为一分角。依次为第一、第二、第三、第四、第五、第六、第七、第八分角，如图5-4-1所示。

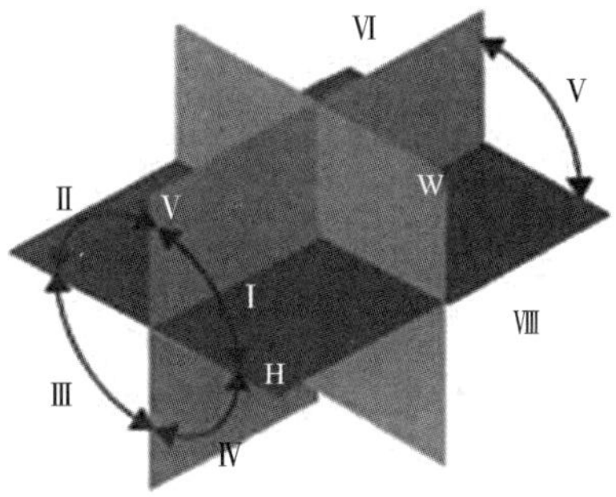

图5-4-1　8个分角的空间位置

世界各国的工程图样有两种体系，即第一角投影法（又称“第一角画法”）和第三角投影法（又称“第三角画法”）。中国、英国、德国和俄罗斯等国家采用第一角投影，美国、日本、新加坡等国家及港资、台资企业采用第三角投影。第一角投影法所得的图样就是第一角视图，第三角投影法所得的图样就是第三角视图。

① 第一角投影法。凡将物体置于第一分角内，以［视点（观察者）］→［物体］→［投影面］关系而投影视图的画法，即称为第一角画法。第一角投影面的展开方向，以观察者而言，为由近而远的方向翻转展开。第一角画法展开后的视图排列，以常用的三视图（前视、俯视、右侧视图）而言，其右侧视图位于前视图的左侧，俯视图则位于前视图的正下方，如图5-4-2所示。

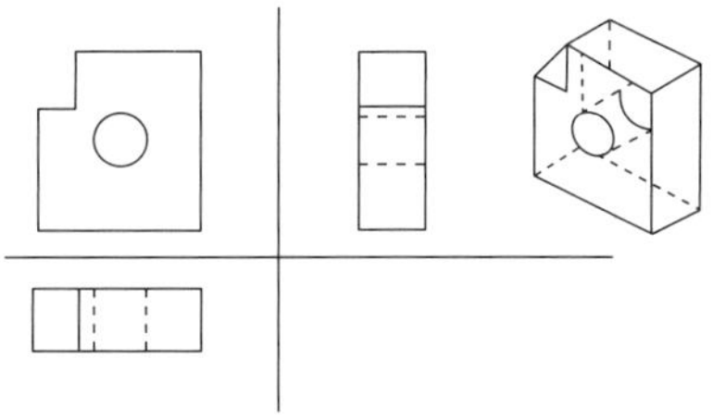
图5-4-2　第一角视图

② 第三角投影法。凡将物体置于第三分角内，以［视点（观察者）］→［投影面］→［物体］关系而投影视图的画法，即称为第三角画法。第三角投影面的展开方向，以观察者而言，为由远而近的方向翻转展开。第三角画法展开后，以常用的三视图而言，其右侧视图位于前视图的右侧，而俯视图则位于前视图的正上方，如图5-4-3所示。

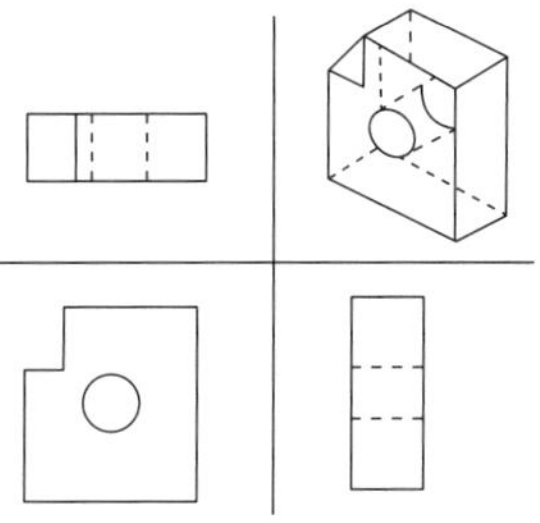
图5-4-3　第三角视图

③ 第一角投影法和第三角投影法的区别主要是视图放置位置不同。第一角视图：左视图放右边，右视图放左边，上视图放下面，依此类推。第三角视图：左视图放左边，右视图放右边，上视图放上面，依此类推。

④ 识别符号。为了区别第一和第三角投影所得的图样，国际标准化组织（ISO）规定了第一角和第三角画法的识别符号，如图5-4-4和图5-4-5所示。

（2）图纸标注尺寸及表达技术要求的方法

美国等北美国家制造业机械图纸采用的标准是GD&T，该标准同时也是国际标准，其根据ASMEY14.5M尺寸标注与公差标准而制定（ASME是美国机械工程师学会的缩写）。

① 图样中的尺寸单位。GD&T标准ASMEY14.5规定，毫米是公制体系中公制图纸通常采用的测量单位。在图纸中标明公制体系的常用标注（除非特别标明）的所有尺寸单位为毫米（mm）。但由于种种原因，目前一些国外图纸还经常采用英制单位，1英寸=25.4mm。

② 尺寸、数字的标注方法。美国等北美国家制造业机械图纸上对于水平方向的线性尺寸，其数字通常水平地注写在尺寸线的上方或尺寸线的中断处；对于非水平方向的线性尺寸，其数字同样也是水平地注写在尺寸线的中断处，如图5-4-6所示。图纸上当公制尺寸小于1mm时，小数点前的零有时省略。如：.0002。

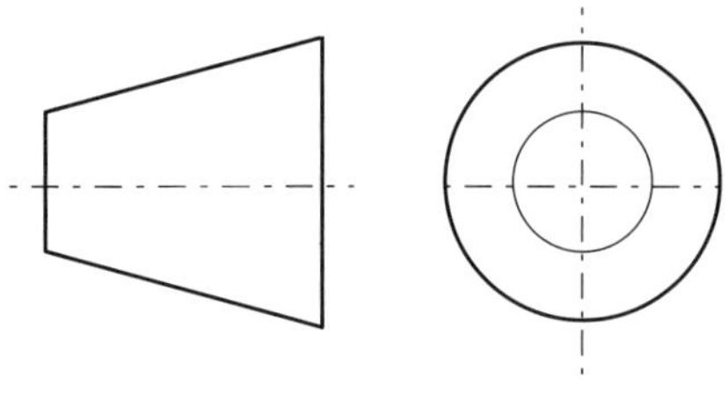

图5-4-4　第一角画法识别符号

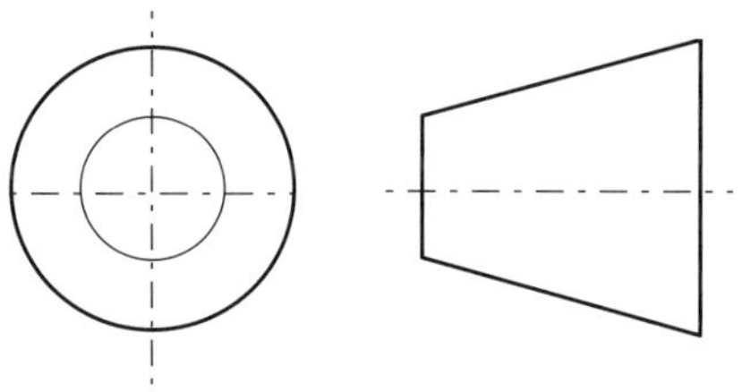

图5-4-5　第三角画法识别符号

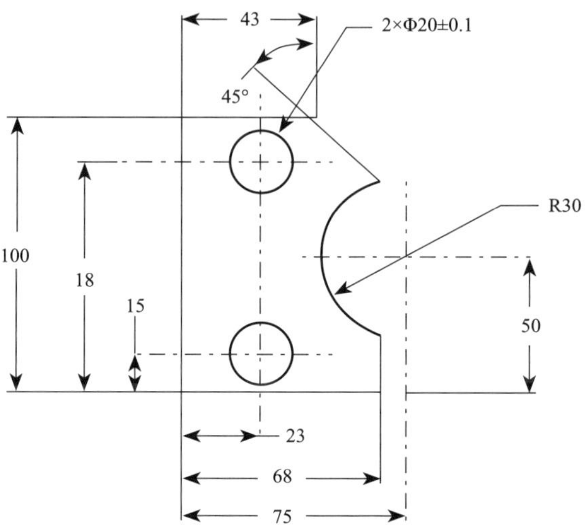

图5-4-6　尺寸、数字的标注方法

（3）技术要求的表达

① 表面粗糙度、材料热处理及表面处理等。美国等北美国家制造业机械图纸上表面粗糙度、材料热处理及表面处理等与我国机械图纸的表达方法是一致的，但要掌握机械图纸上常用的英语单词及短语的意思。

② 尺寸公差。美国等北美国家制造业机械图纸按GD&T标准ASMEY14.5规定进行标注。GD&T标准ASMEY14.5规定，尺寸公差表示有以下3种形式：a. 单向公差。用单个零，无正负号，如$\Phi32_{0}^{+0.02}$或$\Phi32_{-0.02}^{0}$。b. 双向公差。正负值小数点后的位数相同，需要时加零，如$\Phi32_{-0.10}^{+0.25}$或$\Phi32\pm0.006$。c. 极限公差。若一极限值是小数，则另一极限值在小数点后保留相同的位数，如：$\begin{matrix}24.45\\25.00\end{matrix}$。

③ 形状和位置公差的标注。GD&T标准ASMEY14.5和我国国标所规定的形状和位置公差的特征项目符号是相同的，标注方法及含义基本类似。

3. 常见单词中英文对照

（1）机械图纸中常用单词

all welds continuous unless otherwise stated未注焊缝均为连续焊

all welds 3mm fillet unless otherwise stated未注焊角高3mm

all unspecified radi–R3未注圆角R3

remove all burrs and sharp edges去毛刺，锐边倒钝

do not scale drawing不按比例绘制

unless otherwise specified dimensions are in millimeters除特别注明外，所有单位为毫米

11 total coils approx.9 working coils approx. 总圈数约11圈；工作圈数约9圈

right hand wound only，end coils square to tough；右旋；弹簧的端部磨平以便于接触（此为弹簧技术说明）

channel槽钢

tack–weld点焊

0d 1/4 “outside diameter” 外径1/4

75crs cold rolled steel尺寸为75，材质为冷轧钢板

30>2.5flat bar 30>2.5扁钢

eccentric shaft偏心轴

pin销子，短轴

cotter pin开口销

screw螺钉

set screw紧定螺钉

round nut圆螺母

socket head cap screw内六角螺钉

hex head screw六角头螺钉

hex head bolt 六角螺栓

closing ring挡圈

circlip弹性挡圈

sleeve轴套

deep groove ball bearing深沟球轴承

spring弹簧

lifting bolt/eye吊环螺钉

slotted pan head screw开槽盘头螺钉

tapered roller bearing圆锥滚子轴承

thrust ball bearing推力球轴承

flat key平键

single coil spring washer 弹簧垫圈flat washer平垫圈

full thread 全螺纹chamfer倒角

（2）凹版制版设备中常用单词

表5–4–1是凹版印刷机常用中英文名词对照表，希望对大家熟悉进口凹版印刷机的操作和使用能够有所帮助。

表5-4-1 凹版印刷机常用中英文名词对照表

序号	英文名词	中文名词	序号	英文名词	中文名词
1	Unwind	放卷	30	Size	尺寸
2	Rewind	收卷	31	Long Register	纵向套准
3	Chill Draw	牵引冷却辊	32	Side Register	横向套准
4	Draw unit	牵引单元	33	Start Register-Move	开始套准运行
5	Tens SET	张力设定值	34	Register Mide Position	套色校准中点的设定
6	Tens ACT	张力实际值	35	Unwind Data	放卷数据
7	Control Mode	控制模式	36	Unwind Mode	放卷方向
8	Ratio/ Corr SE	比例/纠正设定值	37	Tens SET	张力设定
9	Ratio/Corr AC	比例/纠正实际值	38	Roll Diameter	卷膜直径
10	Web Guido	导膜（纠偏）	39	Alarm Roll-end	卷膜结束报警
11	Speed	速度	40	Roll Change Data	换卷数据
12	Print on Speed	开始印刷速度	41	Splicing Mode	切料模式
13	Printing unit Setup	印刷单元调整	42	Diameter	直径
14	Impr Roll	压印滚筒	43	Remaining Length/time	剩余长度/时间
15	DS	驱动侧	44	Add-on modules	补偿模块
16	OS	操作侧	45	Register V-reinstalling	套色预设置
17	Speed Factor	速度因数	46	Register Regulator	套色控制方式
18	Idling Speed	空运转速度	47	Print Unit	印刷单元
19	Ink	油墨	48	Treatment	电晕处理
20	Material	材料	49	Turner Bar	翻转臂
21	Material Data	材料数据	50	Rewind Data	收卷数据
22	Thickness	厚度	51	Rewind Mode	收卷模式
23	Width	宽度	52	Initial Tension	开始张力
24	Density	密度	53	Initial Diameter	开始直径
25	E-module	E模块	54	Final Diameter	结束直径
26	Material Table	材料列表	55	Taper Tension	锥度张力
27	Tension	张力	56	Core Diameter	内芯轴直径
28	Temp	温度	57	Winding Mode	卷取模式
29	Edge Guide	导边（纠偏）	58	Press Roll Force	压印滚筒压力

续表

序号	英文名词	中文名词	序号	英文名词	中文名词
59	Roll Diameter	膜卷直径	70	Temp ACT	实际温度
60	Mode Lay on Roll	运行方式压印滚筒的状态	71	Air Speed	吹风速度
61	Residual Time	剩余时间	72	Production	生产
62	Splicing Mode	更换方式	73	Job	任务单
63	Roll Length	膜卷长度	74	Next Order	下一个任务单
64	Splicing Diameter	更换时的直径	75	Prints	打印
65	Drying	干燥	76	Customer	客户
66	Control Mode	运行方式	77	Job Length	订单长度
67	Solvent	溶剂	78	Reset Job Counter at All Change	换卷时计米器复位
68	Heating	加热	79	Recipe Save	保存订单
69	Temp SET	设定温度	80	Reset job Counter Now	计米器重新复位

第二节　凹版制版设备维护保养改进方案的制定

学习目标　能应用新技术制定凹版制版设备维护保养改进方案。

一、操作步骤

① 掌握电子雕刻机、激光雕刻机、涂胶机、腐蚀机和清洗机保养计划的动态实施情况。

② 熟悉电子雕刻机、激光雕刻机、涂胶机、腐蚀机和清洗机使用和维护保养中人员的素质和水平。

③ 及时制定改进方案并送达相关工作人员。

二、相关知识

维护保养是电子雕刻机非常关键的内容，保养主要是为了保证电雕机经常处于良好的技术状态，随时可以投入运行，减少机械磨损，提高机械完好率、利用率，降低机械运行和维修成本，确保安全生产。因此，凹版电雕完成后定期应对电雕机进行维护保养工作。保养的内容主要包括清洁、润滑、更换等，维护保养必须贯彻“养修并重，预防为主”的原则，做到定期保养，强制进行，正确处理使用、保养和修理的关系，不允许只用不养，只修不养。保养工作一般不得无故拖延，特殊情况需经车间主任批准后方可延期保养，但一般不得超过规定保养间隔时间的一半。电子雕刻机的保养主要包括日保养、周保养、月保养和年保养，保养的具体内容和操作方法依据电雕机的不同品牌型号有所不同。

下面以MDC系列电雕机为例，介绍电子雕刻机的保养内容和操作方法：

1．日保养

① 每班必须擦拭顶尖，床身和操作面板一次。

② 每雕完一支版必须把头部铜屑清洁一次。

③ 每天给B720尾座导轨及滑车光杆加油一次。

④ 每天擦拭工作站显示器、键盘、鼠标一次。

⑤ 每天对MDC系统导轨、头架清洁一次。

⑥ 给雕刻头推拉导轨加油，加后应来回推拉几次，使导轨表面油膜均匀。

⑦ 每天给顶尖表面易生锈的地方加油擦拭。

⑧ 清洁鼠标中的球和里面的滚针。

2．周保养

① 把所有机器上的风机外过滤网清洁一次。

② 将雕刻头及支架下所有杂物清洁一次。

③ 将床身尾座、导轨间铜屑垃圾清理一次。

④ 检查版辊驱动电机声音有无异常，尾座顶尖转动有无异常。

⑤ 吸风系统清洁检查一次。

⑥ 网点测试仪清洁校准一次。

3．月保养

① 定期更换空气过滤器并要定期放水。一般每月两次。

② 定期更换润滑油。一般每月两次。

③ 定期清洁冷却风扇的过滤网，若有油污时要用清洁的中性肥皂水清洗。一般每月一次。

④ 定期用专用润滑油润滑卡盘。一般每月一次。

4．年保养

① 定期清洁并用专用润滑油润滑滚珠丝杠。一年一次（操作时要避免其他物件卡住丝杠）。

② 定期清洁、润滑电子控制门。一般一年一次。

③ 定期检查、保养顶锥。一般一年一次（要用专用润滑油润滑心轴）。

④ 定期更换主轴、尾座润滑油。一般一年一次。

⑤ 定期清洁、润滑主轴、尾座导轨。一般一年一次。

⑥ 定期清洁、润滑主轴、尾座驱动部件。一般一年一次。

⑦ 定期清洁、润滑版辊支架。一般一年一次。

⑧ 定期清洁、润滑雕刻车导轨。一般一年一次。

⑨ 定期检查、润滑传动带驱动、张紧轮。一般一年一次。

⑩ 定期清洁、润滑马达风扇。一般一年一次。

⑪ 定期清洁、润滑雕刻车轴瓦、螺钉。一般一年一次。

⑫ 定期用软的干布清洁传感器。周期视环境自定。

三、注意事项

为方便查清电雕机设备故障，尽快解决设备隐患，提高质量，按照电雕机规范操作要求，凡电雕涉及设备的返工，一律按电雕设备质量问题返工分析规范执行。

① 电雕返工必须填写设备返工分析表，表中各项内容要客观真实、具体，网变、网点挤压、跳空、拉高光要配以网点样式，网点挤压、跳空还要凹样说明。

② 如返工在白班发生的必须通知设备现场分析；发生在晚上的，电雕各班要做好分析工作，要确认机器没问题方可继续雕刻。

③ 对于网点记录要在电脑上分类统计，即分成跳空、网变、拉高光、网点挤压等文件袋，对跳空返工项要记录一圈中相差180的两个网点和正常处网点情况。

④ 网点记录文件存放都放置在B720上两台外接网点测试仪的电脑上，命名规范为：版号+后缀，后缀根据版辊前后依次为Q，Z，H，异常处为Y1，Y2。

⑤ 对于雕出版子有问题但不影响生产的也要填写分析表以跟踪机器运行情况。

⑥ 总检对电雕所报有问题的版子必须重新进行分析，并如实填写分析摘要。比如网变：要从版辊同心度、试雕位置、网变形式、雕前有无换刀等方面调查，切忌听信他人。

⑦ 晚班返工所涉及的电雕人员第二天早班要上交设备部，解释清楚方可下班。

⑧ 对于网变、跳空、网点挤压、移位等原因返工的版子，除认真填写返工原因分析表外，对网点的试雕、正常部位、异常部位要拍照说明，否则返工责任由电雕部承担。

⑨ 对跳空、多线条版子一定要把雕刻文件调回检查，以确认是雕机问题还是网络传输问题。

⑩ 由于拖刀印、跳空、网点挤压返工的版子，必须有样张及位置标示。

第三节　凹版制版设备维修方案的制定

学习目标　掌握凹版制版设备的维修原则，能与维修人员合作完成小修、中修和大修方案的制定。

一、操作步骤

① 了解维修基本知识。

② 提出电子雕刻机、激光雕刻机、涂胶机、腐蚀机和清洗机小修、中修和大修要求。

③ 与维修人员配合编写小修、中修和大修方案。

二、相关知识

1．设备的检修方式

修理常与设备的检测联系在一起，也称为检修。目前设备的检修体系可分为事后检修、预防性的定期检修和基于状态的检修3种方法。

（1）事后检修

事后检修又称为故障检修，是指印刷机发生故障时进行的非计划性检修。事后检修只适合于对生产影响很小的非重点设备。

（2）预防性的定期检修

预防性的定期检修是一种以时间为基础的预防检修方式，根据设备运转磨损或性能下降的统计规律和经验而事先制定，所以又称之为计划检修。预防性的定期检修类别、周期、工作内容、检修方式等都是事先确定的，适合于已知设备磨损状态或性能下降规律的印刷机。

（3）基于状态的检修

基于状态的检修是由预防性检修发展而来的更高层次的检修体制。基于状态的检修以设备在线状态的监测数据为基础，通过故障诊断和专家系统对历史数据和在线数据的分析判断，来决定设备的健康和性能状态，并预测其发展趋势。基于状态的检修能及时和针对性地对设备进行检修，不仅可以提高设备的利用率，还能有效降低设备的检修费用，取得明显的经济效益。

2．设备的维修原则

任何检修都是有成本的，因此，必须对维修，特别是大修进行经济评估，并确定维修的费用。为此必须对设备进行检查，确认需要更换的零部件并进行估算。如果一次修理的费用超过该设备的重新购置价格的30%，则这种修理在经济上是不划算的，维修过程中应贯彻以下基本原则。

（1）以预防为主

经常维护保养和定期计划检修并重。贯彻以预防为主，就要掌握设备运行和零部件损耗的规律，加强日常维护检查，及时清除设备的缺陷和隐患，防止发生设备事故，设备的维护和修理是防和治的关系。维护不好或不当就会使零部件加速磨损，遭受意外损坏，增加修理的次数和时间，只有搞好经常性的维护工作才能防患于未然。但维护工作并不能完全清除正常的磨损，还必须有计划地定期检修。

（2）先维修，后生产

做好设备的维护，必须正确处理维护和生产之间的关系。维护要占用生产的时间，而生产必须有时间的保证，所以维护和生产之间是有矛盾的，但是要处理好维护和生产的关系，必须统一起来，必要的维护能保证生产的顺利进行，提高生产的效率和产品的质量。维护和生产又是统一的，因此，要处理好维修和生产的关系。先维修后生产，不能有重生产轻维修的思想。

（3）操作人员与专业维修相配合

专业维修人员熟悉设备的构造，修理技术水平较高，而操作工是设备的使用者，更了解设备的性能，熟悉设备在哪些部位容易出故障，将两者结合起来有利于又快又好地进行设备维修。因此，维修人员和操作人员应相互学习，密切配合。

3．设备的小修要求

小修是维持性的修理，不对设备进行全面检查、清洗和调整，只结合掌握的技术状态的信息进行局部拆卸、更换和修复部分失效零件，以迅速恢复设备的正常生产能力。小修时间较短，一般数小时或1～2日即可完成。由车间修理工完成。小修的内容是针对日常检查、定期检查和检查诊断发现问题后拆卸相关部件、进行更换的调整，以恢复印刷机的正常功能。

小修时通常需要对涉及修理的部分进行墨垢或油垢的清理，主要调整各部件的间隙和相对位置。小修涉及部位通常为：放卷的气缸顶针、切刀的位置、印刷压辊及刮刀等。小修后应由机台操作人员对小修结果进行验证。

4．设备的中修要求

中修是根据设备的结构特点及存在的问题，对技术状态已达不到生产工艺要求的某些项目，按实际需要针对印刷机部分组件进行针对性修理，恢复所修部分的性能。

中修一般每半年进行一次，维修时间3～5d，由车间修理工配合设备管理部门共同完成。中修通常包括：①检查各润滑点的磨损情况，磨损超出范围的，拆卸后进行喷涂修复。②橡胶压印辊检查表面平整情况，超过范围的进行外圆磨削加工，使其达到使用的要求。③检查齿轮箱和减速箱的工作状况和齿轮的接合面的磨损情况，进行适宜的间隙调整。中修完成后需由生产和设备管理部门对设备进行验收。

5．设备的大修要求

凹版印刷机的大修是工作量最大的一项计划。大修时，要对凹版印刷机的全部或大部分部件解体，修复基准件，更换或修复全部不合格零件，修复和调整设备的电气系统、液压系统及气动系统，修复设备的附件以及翻新外观等，以达到全面消除大修前存在的缺陷、恢复凹版印刷机原有的功能和精度。大修的工作量较大、停机时间长、对印刷厂的生产影响较大，因此，制订凹版印刷机大修计划时，应认真考虑以下问题。

（1）大修的原则

凹版印刷机精度降低到多少，生产运转周期多长，机器部件磨损到什么程度后需要进行大修，这要根据凹版印刷机主要生产情况及平时保养和维护情况而定，无法一概而论。凹版印刷机大修的质量标准，是衡量凹版印刷机大修后整机技术状态的标准，包括大修后应达到的凹版印刷机精度、性能指标、外观质量及环境保护等方面的相关技术要求，它是检验及评定凹版印刷机大修质量的主要依据。

① 从印刷产品的质量考虑。通过对印刷产品质量的检验及分析，来确定是否需要大修。其方法是：用90lpc的印版滚筒进行满版印刷，然后观察印刷品是否有条痕（刮痕）、网点是否变形、放卷装置走料是否正常、套印误差的大小等。若印刷品有明显的条痕（刮痕）、网点严重变形、套印误差较大，则应该考虑针对该方面的问题进行大修。应该注意的

是，在检验产品质量时要分清产品质量原因是机器本身，还是其他因素（如设备未调整好或者是印刷基材或油墨等材料的原因）造成的。

② 从凹版印刷机的使用周期考虑。凹版印刷机在使用过程中，不可避免地会出现自然磨损，设备的精度和技术性能都会发生变化，使用效率及产品质量也会降低。如图5-4-7所示为某凹版印刷机使用价值随使用周期变化的曲线图。可以看出，当凹版印刷机的使用价值（由产品质量、产量等决定）降低时，就应该对该凹版印刷机进行大修，否则设备的使用价值会明显降低。而设备效率下降，导致能量消耗急剧增大，生产能力显著下降，印刷品质量同时也明显下降，最后设备只能停止工作。

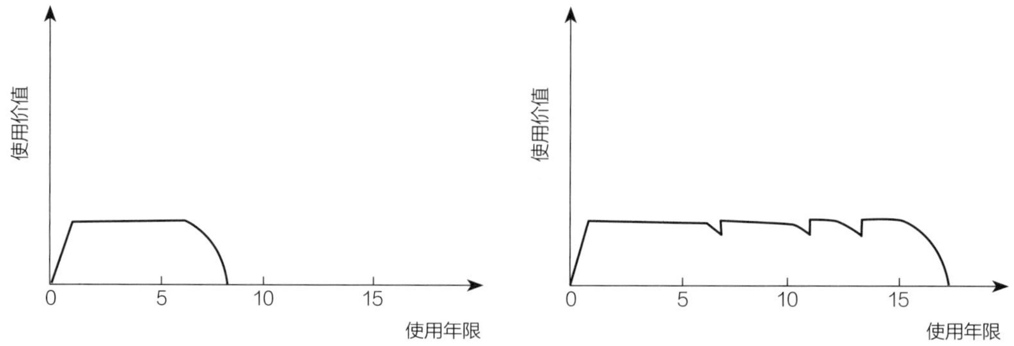

图5-4-7　某凹版印刷机的使用价值随使用周期的变化曲线

③ 从凹版印刷机的精度指数考虑。凹版印刷机的精度指数是衡量凹版印刷机磨损状态的综合指标。精度指数越大则表明凹版印刷机的磨损越严重，因此，该数值是凹版印刷机大修的重要依据。

通过对凹版印刷机的某些关键部位进行检验，取得数据，掌握各部件的磨损情况，然后利用精度指数计算公式进行计算和分析。其计算公式为：

$$T=\sqrt{\frac{\sum\left(\frac{T_P}{T_S}\right)^2}{n}}$$

式中　T——机器的精度指数；

T_P——精度指数的实际测量值；

T_S——精度指数的许可值；

n——检验的项目数。

计算结果应按以下规定进行评定：

$0.5<T\leqslant1$时，为凹版印刷机大修后的验收条件。

$1<T\leqslant2.5$时，凹版印刷机仍可继续使用，但需要加强维护保养和调整工作。

$2<T\leqslant2.5$时，凹版印刷机应进行大型大修或重点项目的大修。

$2.5<T$时，凹版印刷机应大修或更新。

④ 从大修的价值考虑。如果确认凹版印刷机需要进行大修，还应考虑设备的大修价值，以进口凹版印刷机为例，如果大修时的人工大修费加配件费（全进口原装配件）超过同规格新设备的一半，或人工大修费用加配件费（国产配件）超过同规格新凹版印刷机的1/3时，这样的大型大修是没有价值的。但具体应根据企业的综合情况而定。

（2）大修的基本类型

凹版印刷机的大型维修可以有不同的分类，如按照管理方式可分为计划性大修和非计划性大修；按照大修方式可分为设备上的大修和整体更换式大修。

① 按照管理方式分类的大修。按照管理方式可分为计划性大修和非计划性大修，其中计划性大修是指凹版印刷机连续运行工作了一个周期段后，主要零部件的自然磨损使其尺寸精度和装配精度大大降低，从而严重地影响了生产效率，增加了运行成本，就应该针对凹版印刷机进行部件的维护、大修及更换相应零件。这些零件主要类型是易磨、易损和经常活动部位的零部件。

决定零件是否需要被更换是一个复杂的问题。根据零件安装部位的不同，对零件的精度要求也不相同。有些零件虽然出现磨损但不是特别严重，不至于对凹版印刷机自身精度和产品质量产生影响，这类零件则无须更换，依然可以继续使用。有些零件只要有磨损就必须进行更换，否则会对凹版印刷机自身性能产生影响。零件更换的原则：一是如果该磨损零件对产品的印刷质量有直接的影响，明显降低凹版印刷的自身精度时，就应该更换该零件。二是如果该零件的磨损程度影响到其他接触件，而加速了其他接触零件的磨损，即使该零件不直接影响印刷品质量和精度也应更换。三是如果零件虽已磨损，也还能使用一段时间，却降低了凹版印刷机的使用性能和影响了生产效率，这类零件也必须更换。

非计划性大修这种类型的大修是凹版印刷机管理部门无法预期的。非计划性大修又可分为事故性大修与失修性大修两类。主要出现在操作不当引起的事故；或者凹版印刷机长期处于非正常运行、超负荷运行，造成凹版印刷机严重磨损，提前进入大修状态。

总体来说，对于管理规范的印刷企业，通常会遵循计划性大修。非计划性大修不仅影响企业的正常生产运行，还会增加大修成本，加速凹版印刷机的报废。因此，无论从经济上还是管理上，印刷企业都应尽量避免非计划性大修。

② 按照大修方式分类的大修。按照大修方式可分为设备上的大修和整体更换式大修，其中设备上的大修是指凹版印刷机的大修，即在维修过程中将零件从凹版印刷机上依次拆下，经过清洗、检测、分类和修复或更换，最后再重新装配，以达到恢复性能的维修方法。凹版印刷机上大修是印刷公司进行凹版印刷机维护或大修常用的方法之一。凹版印刷机上大修的缺点是占用的停机维修时间较长。

整体、部件更换式大修是指在维修过程中除将原有机架进行维修外，将其余已损坏的部件或零件全部拆下，更换已预先准备（或进行维修）好的部件或零件，装配成整机的修理方法。整体、部件更换式大修也是印刷企业进行凹版印刷机大修常用的方法，这种方法可以大大减少停机、维修时间，有利于提高修理工效、降低成本和保证维修质量。

凹版印刷机大修时往往会同时用到上述两种维修方式，对壁板上的轴承、轴套，甚至传动部件通常采用凹版印刷机上的大修方法进行，对冷却水辊，递墨辊，压印辊甚至牵引辊等部件采用整体、部件更换式大修方法进行。

（3）大修的主要步骤

① 大修前的维修判别。凹版印刷机的大修大多是恢复期使用正常性能的维修，凹版印刷机经过较长时间的运行后，各个主要部件及零件均有一定程度的磨损或老化，达到一定磨损程度后，凹版印刷机就需要进行拆卸、清洗、检查和维护，局部则需要进行维修。使其使用性能达到正常操作使用的标准。

确定凹版印刷机是否需要大修主要考虑的因素有：传动机构主要零件磨损达到极限程度，出现偏摆、异响、撞击和抖动及跳动等现象；套印不准问题越来越严重，难以满足印刷品质量要求；放卷走膜与收卷走膜装置，驳接失败率高，出现波动，收卷抓心，收卷不齐等；印刷后出现明显条痕（刮痕）和套印不准，无法消除等；确认以上问题均不是机器本身之外的原因造成。

② 大修前的工作安排。凹版印刷机的大修关系到印刷企业的产品质量、生产利润及员工收入，所以大修必须按计划进行，按预定的时间完成，并且要能达到预期的质量。但由于一台凹版印刷机的大修周期需要一两个月甚至更长，维修工作人员为2～4名，维修内容可能涉及凹版印刷机主要部件的拆卸、更换以及修复，包括主传动装置、纠偏装置、收放卷装置等主要零部件和其他的配套零部件。因此，准备大修凹版印刷机应提前一定时间把该机承印的产品转至其他凹版印刷机上，或根据承印产品的交货时间调整大修时间。

③ 大修前的准备工作包含工具准备和人员准备。首先是工具准备。凹版印刷机在大型维修前要准备好相应的工具，例：成套的套管扳手、内外六角扳手、活动扳手等工具。准备各种规格的拆卸工具，要有龙门吊或小型的三角葫芦吊架以及滚筒拆下后架设滚筒的支架。拆卸时最好准备照相机、摄像机等进行跟踪拍摄，为以后的安装恢复做好准备。

其次是人员准备。大部分印刷企业对凹版印刷机的大修是请专业维修公司或凹版印刷机的设备厂商进行的。因此，大修期间印刷企业和承修公司的配合就变得相当重要和必要了。为了保证维修工作顺利进行，在人员上可以组成大修团队。大修团队人员由印刷企业和专业维修公司人员组成，主要人员包括：印刷企业维修项目负责人，负责组织协调大修进程；印刷企业技术验收人员，负责大修后印刷机验收工作及大修期间检测和确认工作；原凹版印刷机操作人员，协助大修期间的拆、洗、检、修、换装、调试等工作；维修公司的机械工程师、电气工程师，负责修复、安装、调试及整个大修工程的监督及控制。

大修团队成员要加强合作和配合，保证大修的质量和工作进度，在规定的时间内完成大修工程。大修团队成立后，应先要调研、整理、测绘相关的图纸和相关的技术资料，拥有详细完整的图纸，如无整套图纸则要加快调研、测绘和整理的力度，尽早提出需要采购的零配件，并把零件号报给零件供应商，以便供应商能提前准备货源和交货；如个别零件不能采购，要尽早交给加工厂进行生产，尽量减少在凹版印刷机大拆后的修理过程中赶制零配件。

（4）开展大修工作

① 建立大修档案。凹版印刷机进行大修时要进行大修工作记录，通常称之为大修档案，也是为了今后的跟踪与查询。主要记录大修期间的工作进度、周期和相关技术参数，为

该凹版印刷机今后的大修或大修以后的相关维修、维护工作提供参考。

凹版印刷机大修记录主要由封面、登记表格组成。封面包含部门、编号、大修时间、大修次数等项目。表格记录主要包含承修公司的资料、主修机长的姓名及本凹版印刷机要进行大修的相关原因。大修内容主要分为放卷装置、进卷装置、纠偏装置、印刷机组主体、烘箱供热组件、主传动部件、出卷装置、收卷装置及相关的电控系统与气动系统为序编号，由机长和技术负责人签字确认。登记表上应注明大修时间，登记大修更换零件及加工件情况，以及零配件供应商的资料。注册表零件序号、图号、名称、数量、材料及相关基本参数和发图日期及完成日期。登记表还应注明本次大修的技术数据和技术要求，如凹版印刷机中的印刷版筒的修复方案、修复印刷版筒的厂家资料及要求厂家出具印版在修复前后的有关技术参数。还应有记录相关的主传动系统的传动轮数据资料，凹版印刷机安装壁板检测数据记录及修复要求，递墨辊、冷却辊、牵引辊的修复要求，改造、革新项目的相关记录等。登记表应有验收记录及大修精度等级评定结果，并由验收技术人员签字确定。

② 开展修理工作。凹版印刷机在大修时确认影响印刷机工作质量的主要原因后，通常会进行主要零件的修复和更换，以国内凹版印刷机为例，凹版印刷机在大修时全机需要更换或修复的装置如下：

第一，放、收卷装置。自动驳接切刀臂上的相关零件、翻转传动齿轮及集电环装置等。主要的零件在于传动、摆动及各类铜套的润滑情况。

第二，印刷机组。印版滚筒定位装置，纵、横向纠偏装置，压印机构，印版版筒递墨装置等相关的传动、摆动零件及操作侧与动力侧之间的水平、垂直运动情况。

第三，烘箱供热装置。烘箱供热系统的温度调整精度、风速、风量是否达到正常印刷品的要求，定时清理各个进、排风口的过滤网，各个进、排风机的相关传动零件等。

第四，电气部分。PLC可编程控制器，变频调速电机系统，各个部件控制与主机控制的通信系统，相关的按钮及控制面板及相关安全的急停按钮等。

第五，气动部分。相关的电磁阀、手动阀、排气阀、水汽分流阀及相关的气路是否连接牢固，是否有漏气现象，动作不灵活或操作无动作现象。

第六，凹版印刷机的外观及各类防护罩。

③ 大修后的工作主要包含两个方面的内容。总体安装和试运行。凹版印刷机相关零配件的替换和修复工作完成后，进入总体安装工序。装配时要按部就班，最好根据原来拍摄的录像和照片及零件原来做好的标记号码，以先后程序逐步进行。每个组建安装完毕，应对照装配图或结构原理图，进行一次常规检查，以免出现错误，影响后道工序。哪怕是标准件的安装错误都会影响大修的工作进度，造成对印刷机自身的影响。

凹版印刷机在安装完毕后要进行试运行，试运行按凹版印刷机厂家提供的操作说明书规定进行操作。

（5）大修后的验收

凹版印刷机大修后，由生产、技术、质量验收人员进行空转试验和印刷试验。即按照凹版印刷机生产厂家提供的操作说明书进行试运行操作验收；对试运行产品进行质量验收。质量验收应按照产品检验规范进行。验收合格，此次大修工程圆满完成。

三、注意事项

① 凹版印刷机的大修工程是资金、人员等投资较大的维护项目，必须经过科学论证及周全的计划安排。

② 一旦确定凹版印刷机大修计划，应以投资效益比权衡，精心制定大修方案。

③ 大修结束后，要以科学的评定方法鉴定大修后的精度等级。

第四节　凹版制版设备的调试

学习目标	能根据装配图和结构图，掌握凹版制版设备的调试步骤和方法。

一、操作步骤

① 读懂电子雕刻机、激光雕刻机、涂胶机、腐蚀机、清洗机的装配图和结构图。

② 配合设备安装调试人员完成电子雕刻机、激光雕刻机、涂胶机、腐蚀机、清洗机的拆卸和安装。

③ 按照有关标准对电子雕刻机、激光雕刻机、涂胶机、腐蚀机、清洗机整机进行调试检验。

二、相关知识

1．读装配图的步骤、方法和原则

表达机器或部件的图样称为装配图。装配图是设计、制造和使用者交流的主要技术文件，加工检验合格的零件按照装配图的要求组装在一起，使用者根据装配图的要求正确使用。

（1）装配图的主要内容

在产品设计过程中，设计机器或部件时，一般先画出装配图，然后根据装配图拆画零件图。因此，要求装配图中充分反映设计者的设计意图，准确表达出部件或机器的工作原理、结构、性能、零件之间的装配关系，以及必要的技术数据，用以指导装配、检验、安装、使用及维修工作。

一张完整的装配图，包括以下四个方面的内容：

① 一组视图。表达机器或部件的工作原理、零件间的相对位置关系、相互连接方式和装配关系，以及主要零件的结构特征。

② 必要的尺寸。表示机器或部件的性能规格尺寸、装配尺寸、安装尺寸、总体尺寸和其他一些重要尺寸。

③ 技术要求。用符号或文字说明装配、检验时必须满足的条件。

④ 零件序号、明细表和标题栏。说明零件的序号、名称、数量和材料等有关事项。

（2）装配图识读的基本方法

① 概括了解。从标题栏和有关说明书入手，了解机器或部件的名称、用途和绘图比例。从装配体的名称联系生产实践知识，往往可以知道装配体的大致用途。例如：阀，一般是用来控制流量，起开关作用的；虎钳，一般是用来夹持工件的；减速器，则是在传动系统中起减速作用的；各种泵，则是在气压、液压或润滑系统中产生一定压力和流量的装置。通过比例，即可大致确定装配体的大小。

再从零件明细栏对照图上的零件序号，了解零件和标准件名称、数量和所在位置。

另外，对视图进行初步分析，浏览一下所有视图、尺寸和技术要求，初步了解该装配图的表达方法、各视图间的大致对应关系，以及每个视图的表达重点，以便为进一步看图打下基础。

② 了解工作原理和装配关系。深入分析机器或部件的工作原理和装配关系，将装配体分成几条装配干线，弄清零件之间的相互位置。

③ 分析零件。根据零件的编号、投影的轮廓、剖面线的方向、间隔（如同一零件在不同视图中剖面线方向与间隔必须一致）以及某些规定画法（如实心零件不剖）等，来分析零件的投影。了解各零件的结构形状和作用，也可分析其与相关零件的连接关系。对分离出来的零件，可用形体分析法及线面分析法结合结构仔细分析，逐步读懂。

④ 归纳总结。在以上分析的基础上，对装配体的运动情况、工作原理、装配关系、拆装顺序等进一步研究，加深理解，一般可按以下几个主要问题进行：

a．装配体的功能是什么？其功能是怎样实现的？在工作状态下，装配体中各零件起什么作用？运动零件之间是如何协调运动的？

b．装配体的装配关系、连接方式是怎样的？有无润滑、密封及其实现方式如何？

c．装配体的拆卸及装配顺序如何？

d．装配体如何使用？使用时应注意什么事项？

e．装配图中各视图的表达重点意图如何？装配图中所注尺寸各属哪一类？

通过对上述几个问题的探讨，可以达到全面分析装配体的整体结构形状、技术要求及维护使用要领的目的，进一步领会设计意图及加工和装配的技术条件，掌握装配体的调整和装配顺序。

⑤ 读懂部件的工作原理。对照视图仔细研究部件的装配关系和工作原理，是深入看图的重要环节。在概括了解装配图的基础上，从反映装配关系、工作原理明显的视图入手，找到主要装配干线，分析各零件的运动情况和装配关系；再找到其他装配干线，继续分析工作原理、装配关系、零件的连接、定位以及配合的松紧程度等。

⑥ 读懂部件中的各个零件。读懂零件是读装配图进一步深入的阶段，需要把每个零件的结构形状和各零件之间的装配关系、连接方法等进一步分析清楚，基本步骤如下：

a. 对零件进行分类。从明细表了解部件由多少零件组成，多少标准件，多少非标准件，以判断部件复杂程度。

按明细表中的序号依次熟悉每种零件的名称、材料数量及备注中的说明，零件通常可分成如下几类：

标准件——通常在明细表中已经注明标准件的国家标准编号、规定标记。根据规定标记可以直接采购。

常用件——借用其他定型产品上的非标准零件，也可以直接购买或者借用图纸资料复制，所以这类零件不必画图。

一般零件——又称为非标准件，是为装配体专门设计和制造的零件，是阅读装配图的重点研究内容。

b. 一般零件的识读。

对照视图，分离零件。根据零件的序号和指引线所指部位，先找到零件在该视图上的位置和外形。

对照投影关系，并借助同一个零件在不同的剖视图上剖面线方向、间隔应一致的原则来区分零件的投影，找出该零件在其他视图中的位置及外形。

对分离后的零件投影，采用形体分析法、线面分析法以及结构分析法，逐步看懂每个零件的结构形状和作用。对照投影关系时，可借助三角板、分规等工具，往往能大大提高读图的速度和准确性。

分析与相邻零件的关系，相邻两零件的接触表面一般具有相似性。

2. 电子雕刻机的调试要求

（1）设备性能调试

电子雕刻机目前主要分成低速机和高速机，雕刻频率在8000Hz以下为低速机，雕刻频率在8000Hz以上为高速机。对电子雕刻机的调试主要指雕刻头调试线性化、起雕网点等；传动系统包括导轨、丝杠等调试；电子控制系统的调试，主要是指计算机中附加信号控制铜滚筒上网穴大小及深度的形成，此信号能使刻刀连续有规则地振动。

（2）雕刻性能调试

雕刻性能调试指电子雕刻工艺参数设置，主要包括网线、网角、高光和暗调值、通沟大小、电雕层次曲线、雕针角度等设置。

（3）技术性能调试

技术性能调试指电雕曲线及工艺还原等方面的测试。

（4）稳定性能调试

稳定性能调试是指新设备使用一段时间，最少在3个月左右，根据出现故障的次数来决定是否合格。

3. 激光雕刻机的调试要求

（1）雕刻性能调试

雕刻性能调试指激光雕刻工艺参数设置，主要包括网线、网角、曲线、网点形状、网点的类型等设置。

（2）技术性能调试

技术性能调试指激光曲线及工艺还原等方面的测试。

（3）稳定性能调试

稳定性能调试是指新设备使用一段时间，最少在6个月左右，根据出现故障的次数来决定是否合格。

4．涂胶机的调试要求

（1）涂胶机各部分系统的组成

涂胶机系统主要由供胶系统、智能控胶系统、智能雾化系统、机电控制系统、智能循环系统和空气净化系统组成。

① 供胶系统作为储胶容器，较好地采用密封压力罐，通过空气的压力将胶水从容器内部沿喷胶导管压出。值得注意的是，压力罐必须配备可视化的压力调节表，才能让压力的调节变得简单、方便。

② 智能控胶系统主要是负责胶量的控制，根据喷涂的速度适当地调节出胶量。由于胶量的大小与喷头直径、喷头行车速度等因素有关，而不是单纯的一个胶量控制开关就能控制的，所以当在使用非智能喷涂胶设备的时候，调节好的参数最好不要再做改动，否则会影响喷涂胶的质量。如果使用的是智能喷涂胶设备的话，胶量控制会由系统给出一个默认的值，操作者可以根据喷涂工艺的需求自由调节。

③ 智能雾化系统是通过压力和喷枪同时作用，将从导管压至喷枪的涂料雾化，使涂料的颗粒细化，从而实现更均匀的喷涂效果，让涂料的粘接效果达到较佳。

④ 机电控制系统是整个全自动喷胶机/全自动涂胶机的动力驱动系统，负责控制自动化喷涂胶设备的运行工作，通过机电控制系统，智能涂胶机才可实现喷涂的定位、移动、喷涂以及喷涂图形的输入等一系列的工作。

⑤ 智能循环系统在于程序的控制，通过喷涂胶设备中的记忆系统来控制循环系统的喷涂厚度、宽度、胶量及雾化程度。

⑥ 通过空气净化系统，将原本可能飞溅在空气中的涂料吸回，并通过系统循环功能再次利用。这样不仅实现了空气的净化功能，也节省了涂料。

（2）涂胶性能调试

涂胶性能调试指涂胶工艺参数设置，主要包括版辊转速、小车行走速度、喷嘴气压、涂胶的次数等的设置。

（3）技术性能调试

技术性能调试指涂胶工艺适应不同深度相对应的胶厚等方面的测试。

（4）稳定性能调试

稳定性能调试是指新设备使用一段时间，最少在3个月左右，根据出现故障的次数来决定是否合格。

5．腐蚀机的调试要求

（1）腐蚀机性能调试

腐蚀机性能调试指腐蚀工艺参数设置，主要包括腐蚀液温度、浓度、喷嘴的压力、喷嘴的角度、喷嘴的雾化状态等的设置。

（2）技术性能调试

技术性能调试指腐蚀工艺适应不同深度相对应的腐蚀速率等方面的测试。

（3）稳定性能调试

稳定性能调试是指新设备使用一段时间，最少在6个月左右，根据出现故障的次数来决定是否合格。

6．清洗机的调试要求

（1）清洗机性能调试

清洗机性能调试指清洗工艺参数设置，主要包括清洗时的版辊转速、清洗时的环境等设置。

（2）技术性能调试

技术性能调试指清洗工艺适应不同深度相对应的清洗再处理等方面的测试。

（3）稳定性能调试

稳定性能调试是指新设备使用一段时间，最少在3个月左右，根据出现故障的次数来决定是否合格。

第五章

培训指导

第一节　理论培训

学习目标

1. 掌握凹版制版技术理论培训教学的思路，能进行培训教学计划的制定。
2. 掌握编写凹版制版工作指导书的基本要求和方法，能进行工作指导书的编写。
3. 掌握色彩管理的基础理论知识，能进行色彩管理理论培训。

一、操作步骤

① 了解凹版制版员的各级国家职业标准。
② 详略得当地制定理论培训计划和编写工作指导书。
③ 因材施教的进行色彩管理理论培训。

二、相关知识

1. 高级技师的工作要求

高级技师不仅要在技能方面高人一筹，还要在理论上有深厚的基础。要对其他各级别的凹版制版工进行技术知识的培训，需要对各级别工作要求中的相关知识十分熟悉，并形成知识体系，能将这些知识融会贯通，并传授与人，这是对高级技师理论水平的重要检测。任何一名高级技师在做培训前必须认真学习，绝不可敷衍了事。

“印前制作与处理员”国家职业技能标准中“凹版制版员”高级技师的工作要求见表5-5-1。

表5-5-1　高级技师的工作要求

职业功能	工作内容	技能要求	相关知识
1. 图像文字输入	1.1 图像扫描 / 数字拍摄	1.1.1 能生成适应印刷条件的色彩特性文件 1.1.2 能对色彩特性文件进行编辑	1.1.1 色彩管理和色彩特性文件的生成和编辑方法 1.1.2 扫描仪、数字照相机色彩管理专用测试色卡与处理软件的使用方法

续表

职业功能	工作内容	技能要求	相关知识
1. 图像文字输入	1.2 图像处理	1.2.1 能根据不同印品结构选择不同的分色工艺 1.2.2 能识别网点百分比在3%以内的误差	1.2.1 底色去除或非彩色结构原理及工艺特点 1.2.2 输出设备校正的工作流程
2. 图像文字处理及排版	2.1 图文排版	2.1.1 能利用排版软件制定并实施统一编排方案 2.1.2 能制作各种印品的样式模板 2.1.3 能设计包装的立体盒型及模板	2.1.1 美学基础理论知识 2.1.2 数据资产管理和再利用的相关知识 2.1.3 合版印刷的概念
	2.2 标准文件生成	2.2.1 能根据排版与输出不匹配问题提出解决方案 2.2.2 能通过排版软件进行色彩管理	2.2.1 排版与输出不匹配的产生原因及解决方法 2.2.2 排版软件的色彩管理
3. 样张制作	3.1 数字打样实施	3.1.1 能制定印刷机测试样张的数据标准 3.1.2 能使用色彩管理软件编辑色彩特性文件 3.1.3 能进行专色打样的色彩管理	3.1.1 印刷技术国际标准和相关的国家行业标准 3.1.2 色彩管理原理和控制方法 3.1.3 远程打样的工作原理
	3.2 数字化流程实施制作	3.2.1 能提出数字化工作流程软件功能与性能的改进要求 3.2.2 能生成印刷补偿曲线或反补偿曲线	3.2.1 数字化工作流程系统的组成和功能 3.2.2 制作印刷补偿曲线或反补偿曲线的方法
4. 制版	4.1 电子雕刻准备	4.1.1 能制定电子雕刻工艺流程 4.1.2 能根据印刷适性设置相应的电子雕刻层次曲线	制作电子雕刻层次曲线的注意事项
	4.2 电子雕刻控制	4.2.1 能对凹版打样出现的电子雕刻质量问题进行分析并提出解决方案 4.2.2 能制定排除电子雕刻机故障的解决方案	4.2.1 不同电子雕刻机雕刻曲线的对应关系 4.2.2 电子雕刻工艺参数的制定规范 4.2.3 电子雕刻机的电控原理
	4.3 激光雕刻准备	4.3.1 能制定激光雕刻工艺流程 4.3.2 能根据印刷适性生成相应的激光雕刻层次曲线	制作激光雕刻层次曲线的注意事项
	4.4 激光雕刻控制	4.4.1 能对凹版打样出现的激光雕刻质量问题进行分析并制定解决方案 4.4.2 能制定与激光雕刻工艺匹配的辅助工序加工方案 4.4.3 能制定排除激光雕刻机故障的解决方案	4.4.1 激光雕刻工艺参数的制定规范 4.4.2 激光雕刻机的电控原理 4.4.3 激光雕刻质量控制范围
5. 打样样张、印版质量检验	5.1 检验打样样张质量	5.1.1 能使用仪器和软件判定数字打样的质量 5.1.2 能利用样张检验并调节印版的印刷补偿曲线	5.1.1 数字打样质量的评价指标 5.1.2 样张质量标准和检验规则

续表

职业功能	工作内容	技能要求	相关知识
5. 打样样张、印版质量检验	5.2 检验印版质量	5.2.1 能全面准确地分析印版产生质量问题的原因 5.2.2 能解决印版质量问题 5.2.3 能制定减小颜色色差值（ΔE）的解决方案	5.2.1 制版过程中影响质量的因素及解决方案 5.2.2 印版质量标准和检验规则
6. 培训指导	6.1 理论培训	6.1.1 能制订培训教学计划 6.1.2 能进行色彩管理理论培训 6.1.3 能对二级/ 技师及以下级别人员进行技术理论培训 6.1.4 能编写制版工作指导书 6.1.5 能指导二级 / 技师制定色彩管理流程和质量控制规范	6.1.1 培训教案的制定方法 6.1.2 印刷制版理论知识 6.1.3 制版过程中影响质量的因素及解决方案
	6.2 指导操作	6.2.1 能指导和解决生产过程中出现的技术疑难问题 6.2.2 能指导二级 / 技师按照检测标准检测产品质量 6.2.3 能运用新技术组织和指导技术攻关与新产品开发	6.2.1 作业指导书的编写方法 6.2.2 解决技术疑难问题的方法 6.2.3 检测产品质量参数的相关标准
7. 管理	7.1 质量管理	7.1.1 能制定制版各工序质量要求 7.1.2 能根据印品质量调节色彩特性文件 7.1.3 能对供应商来料进行验收 7.1.4 能制定技术升级创新方案	7.1.1 制版材料的相关质量管理要求 7.1.2 生产过程相关规定及实施方法 7.1.3 新技术的发展趋势
	7.2 生产与环境管理	7.2.1 能制定制版各工序的环境保护措施 7.2.2 能提出节能减排和提高设备利用率的解决方案	7.2.1 相关环境管理体系标准 7.2.2 制版设备利用率和成本控制方法 7.2.3 节能减排的管理知识
	7.3 工艺控制	7.3.1 能制定和优化工艺流程 7.3.2 能制定特殊工艺方案 7.3.3 能制定技术升级和创新方案	7.3.1 生产过程相关规定 7.3.2 新技术和新工艺的发展方向

2. 培训教学计划制定的原则和内容

培训一定要看对象，要根据培训的对象来拟定培训目标，编写培训讲义。对于刚入门的新学员，用技师的理论知识来武装他们的头脑是毫无意义的。培训活动是以过程形式出现的，通常把培训过程分为：准备阶段、培训阶段和评价阶段。

（1）准备阶段

准备阶段包括：钻研培训大纲、教材、了解受训人员的情况、编写教案等工作。编写教案的过程是细分教材疑难重点的过程，也是培训教师对自己授课的方式、方法的再设计，一般有条件的地方可选用电子教案。

（2）培训阶段

对于制版相关知识的讲授，拟采用渐进式教学方法组织教学，重点突出、难点分散、由浅入深、科学推理、严密分析。如果是在职职业培训，一定要结合典型案例，采用互动式教学方法，调动学员的学习热情，吸引学员的注意力，引导学员跟随讲课的内容开展积极的思维活动，从形式概念、判断、推理，到认识规律、掌握理论和技能的目标。另外，在课堂教学过程中，恰当、充分地使用现代教学技术手段，如动画、教学片等。当教学课程结束后，要适当布置作业，以便学员更好地消化课程所传授的知识。

（3）评价阶段

考试是课程结束的一种手段，采取覆盖面广、难度适中、以简答、计算、论述、分析和绘图等试题形式的闭卷考试，这样既能考查受训者的学习水平，又能检验培训教师的授课质量，对教学有一个客观的评价。

凹版制版技术相关知识的培训教材是实现课程目标、实施教学的重要资源，因此，对教材的基本要求就是教材内容的科学性、逻辑性和系统性，经过培训教师的讲解，学员能接受理解教材的知识要点，完全消化教材的内容。要根据培训学员的级别选用教材，级别不同选用的教材不同。

当教材确定之后，培训教师要吃透教材，首先要理解教材的每一部分，即划分重点。章的内容是整个知识结构中相对独立的部分，或者是整个知识结构中的一个分支，节是这部分内容中的一个方面或组成部分，而小节就是要讨论的一个问题，找出本教材的难、重点，再根据教材的章节内容，安排需要的课时数进行培训。

3. 制定理论培训计划

（1）制定理论培训计划的依据

培训计划是培训部门组织教育、培训工作的指导文件，是实现教学目的、培养合格人才的重要保证。它是根据相关的教育方针、培养目标和技能等级标准而制定的。

培训计划应体现企业对培养人才的具体要素，因此，它是培训教育和培训工作的主要依据。凹版制版工属于专业工种，其理论知识培训计划的制定应该依照本行业颁布的专业标准，同时需结合企业要求及人员的实际情况而制定。

（2）怎样制定理论培训计划

制定计划之前有许多需要考虑的因素，这些因素直接影响培训计划的质量和效果。

① 基本原则

a. 注重系统性原则。系统性原则主要是指全员性、全方位性和全程性。一方面，全员都是受训者，另一方面，全员都是培训者。而全方位性主要体现在培训的内容丰富宽广，满足不同层次的需求；全程性是指培训过程贯穿于员工职业生涯的始终。

b. 理论与实践相结合的原则符合企业要求的培训目的。培训的根本目的是提高广大员工在生产中解决具体问题的能力，从而提高企业的效益，发挥学员学习的主动性。理论与实践相结合的原则决定培训时要积极发挥学员的主动性，强调学员的参与和合作。

c. 培训与提高相结合的原则。全员培训的重点是培训和提高相结合。全员培训就是有计划、有步骤地对在职的各级各类人员都进行培训，这是提高员工素质的必由之路；组织培训和自我提高相结合。在个人成长环境中，组织和个人的因素都相当重要；人格素质培训和专业素质相结合。首先从培训的知识、技能和态度三方面内容看，三者必须兼备，缺一不可。其次，从培训的难易程度来看，态度的培训更为困难。再次，员工的态度也影响培训效果的好坏。总之，在培训中应将人格素质的训练融入知识技能的学习中，而不是与现实脱节，成为一种形式主义。

d. 人员培训与企业战略文化相适应。培训应服务于企业的总体经验战略；培训应有助于优秀企业文化的塑造和形成；培训应有助于企业管理工作的有序和优化；人员培训应结合企业质量管理要求；人员培训应结合产品质量标准内容。

② 制定培训计划的步骤。包含：分析确定培训需求；分析数据，即根据企业生产质量实际情况，分析员工技能与工作目标的差距，明确培训信息（培训时间、培训名称内容、培训对象、费用预算及讲师人选等）；确定培训方案；与培训相关部门进行沟通确认培训计划。

4. 作业指导书编写的依据和原则

作业指导书是企业质量管理文件中必不可少的一个组成部分。作业指导书的内容包括：图像输入与处理、图文制作与处理、滚筒加工与电镀、实施制版、制版结束后的工作及质量标准等。凹版制版作业指导书根据技术标准、设备标准、专业技术人员的经验以及成熟实用的加工工艺进行编写，主要是进一步阐明生产过程中的具体技术要求、质量标准、工艺要求和操作方法，用于规范现场作业人员的活动行为与进一步明确工序质量标准，对指导生产和确保工作质量与产品质量具有重要意义。

（1）编写工艺书的目的

从格式、内容、发放及管理等方面进一步规范企业作业指导书编写使用等工作，进而完善和健全企业的质量管理体系；使作业指导书更贴近现场实际情况，切实起到指导生产过程的作用，以确保作业人员的工作质量和产品质量，进而确保企业质量方针的执行和质量目标的实现。

（2）工艺书特征要求

编写凹版制版作业指导书时应具备的特征：详细、具体、单一，有很强的操作和针对性；措辞准确、逻辑性强，应具有可检查性，尽量数字化、图表化；应具有经济性，在满足技术标准的情况下充分考虑项目的经济效益和生产成本。

（3）工艺书的编写要求

作业指导书应按照岗位编制，仅限于企业内部指导该岗位作业人员使用，没有普及性和统一性。实际应用中可依据质量管理体系的质量手册、程序文件要求及企业具体情况，同时要熟悉各种型号的凹版制版机的相关技术参数，不可臆造。编写时要结合设备使用说明和企业的各项管理制度。作业指导书的编写包括：开机前检查、开机准备、开机操作、停机操作、现场定制管理、产品标识及安全管理等。编写时要结合设备使用说明和企业的各项管理制度。作业指导书既要指导员工正确使用设备，又要满足企业卫生、安全方面的需求，是一个综合性管理文件。编写完成后，应由企业生产技术负责人或部门主管负责审核，审核完毕报质量管理部批准执行，并及时发放到作业人员手中。

5. 作业指导书的格式和内容要求

① 封面。在封面上应有作业指导书的名字，文件编号，受控标识及受控状态，编写、

核对、审核、批准人员的签字，以及发放日期、项目名称和单位名称。

② 编写依据。主要依据是设备特点、产品技术要求和标准，各种规范、规程，企业的质量手册和程序文件等。

③ 作业对象和适用范围。作业对象就是针对的具体工序或工种，适用范围规定该作业指导书适用的具体作业人员。

④ 人员、设备、材料的配备。作业指导书应明确作业活动中相关人员和操作人员的基本要求，应明确机械的设备型号，必要时可明确质量要求及数量。

⑤ 作业程序（顺序）。

⑥ 作业方法（应作为重点详尽叙述和描写）。

⑦ 作业控制要求和措施。

⑧ 质量检验标准和质量记录要求。

⑨安全注意事项。

⑩ 其他事宜。

总之，作业指导书的编写是确保作业人员质量和确保产品质量的一个必不可少的环节。同时，在企业的质量管理体系中应明确作业指导书是质量管理体系的一个重要组成部分，为了标准化工作行为和规范化工作工序要求，高级技师必须重视作业指导书的编写和执行。

三、注意事项

各制版企业的技术水平、设备、产品不尽相同，所以作业指导书要根据实际情况，从使用角度有针对性地编写，工人技术水平较高的可以简单扼要一些；工人总体水平偏低的企业，编写作业指导书时要尽量把每一步的工作要求写明，特别要注意把动作的前后顺序交代清楚，防止出现操作故障。

第二节　指导操作

学习目标

1. 能指导二级/技师及以下级操作者掌握正确排除技术疑难问题的思路和方法。
2. 能指导二级/技师及以下级操作者使用检测仪器完成数码打样和凹版预打样主要原材料技术指标的检测。
3. 能指导二级/技师及以下级操作者完成数码打样和凹版预打样。
4. 能指导二级/技师完成ICC文件的优化和维护。

一、操作步骤

① 熟悉凹版制版和打样的技术疑难故障分类。

② 指导二级/技师及以下级的操作者正确排除技术疑难。

③ 指导二级/技师及以下级的操作者打样主要原材料进行取样，进行关键技术指标的检测。

④ 指导二级/技师及以下级操作者完成数码打样和凹版预打样的规范操作。

⑤ 指导二级/技师完成ICC文件的优化和维护。

二、相关知识

1. “印前制作与处理员”国家职业技能标准中“凹版制版员”的工作要求

“印前制作与处理员”国家职业技能标准中“凹版制版员”五级/初级、四级/中级、三级/高级、二级/技师的工作要求分别见表5–5–2、表5–5–3、表5–5–4、表5–5–5。

表5–5–2　“凹版制版员”五级/初级的工作要求

职业功能	工作内容	技能要求
1. 图像文字输入	1.1 原稿准备	1.1.1 能对用户提供的原稿进行核对、分类和清洁 1.1.2 能识别连续调、网目调和数字原稿
	1.2 图像扫描	1.2.1 能使用扫描设备及软件获取原稿的数字图像 1.2.2 能使用数字照相机获取数字图像 1.2.3 能清洁扫描设备和数字照相机
	1.3 文字录入	1.3.1 能按工艺单要求完成文字录入操作 1.3.2 能在30min内录入2000个汉字和字符，错误率低于3‰ 1.3.3 能对接收的文字稿件进行校对，错误率低于1‰
2. 图像文字处理及排版	2.1 图像处理	2.1.1 能选择图像文件格式并存储图像文件 2.1.2 能将图像文件传输到处理设备 2.1.3 能使用图像处理软件对图像进行变换、裁剪处理 2.1.4 能使用图像处理软件改变图像分辨率及尺寸 2.1.5 能创建选择区域和路径提取图像
	2.2 图形制作	2.2.1 能使用图形软件绘制图形 2.2.2 能用颜色和图案对图形进行填充
	2.3 图文排版	2.3.1 能输出分层文件 2.3.2 能使用排版软件进行书报刊排版 2.3.3 能进行文字属性设置 2.3.4 能对文件进行格式转换
3. 样张制作	3.1 数字打样准备	3.1.1 能清洁打印喷嘴 3.1.2 能更换打样机墨水 3.1.3 能安装打印介质

续表

职业功能	工作内容	技能要求
3. 样张制作	3.2 数字打样	3.2.1 能设置纸张页面尺寸与横、纵方向 3.2.2 能设置输出字体 3.2.3 能设置缩放比例 3.2.4 能设置出血、裁切线等标记 3.2.5 能识别与处理数字打样机的缺纸、卡纸、缺墨等故障
4. 制版	4.1 电子雕刻准备	4.1.1 能在电子雕刻机上装、卸滚筒 4.1.2 能按照工艺要求清除版面的油污、灰尘、氧化物，并检查滚筒表面是否有质量缺陷
	4.2 实施电子雕刻	4.2.1 能在电子雕刻机的控制面板上输入参数 4.2.2 能使用雕刻控制软件启、停电子雕刻机对滚筒进行雕刻 4.2.3 能使用网点测试仪测量网点参数
	4.3 激光雕刻滚筒涂胶	4.3.1 能清除版面的油污、灰尘、氧化物 4.3.2 能用辅助工具在涂胶机上装、卸滚筒 4.3.3 能操作涂胶机对滚筒进行涂胶
	4.4 激光雕刻滚筒腐蚀	4.4.1 能用辅助工具在腐蚀机上装、卸滚筒 4.4.2 能操作腐蚀机对滚筒进行预腐蚀和腐蚀 4.4.3 能清洗腐蚀后版面的残留物
5. 打样样张、印版质量检验	5.1 检验打样样张质量	5.1.1 能检验打样样张的尺寸与内容 5.1.2 能目测各种样张的白线、蹭墨、重影等缺陷
	5.2 检验印版质量	5.2.1 能目测印版的划伤、折痕、脏痕等缺陷 5.2.2 能对照签样检查版面尺寸，有无丢字、乱码、缺图、变形等问题

表5-5-3 “凹版制版员”四级/中级的工作要求

职业功能	工作内容	技能要求
1. 图像文字输入	1.1 原稿准备	1.1.1 能判断原稿的质量 1.1.2 能计算原稿的缩放倍率
	1.2 图像扫描、拍摄	1.2.1 能设定扫描设备的参数 1.2.2 能设定数字照相机参数并拍摄 1.2.3 能按照复制要求和印刷条件进行图像分色设置 1.2.4 能识别网点百分比在10%以内的误差
	1.3 文字录入	1.3.1 能录入特殊（生僻）文字和特殊符号 1.3.2 能进行汉字和外文或少数民族文字的混合录入 1.3.3 能识别字体的种类
2. 图像文字处理及排版	2.1 图像处理	2.1.1 能对图像的层次进行调整 2.1.2 能校正图像颜色并调整清晰度 2.1.3 能进行图像修饰 2.1.4 能选用色彩特性文件进行分色 2.1.5 能使用图像处理软件进行分色
	2.2 图形制作	2.2.1 能对图形元素实施路径运算 2.2.2 能对图形进行渐变填色、实时上色和描边 2.2.3 能设置各种专色

续表

职业功能	工作内容	技能要求
2. 图像文字处理及排版	2.3 图文排版	2.3.1 能对版面元素进行检查 2.3.2 能检查链接文件 2.3.3 能进行主页设置，添加、删除、移动页面等操作 2.3.4 能制作表格 2.3.5 能进行图文混排
	2.4 标准文件生成	2.4.1 能输出拼页与拆页文件 2.4.2 能输出页面描述语言文件 2.4.3 能设置渐变级数
3. 样张制作	3.1 数字打样准备	3.1.1 能按要求选择和准备油墨、承印物等 3.1.2 能对打样机进行日常维护保养 3.1.3 能根据需要选择打样软件的参数和色彩特性文件
	3.2 数字打样	3.2.1 能在RIP处理前后进行数字打样 3.2.2 能进行专色版文件打样 3.2.3 能判断版面出血设置的正确性 3.2.4 能按照标准参数调节打样机
4. 制版	4.1 实施电子雕刻	4.1.1 能检查滚筒表面是否有质量缺陷 4.1.2 能对滚筒进行试雕和补雕 4.1.3 能根据要求换针雕刻 4.1.4 能通过RIP对雕刻文件进行加网
	4.2 实施激光雕刻	4.2.1 能调配激光涂胶液 4.2.2 能调配预腐蚀液及腐蚀液 4.2.3 能设置雕刻参数 4.2.4 能发现雕刻后滚筒表面的异常 4.2.5 能设置腐蚀机的工作参数并进行腐蚀操作 4.2.6 能对凹版制版设备进行维护保养
5. 打样样张、印版质量检验	5.1 检验打样样张质量	5.1.1 能加载测控条和打样信息 5.1.2 能通过加载的测控条检验打样质量
	5.2 检验印版质量	5.2.1 能用测量仪器测量印版的网点及角度 5.2.2 能检验加网文字、线条的清晰度和完整度

表5-5-4 “凹版制版员”三级/高级的工作要求

职业功能	工作内容	技能要求
1. 图像文字输入	1.1 原稿准备	1.1.1 能判定原稿复制的适用性 1.1.2 能对图像数据格式文件进行格式转换
	1.2 图像扫描/数字拍摄	1.2.1 能对不同类别原稿进行定标并获取数字图像 1.2.2 能对分色图像的质量进行检查和调节 1.2.3 能识别和处理扫描设备的报警信息 1.2.4 能导入/保存扫描（拍摄）参数数据 1.2.5 能设置多任务扫描

续表

职业功能	工作内容	技能要求
2. 图像文字处理及排版	2.1 图像处理	2.1.1 能进行图像的融合和特效处理 2.1.2 能配置和指定色彩特性文件 2.1.3 能检查显示器的色彩还原准确性 2.1.4 能检测工作环境的光源显色指数 2.1.5 能识别网点百分比在8%以内的误差
	2.2 图形制作	2.2.1 能对图形进行特殊效果处理 2.2.2 能对图形进行外观设置和图像描摹 2.2.3 能使用图形软件绘制模切版 2.2.4 能使用图形软件制作各种专色印版
	2.3 图文排版	2.3.1 能进行补字和拼注音排版 2.3.2 能设置补漏白、叠印、富黑和铺底的参数 2.3.3 能对数理化公式、特殊字符进行编排 2.3.4 能处理中文竖排中的排版问题 2.3.5 能设计各种装饰艺术版面 2.3.6 能设置文字与图像、图形对象的跟随关系 2.3.7 能根据工艺要求拼版 2.3.8 能设置套印标记、检测线
	2.4 标准文件生成	2.4.1 能输出PDF文件 2.4.2 能设置颜色转换的ICC（International Color Consortium，国际色彩协会）色彩管理标准文件
3. 样张制作	3.1 数字化流程制作	3.1.1 能设置数字化流程中的预检、补漏白、拼版、色彩管理模块的参数 3.1.2 能选择印刷补偿曲线或反补偿曲线 3.1.3 能备份工作流程作业文件 3.1.4 能创建工作流程作业文件与传票 3.1.5 能在流程中设置字库与补字库参数
	3.2 数字打样	3.2.1 能安装、设置及使用数字打样软件 3.2.2 能设置打样机的功能参数 3.2.3 能进行软件参数的备份与恢复
4. 制版	4.1 电子雕刻准备	4.1.1 能使用电子雕刻机的拼版软件拼版 4.1.2 能设置加网参数
	4.2 实施电子雕刻	4.2.1 能处理雕刻中及雕刻后出现的打针、漏雕等简单问题 4.2.2 能对辊筒进行补雕
	4.3 激光雕刻准备	4.3.1 能设置涂胶机的工作参数 4.3.2 能对涂胶机、腐蚀机进行维护保养
	4.4 实施激光雕刻	4.4.1 能设置激光雕刻机的工作参数 4.4.2 能选用激光雕刻网点形状
	4.5 激光雕刻滚筒腐蚀	4.5.1 能检测腐蚀液的波美度 4.5.2 能目测检查腐蚀后的版面质量

续表

职业功能	工作内容	技能要求
5. 打样样张、印版质量检验	5.1 检验打样样张质量	5.1.1 能使用测量仪器测量样张的各项技术参数 5.1.2 能使用测控条检验样张的质量 5.1.3 能提出并实施打样机的周、月保养计划
	5.2 检验印版质量	5.2.1 能使用测量仪器和测控条检查网点形状完整性和网点增大值，并提出制版工艺的改进建议 5.2.2 能对印版质量进行综合检查，并对产生的问题提出解决方案

表5-5-5 “凹版制版员”二级/技师的工作要求

职业功能	工作内容	技能要求	相关知识
1. 图像文字输入	1.1 图像扫描/数字拍摄	1.1.1 能根据各类原稿的特点设置扫描参数 1.1.2 能对图像质量进行分析 1.1.3 能对非标准原稿进行扫描调整 1.1.4 能利用标准原稿生成扫描仪和数字照相机的特性文件	1.1.1 去网扫描的原理 1.1.2 非标准原稿的种类与调整方法 1.1.3 扫描仪和数字照相机色彩管理的流程与方法 1.1.4 屏幕校正仪的功能
	1.2 图像处理	1.2.1 能进行多图像的融合及缺损的修复 1.2.2 能从图像信息表上判断颜色的准确性 1.2.3 能用图像处理软件进行图像输出设置 1.2.4 能对专色图像进行补漏白、叠印处理 1.2.5 能识别网点百分比在5%以内的误差 1.2.6 能进行灰平衡的校正	1.2.1 专色概念及专色图像处理方法 1.2.2 蒙版、图层、通道、滤镜的图像处理方法 1.2.3 灰平衡的概念
2. 图像文字处理及排版	2.1 图文排版	2.1.1 能进行文件跨平台、跨版本软件之间的相互转换 2.1.2 能处理字体冲突，进行字体替换 2.1.3 能进行可变数据排版 2.1.4 能对格式化程度高、数据量大的书籍进行批处理和自动排版 2.1.5 能设置并管理多级标题编号，完成目录、索引的生成 2.1.6 能编辑、使用并管理版面素材库 2.1.7 能根据版面的模切成型要求、纸张开料方向，设置不同的版面拼版位置	2.1.1 图文的排版流程 2.1.2 印品质量要求 2.1.3 出版物的结构和要素 2.1.4 专业学科排版规范 2.1.5 数据库的概念
	2.2 标准文件生成	2.2.1 能制作输出参数模板 2.2.2 能制作补字文件，补充字库所缺字符	2.2.1 网络基础知识 2.2.2 字库结构基本知识
3. 样张制作	3.1 数字打样实施	3.1.1 能对数字打样样张颜色进行调节 3.1.2 能使用色彩管理软件制作色彩特性文件	3.1.1 色度系统知识 3.1.2 图像颜色空间转换的再现意图概念 3.1.3 色彩管理软件的种类和特点 3.1.4 数字打样使用的色标类型 3.1.5 色彩管理在印前处理中的应用方法

续表

职业功能	工作内容	技能要求	相关知识
3. 样张制作	3.2 数字化流程实施制作	3.2.1 能根据不同的印品选择适用的加网方式 3.2.2 能根据印后加工的要求制作各种拼版的模板 3.2.3 能安装、调试数字化工作流程软件 3.2.4 能设置特殊印刷效果的分色片制作参数	3.2.1 多种加网方式的印刷适用性 3.2.2 数字化工作流程软件的性能和应用
4. 制版	4.1 电子雕刻准备	4.1.1 能按要求更换并调整刮刀、滑脚 4.1.2 对电子雕刻针形的优劣进行判断 4.1.3 能在拼版过程中根据工艺文件对图文内容制定相应的电子雕刻工艺参数	4.1.1 刮刀、滑脚更换注意事项 4.1.2 电子雕刻工艺规范
	4.2 实施电子雕刻	4.2.1 能排除电子雕刻机的简单机械故障 4.2.2 能对雕刻过程中产生的网变等参数变化做出判断	4.2.1 雕刻参数变化对印品质量的影响 4.2.2 电子雕刻机的机械结构
	4.3 涂胶及激光雕刻准备	4.3.1 能对激光网点形状进行设置 4.3.2 能选择激光雕刻工艺	4.3.1 激光网点的类型和适用范围 4.3.2 激光雕刻工艺要求和质量要求
	4.4 实施激光雕刻	4.4.1 能对雕刻质量问题进行分析并制定解决方案 4.4.2 能排除激光雕刻机的故障	4.4.1 操作环境对激光雕刻的影响 4.4.2 激光雕刻机的故障原因及排除方法
5. 打样样张、印版质量检验	5.1 检验打样样张质量	5.1.1 能检测网点密度、色差值（ΔE）、打样相对反差值（K值）、网点增大值和湿压湿的叠印率 5.1.2 能根据检测的结果与质量缺陷提出纠正措施 5.1.3 能对印品设计缺陷进行分析并提出解决方案	5.1.1 色差值（ΔE）的相关知识 5.1.2 相对反差值（K值）、叠印率的基本概念和计算方法 5.1.3 印品质量的评价知识
	5.2 检验印版质量	5.2.1 能对印版质量进行综合检查、分析，并提出改进建议 5.2.2 能分析、判断印版质量与印品质量间的关系，并提出解决方案	5.2.1 分析和调节印品误差的方法 5.2.2 印品质量标准
6. 培训指导	6.1 理论培训	6.1.1 能编写培训讲义 6.1.2 能进行印前处理与制版基础知识讲座 6.1.3 能讲述本专业技术理论知识	6.1.1 培训讲义的编写要求 6.1.2 本职业行业标准和国家标准 6.1.3 理论培训的程序和要点
	6.2 指导操作	6.2.1 能指导三级/高级工对高难度印品进行打样操作 6.2.2 能指导三级/高级工使用仪器和设备检测样品质量	6.2.1 指导操作的步骤和要点 6.2.2 制版所用检测仪器、设备的适用范围和使用方法 6.2.3 影响印刷质量的因素 6.2.4 印刷机的构成及工作原理

续表

职业功能	工作内容	技能要求	相关知识
7. 管理	7.1 质量管理	7.1.1 能进行印品的等级评定 7.1.2 能应用质量管理体系知识，实现操作过程中的质量统计、分析与控制	7.1.1 印刷的相关质量管理标准及各种打样工艺质量管理要求 7.1.2 生产管理基本知识，安全技术操作规程，质量统计、分析与控制方法
	7.2 生产管理	7.2.1 能针对打样中可能出现的问题提出相应的预案 7.2.2 能依据ISO 9001国际标准制定打样工序的质量管理方案 7.2.3 能进行生产计划、调度、设备安全及人员的管理 7.2.4 能制定部门的环保作业措施	7.2.1 相关环境保护标准和质量标准 7.2.2 生态环境保护作业的措施
	7.3 工艺控制	7.3.1 能制定、优化制版的工艺流程 7.3.2 能对特殊产品制定工艺方案 7.3.3 能根据各工序生产情况制定生产计划 7.3.4 能分析产品质量问题的产生原因	7.3.1 各类印刷工艺特点 7.3.2 国内外最新的制版工艺和技术

2. 与制版相关的凹印常见故障成因及对策

（1）套色精度差

① 印版滚筒的径差不良。

产生原因：制版时径差增长量不准。

解决方法：测量径差。

② 图案尺寸移位。

产生原因：较小的辊径套印精度难以控制。

解决方法：如印袋长度较短，可采用拼版法，即一块印辊上印两个以上的袋子，加大辊径。

（2）图案尺寸移位

① 印刷时，纵向图案尺寸收缩。

产生原因：收缩余量不足。印刷时由于塑料薄膜张力与加热干燥的影响，薄膜的纵向尺寸比印刷图文的收缩量大。

解决方法：制版时要适当地留有收缩量的尺寸和把薄膜张力降到最低。

② 印刷时，纵向方向的图案尺寸伸长。

产生原因：制版时凹版尺寸对收缩余量留得过多。

解决方法：增加薄膜张力。

（3）印品层次再现性差

① 高光（亮调）过深。

产生原因：印版过深。

解决方法：增加网目、减少油墨中的色料和适当加大刮墨刀与印版表面的角度。

② 高光过浅。

产生原因：印版的深度不够。

解决方法：使用深色调的油墨、适当减小刮墨刀与印版表面的角度。

③ 暗调（暗部）过深。

产生原因：印版过深。

解决方法：由于油墨干燥不足，墨层有结块的可能，必要时要重新换版。

④ 暗调密度不足。

产生原因：印版深度不够。

解决方法：使用深色调墨油。

（4）规则性和无规则性线痕（刀线）

① 规则性线痕。

产生原因：印版滚筒磨损掉铬，铜层裸露。

解决方法：

第一种方法，用80目的铜网重新过滤油墨，并用600号水砂纸细磨刀刃或更换墨刀。

第二种方法，用800号水砂纸蘸溶剂细磨划伤处；这两种方法只针对非图文部分。

第三种方法，用溶剂洗净印版，用502胶水和铜粉调补划伤，并拿细砂纸轻轻打磨光滑，此方法适于短版产品。

② 无规则性线痕。

产生原因：印版滚筒铬层表面处理不平滑，过于粗糙。

解决方法：

a. 用600号水砂纸打磨刀刃。

b. 用800号或600号水砂纸蘸溶剂来回打磨印版滚筒，注意磨至图文部分时用力不要过大，如不理想可与制版厂联系重制印版滚筒。

（5）印迹发虚，露底

产生原因：堵版或印版上网点磨损，掉铬。

解决方法：

① 增大印刷压力。

② 油墨中尽量少用白墨（颗粒多易伤版），可用冲淡墨代替。

③ 用毛刷蘸上溶剂洗净版孔内残留的油墨，提高转移率。

（6）在专色上金墨叠印不实（露金）

产生原因：印版滚筒上网穴深度不够。

解决方法：制版时网穴深度应根据情况而定。

3．塑料凹印电雕制版常见问题及解决方法

（1）字符错位、乱码

产生原因：主要原因就是机器和文件机器之间的字库不匹配，发生了字体丢失问题；也有可能是RIP版本太低造成的。

解决方法：

① 更新字库，在设计时尽量使用常用字库的常用字体，同时要加强RIP的检查工作。

② 升级RIP。

（2）图案颜色偏浅

产生原因：

① 在扫描分色或者电脑校色过程中，图像高光和暗调定标值都偏小。

② 加网线数太高。

③ 电雕针的角度偏大。

④ 电雕针已磨损。

⑤ 试雕时设定的高光和暗调值偏小，造成雕刻出的图像整体变浅。

⑥ 调用了不合适的电雕曲线。

⑦ 电镀铜层的硬度不够，在压力作用下网墙倒下，网穴随之减小，造成图案整体变浅。

解决方法：

① 重新分色，并对图像的高光和暗调进行正确定标。

② 适当降低加网线数。

③ 更换角度较小的电雕针，一般用130°的针，有时雕表印版或涂布辊大面积实地色版时用120°的针。

④ 更换新的电雕针。

⑤ 重新雕刻，并调高试雕时高光和暗调的设定值。

⑥ 换用合适的电雕曲线，并重新雕刻。

⑦ 调整镀铜药液的配比，并适当提高铜层的硬度，一般来说，铜层的硬度应控制在维氏180°～210°。

（3）图案颜色偏深

产生原因：

① 在扫描分色或电脑校色过程中，图像高光和暗调的定标值偏大。

② 加网线数偏低；电雕针的角度不合适。

③ 试雕时设定的高光和暗调值都偏大，造成雕刻出来的图像整体变深。

④ 调用了不合适的电雕曲线。

解决方法：

① 重新分色，并对图像高光和暗调进行正确定标。

② 提高加网线数。

③ 更换角度稍大的电雕针。

④ 减少试雕时高光和暗调的设定值，重新进行雕刻。

⑤ 换用合适的电雕曲线雕刻。

（4）图像的亮部高光偏深或偏浅

产生原因：

① 扫描分色或校色过程中，图像高光部分的定标值偏大或偏小。

② 试雕时，高光设定值偏大或偏小。

解决方法：

① 重新扫描分色或重新校色，并正确设定图像的高光和暗调值。

② 减小或增加高光试调值，重新雕刻。

（5）图像的暗调偏浅或过深

产生原因：

① 扫描分色或校色过程中，图像暗调的定标偏小或偏大。

② 试雕时，暗调设定值偏小或偏大。

解决方法：

① 重新扫描分色或重新校色，并正确设定图像的高光和暗调值。

② 增大或减小暗调试雕值，重新雕刻。

（6）图像粗糙有龟纹

产生原因：各色版的角度不合适。

解决方法：调整各色版角度。

（7）图像发生偏色

这种问题在制版过程中也是比较常见的，企业操作者知道在图像的复制过程中，很重要的一点就是灰平衡。只有在保证灰平衡的前提下才能够正确地实现图像的再现，达不到灰平衡，图像就会出现偏色。下面就以图像偏蓝为例进行分析。

产生原因：

① 扫描分色或颜色校正不正确，未能保持灰平衡。

② 电雕过程中青版雕刻过深。

解决方法：

① 必须重新进行扫描分色和颜色校正，同时必须注意保持灰平衡。

② 重新雕刻青版，使青版跟黄、品红、黑等其他色版的深度保持平衡。

（8）图像部分模糊不清，层次效果差

产生原因：

① 扫描分辨力太低。

② 层次校正不当，造成图像层次的丢失。

③ 图像文件格式的转换次数太多，或者图像经过过度压缩，层次丢失严重。

④ 图像没有进行锐化或者锐化不够。

解决方法：

① 提高扫描分辨力，重新扫描。

② 提高层次校正效果。

③ 应尽量减少图像格式的转换次数，尽量不要压缩图像，以免损失图像层次。

④ 一般来说，扫描校色后的图像，最后都要锐化一下，以提高图像的清晰度，突出立体效果，尤其是静物和带毛的动物，锐化程度可以稍大一些。

（9）大面积实地色块印墨不匀

大面积实地色块对制版要求较高，既要做到墨层厚薄适宜，又要保证墨色均匀。因此，对电雕网线数、网线角度和网穴深度都是有相应要求的。一般来说，作为底色的大面积实地色常常设计成专色。

产生原因：

① 网穴雕刻太深。

② 网线数和网线角度搭配不当。

解决方法：

① 大面积实地区域的网穴雕刻深度一般在45 ~ 50μm。

② 改变网线数或者加网角度，使大面积色块尽量印刷均匀。

（10）浅网部分不均匀或者出现磨辊印

产生原因：

① 在电脑制作过渡浅网时未进行加噪处理或者强度不够。

② 版辊研磨不够仔细。

解决方法：

① 在电脑中用软件做过渡浅网时，最好采用加噪处理，以使浅网过渡均匀。

② 带浅网的版辊研磨时一定要用细磨石仔细研磨，而且要多研磨几遍。

（11）镀铜层粗糙，砂眼太多

产生原因：

① 镀铜槽中混入了油污或杂质颗粒。

② 镀铜电流太高。

③ 镀铜药液的pH值偏高，酸性不足。

④ 温度不当。

解决方法：

① 用活性炭吸附，或者对药液进行过滤，若仍无效则应重新配制药液。

② 降低电流强度。

③ 向镀槽内添加硫酸。

④ 调整药液的温度。

（12）镀铜层硬度低

产生原因：

① 药液中硫酸含量低。

② 温度和电流强度设置不当。

解决方法：

① 添加硫酸到适当比例。

② 调整温度和电流强度。

③ 加适量的镀铜硬度添加剂。

（13）版辊镀铬层起皮、脱落或露铜

产生原因：

① 镀铬药液温度过高。

② 在镀铬前版辊的铜层上有油污或氧化物。

③ 电流强度配合不当。

解决方法：

① 适当降低镀铬药液的温度。

② 镀铬前要用溶剂和去污粉等彻底清洗铜层表面。

③ 调整电流强度。

（14）纵向套印不准

产生原因：

① 版辊直径递增值有偏差，超出正常的误差范围，造成套印不准。

② 相邻两根版辊用错，径差出现负增长从而造成套印不准。

③ 版辊直径太小或太大，两者均不利于套准控制。

④ 陷印值大小设置不当，出现漏白。

解决方法：

① 严格控制版辊直径及径差值，提高版辊的加工精度。

② 重新进行电镀和电雕。

③ 调整拼版方法，使版辊直径趋于合理。

④ 一般来说，陷印值为0.1～0.3mm，当然这要根据印刷套印精度以及活件的具体情况来确定。

⑤ 多色套印部分在进行制作时，应使后一色比前一色小线，以利于套印。

（15）横向套印不准

产生原因：版辊加工精度不高，两端锥孔不同心，即版辊呈椭圆状。

解决方法：提高版辊加工精度，使版辊两端锥孔不同心的程度尽量控制在误差范围内。

（16）刀丝

产生原因：

① 镀铬粗糙，表面有突起（小铬瘤）。

② 版辊上有划道。

③ 刮刀有豁口或已磨损。

解决方法：

① 重新对版辊进行抛光。

② 检查版辊表面，如未伤及铜层，可退铬重镀，若已伤及铜层，必须重新制版。

③ 更换新的刮刀。

（17）污点（非图文部分出现的小脏点）

产生原因：

① 镀铜砂眼。

② 版辊上有损伤。

③ 油墨中有墨皮。

解决方法：

① 重新制版，严格控制砂眼的产生。

② 检查是否伤及铜层，如未伤及铜层，可退铬重镀，若已伤及铜层，必须重新制版。

③ 搅拌油墨或更换新墨。

（18）样张不干净

产生原因：

① 静电太大或打样车间内太干燥，灰尘或杂质吸附在薄膜表面。

② 打样所用擦机布质量差，易掉毛、起静电、吸附灰尘。

解决方法：

① 使用除静电装置或者控制车间内的温湿度，相对湿度保持在50%～60%，室温保持18～25℃，并保持环境清洁卫生。

② 尽量采用棉质擦机布，提高打样质量。

4. 凹版打样技术疑难故障

（1）色标位置错误

现象：黑色标周向位置距离大，影响套印，如图5-5-1所示。

产生原因：画稿时背景文件借用，做好文件后检验时发现色标距离下方裁切距离小，就将色标选中向下移动了3mm，而黑色色标没有同其他色标成组就没有移动，导致间距大了3mm。

解决办法：

① 做背景文件时，把相同属性的内容成组，并且在做改动时逐步地检查与之相关的内容是否有冲突，更改是否有遗漏，对于有距离要求的活，做完改动后再测量一次数据的正确性。

② 背景文件打成品样检查并测量重要部分尺寸是否同客户要求一致，或是否同印刷常规冲突。

（2）整体图案雕偏

现象：整体图案雕偏在版辊不居中。

产生原因：

① 画稿时排大版文件，排版图只标了个横向和周向尺寸。

② 忘记标排版图右侧的套印圈距离版头17mm。

解决办法：图案在版辊居中，（但不包含版头的套印圈）版头的套印圈距离版端17mm，要仔细检查，看有没有漏标。

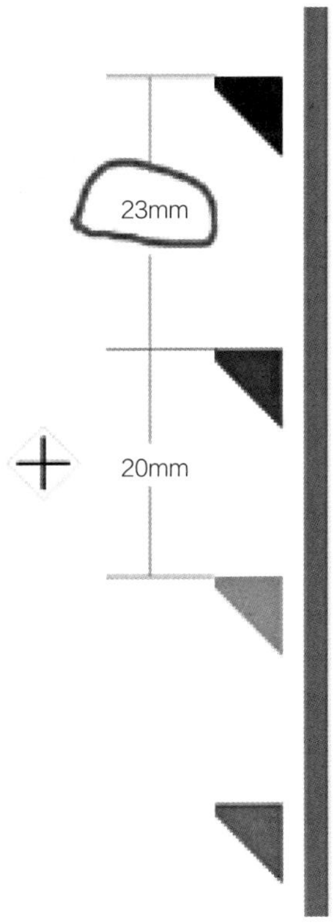

图5-5-1　色标位置错误

（3）横向套不准

解决办法：

① 在上版辊时要注意堵孔是否有铁屑等杂物。

② 在雕刻完成后，对于雕车数据一定要记录清楚。

（4）文件雕错

预防措施：

① 上版前看版号和序号。

② 试雕前看版号和序号。

③ 选文件前对照工艺书，根据工艺书指示选对文件名。

（5）测网点，局部网点化

预防措施：

① 雕完测量网值时注意测试仪与版面的距离，切勿转动辊。

② 对于重制、改版的活，尽量在同一机型雕刻，防止两次不一样造成网穴深或浅。

③ 对于相同多支版的情况，尽量在同一机型雕刻，这样效果会达到一致。

（6）拼版漏拼文件

预防措施：

① 拼版时填写工艺书时，打开拼版页面一一进行填写，防止分雕时漏写分雕内容。

② 雕刻人员在传文件时发现多色情况，要联系拼版人员或者通知车间将问题查清楚再进行雕刻，防止拼版人员疏忽。

（7）网点回填和亮点

产生原因：

① 低、高速头系统互换。

② 刮刀本身弧面磨损（刮刀磨平时最易出亮点）。

③ 刮刀与针相对位置不对。

④ 刮刀压力过大或过小。

⑤ 吸屑管吸力不足。

解决方法：

① 检查刮刀位置。

② 定期更换刮刀。

③ 每次换完针后，均须校正刮刀位置。

④ 调整刮刀时，操作者必须在较粗的试验辊上校正。

⑤ 更换刮刀时，要检查刮刀的弧面及钻石大小。

（8）马克线错

产生原因：

① 马克线用错。

② 马克线裁错宽度。

③ 位置放错。

④ 马克线所加小字位置及方向错。

⑤ 马克线色序错。

⑥ 马克线多拼或少拼电子色标。

⑦ 多或少“+”字马克线。

解决方法：

① 电雕存档一定要用专用马克线名称。

② 将专用马克线文件大小做成一致。

③ 对版“+”字马克线指示要准确。

④ 专用马克线要指示裁切宽度。

⑤ 在拼版时，车间内部对马克线的检查要从马克线的名称、位置、尺寸、色序多或少逐步进行检查。

5．纸张和薄膜关键技术指标的检测设备和检测方法

（1）纸张关键技术指标及检测设备

① 定量。指按规定的试验方法，测定纸和纸板单位面积的质量，以g/m^2表示。用到的仪器：天平，试样质量5g以下天平分度值0.001g；5g以上，0.01g；50g以下，0.1g。实验室用的较多的是天平，从常见的千分之一、万分之一天平到不常见的微量天平都有。

② 厚度。纸张在两测量面间承受一定压力，从而测量出两表面间的垂直距离，其结果以mm表示。纸张的厚度检测设备多种多样，简易的有游标卡尺、螺旋测微器。

③ 挺度。指纸张一端夹紧、一端弯曲至15°所使用的力或力矩。纸张的挺度检测设备也有众多，比较常见的有：泰伯挺度仪、卧式挺度仪、L&W挺度测试仪（瑞典L&W公司是造纸行业著名的检测设备制造商，其设备专供造纸行业使用）。

④ 强度性能。纸张的强度性能主要指内结合强度、抗张强度、撕裂强度、耐破度和耐折度。其中，内结合强度是指纸张层与层之间的结合力大小；抗张强度是指纸张断裂前所受到的最大的力，用抗张强度仪测量；撕裂强度是指将预先切有切口的纸撕至一定长度所需力的平均值，若起始切口是纵向的，则所测结果是纵向撕裂度，结果以mN表示；耐破度是指纸在单位面积上所能承受的均匀增加的最大压力，以kPa表示，用耐破度仪检测；耐折度是指在标准张力条件下进行试验，试样断裂时的双折叠次数的对数（以10为底）。

⑤ 平滑度。在特定的接触状态和一定的压差下，试样面和环形面之间由大气泄入一定量空气所需的时间，以s表示。检测设备为平滑度仪。

⑥ 白度。纸张的表面亮度、颜色指标。检测设备为白度仪。

⑦ 粗糙度。纸张表面的平整程度，分为本特森粗糙度和帕克粗糙度。

（2）薄膜材料性能的检测

薄膜材料性能包括阻隔性能（含氧气透过率/气体透过率/水蒸气透过率）、热封强度、拉伸、断裂、剥离强度、厚度、摩擦系数、抗冲击、耐撕裂、蒸发残渣等指标检测。

① 透氧性测试仪。是一款专用于薄膜试样和容器试样的氧气透过率测试仪。主要测试设备包括两种：等压法氧气透过率测试仪和压差法氧气透过率测定仪。其中等压法氧气透过

率测试仪可用于材料的氧气、空气的透过率测试；压差法氧气透过率测定仪可用于测试材料的多种气体透过性能，例如氧气（O_2）、氮气（N_2）、氦气（He）、二氧化碳（CO_2）等，通过特殊改制还可进行氢气（H_2）、甲烷（CH_4）等易燃易爆危险气体的透过率检测。

② 热封测试仪。设备采用热压封口法测定塑料薄膜基材、软包装复合膜、涂布纸及其他热封复合膜的热封温度、热封时间、热封压力等参数。熔点、热稳定性、流动性及厚度不同的热封材料，会表现出不同的热封性能，其封口工艺参数可能差别很大。试验时，将待封试样置于热封性测试仪的上下热封头之间，在预先设定的温度、压力和时间下，完成对试样的封口。

6. 规范操作的意义和重要性

一个团队的执行力取决于是否有规范的指导，不完善的规范会对工作过程产生错误的引导作用，降低工作的效率。而完善的规范，对工作的进行起到指导和保驾护航的作用，提高了工作效率。规范操作包括很多方面，比如企业安全规范操作、质量规范、管理规范等。涉及企业内部管理的方方面面。

企业安全规范是国家各项安全生产法律、法规、规范、标准在企业的延伸和细化。因此，建立健全安全管理制度必须遵循3个基本原则，即科学性、可行性和现实性。也就是企业制定的安全管理规章制度，既要有科学依据，又要有可操作性，还要符合企业的实际情况，满足劳动者的安全需要。

在工厂的安全生产事故中，因为一个小小的违章操作，就可能引发一连串的安全事故。遵守安全生产操作规程的重要性，由此可见一斑。一定要从安全事故中吸取教训，“前事不忘，后事之师”，只有警钟长鸣，才能有效防止事故的发生。“安全第一，预防为主”，事实上，工厂里的很多安全事故，往往是由于当事人违规操作造成的，这类安全事故是完全可以避免的。

三、注意事项

① 指导思路需清晰明了。

② 示范动作需准确规范。

③ 指导过程需明确操作关键点，并做到安全操作。

第六章

管理

第一节 质量管理

学习目标

1. 能制定电子雕刻凹版和激光雕刻凹版制版质量标准，以及车间质量管理措施。
2. 了解供应商资质评定条件和考核办法，能实施制版设备的验收。

一、操作步骤

① 熟悉电子雕刻凹版和激光雕刻凹版的制版工序和质量控制要点。

② 制定电子雕刻凹版和激光雕刻凹版制版质量标准。

③ 制定车间质量管理措施。

④ 了解供应商管理和考核方法，熟悉资质评定要求。

⑤ 制定验收标准，实施制版设备验收。

二、相关知识

1. 制定制版质量标准的方法

产品质量标准分为国家标准、行业标准、企业标准以及客户专用标准。产品质量标准应由供需双方共同商定。在没有商定执行标准的情况下，当对产品质量发生争议时可能会以国家标准作为仲裁依据，制版企业应对此引起重视。如何采纳产品质量标准建议作如下考虑。

（1）执行企业标准

企业标准是企业参考国家标准、行业标准，按照自身生产、技术、设备和管理能力，参考产品特性进行制定，是比较切合实际的标准，通常企业标准也会高于国标或行标。因此，在客户没有特别要求的情况下可以优先考虑采用企业标准，以便在各部门和员工中形成固定且熟悉、具体的质量标准概念，强化质量意识。

（2）特殊产品标准

当客户对产品有特殊要求时，应对其制定专用的产品标准。具体做法如下：

① 与客户沟通，充分了解客户的要求，虚心听取客户的意见，耐心细致地为客户介绍

印刷加工和质量控制全过程，使客户放心。

② 制定满足客户要求并符合企业质量保证能力的产品标准。

③ 制定科学、合理、完善的生产工艺，并细化、贯穿于整个生产过程。

④ 根据产品标准检查设备、材料，合理调配机台及操作人员，严密监控印刷全过程。

2．制版质量控制环节

（1）工艺质量管理

① 稿件质量管理。稿件是制版公司资料线的源头工序，是公司与外部联络的窗口，代表着公司的市场形象。不但要具备强烈的职业道德还要具备良好的心理素质和语言表达能力，了解公司的设备性能、生产状态，熟悉印刷工艺和各种袋型的特点，在生产中除了将原稿的制版要求正确传递到生产车间外还要注意以下几点。

a．依据的唯一性。制作依据、着色依据、文字依据必须是唯一的，为预防签字稿的文字错误，文字依据尽量参照文字原稿，与制版无关的用户资料要有明确标示。

b．清楚制版要求。用户以各种形式发来的制版原稿，有不理解之处要求一次性问清楚，尽量避免反复电话联络，影响用户的心情，给人以不专业的感觉。

c．注意原稿质量。原稿质量差或清晰度不够是不能制版的。如果用户不方便更换原稿，要耐心向用户解释清楚，当原稿在电分完成后要求打样打的数码样或彩稿（图像部分），请用户签字认可后方可制版，尽量避免不必要的争议。

d．标注清楚。用户的制版或改版要求必须用文字描述清楚，避免口头传述，容易混淆的部分要详细标注清楚，防止理解有误造成返工。

e．原稿或原文件存在常识性的错误，在制作中要求改正过来，但是一定要通知用户或在送批样上标注清楚。

② 设计质量管理。优秀的设计产品是一种艺术境界，它巧妙地将物体的逼真性和艺术性完美地融合在一起，既能精湛地表达出物体的内涵，又能给人视觉上美的享受。但是专业设计不是绘画，首先要考虑将设计产品完美复制的问题，所以要将设计产品的艺术性和工艺的专业性有机地结合起来，并积极地与用户进行有效沟通。如何扬长避短从制版的源头融入凹印工艺的特性化，便可以大大减少制版和印刷可能造成的诸多不便，进一步提升凹印产品的复制水平。

包装产品的设计用色尽量鲜艳亮丽、色彩饱和，这样不仅能够充分发挥凹印工艺色彩鲜艳、墨层厚实、立体感强的优势，而且印刷容易出精品。设计用色要立足于印刷油墨的色域范围，有专色挂网的数码样与印刷之间有一定的色彩差距，清楚一般彩稿、数码样与印刷油墨之间的色彩差别，与用户进行友好沟通，避免给制版和印刷留下还原色彩的困难，造成意外的印刷纠纷。

选择原稿要注意清晰度或分辨率，质量低劣的原稿不可能有高级的复制质量，从制版的源头把住原稿质量关是质量管理的基础。原稿网点在75%左右处于暗调层次并级区，组成的色彩容易粗糙，影响视觉效果，尤其是绿色调中的蓝色更为明显，所以原稿的主色调组色尽量避开75%左右的网点。

凹印印刷套印精度相对较差，所以在原稿设计时尽量避免两种色块之间均匀漏白线条，以免影响白线条的均匀性。主题部位尽量避免两种色差较大的色彩相交，以免扩缩边过于醒目影响视觉效果。漏白底的细线条、细文字不宜做复色套印，尽量改用专色。

凹印工艺浅网转移困难，特别是进入高温、高湿的季节，如果印刷机转速慢或印刷环境差，浅网转移更困难，所以许多产品可以改用专色替代工艺，由于专色版的浅网点可以适度放大，从而有效提高浅网的印刷质量。另外，对浅平网的设色一般不低于10%的网点，大面积的浅平网尽量考虑用专色印刷。

电雕细文字细线条容易细，漏白细文字细线条容易粗，线粗低于0.1mm容易损失掉，所以在原稿设计时就要注意线粗大于0.15mm，金、银横线线粗大于0.2mm，细线条、细文字尽量做成实地或专色。

③ 图文质量管理。图文车间是返工率高发区之一，经常发生的差错有文字错、进线错、填色错、压印错、细小文字线条过细、无缝接错、排版方向错等，这些质量差错大都是缺乏经验或操作中的疏漏，更多的则表现为没有按制版要求制作。对新员工要进行严格的岗位培训和筛选，不断优化人员结构。操作认真仔细与加强检查措施，是图文车间质量管理的基本要素。

a. 加强质量检查措施。

首先，制作前用几分钟的时间认真阅读、理解生产传票，强调制作依据、着色依据、文字依据的唯一性，依据的不确定性容易引起误导，是造成产品返工的重要原因之一；如果依据与文件有矛盾要重新确定依据。

其次，检查制作文件的构图及各元素信息要与用户提供的彩稿完全一致，避免意外返工，图像分辨率要达到制版的要求，一般要达到300 ~ 350像素/英寸，过低的分辨率不可能有优质的复制效果，对质量低劣又不方便更换的图像原稿，必须明确用户对原稿的再现要求及修改意见。

第三，制作后的检查以自检为主，片检或互检为辅，有条件的情况下大版辊和特急件要增加终检人员检查，确保成功率。要将片检、互检、终检纳入质量考核的范畴，提高重视程度。

第四，重点检查一套产品容易同时造成多支版辊返工的相关因素，如单元成品尺寸、出血、排版方向、马克线、光点、位置、图像尺寸、图像剪裁、图像模式、图像变异、图像替代、漏白字及有无遗漏或增多的错误。

最后，在制作中进线错是制作常发性返工原因之一，正常进线的数值一般根据印刷设备的套印精度和承印物规定为0.2 ~ 0.3mm，表印产品酌情大一些，但是不能墨守成规，要不断提高自己的审美观和对印刷特性的了解，原稿线条细时，进线可以小一点，如果进线造成物体的变形只能不进线或紧靠。

b. 认真对待每一次质量差错。制作的工作特点是较琐碎，稍有不慎，差错就会随之而来，有时候长时间突击生产任务导致精神疲劳，也容易忙中出错，一旦出现质量差错要认真对待，差错不在大小，重要的是要组织员工开好质量分析会，将个人的返工经验演变成集体的财富，使质量差错在大家共同关注中得到升华。其实有些小差错也不一定能造成产品返工，但小差错是大事故的前奏，只有提高对小差错的重视程度，才能有效地减少产品返工。

另外，凹印产品是多工序按顺序完成的产物，从过程控制的角度分析，造成一个产品的返工在绝大部分情况下不单纯是一个工序的问题，而是多个工序共同疏漏的结果。例如电雕工艺对细线条细笔划是有要求的，如果设计时意外疏忽将线条作细，能够在制作、片检或电雕过程中检查发现，便可以有效地防止版辊返工，因此，对质量事故要作扩大分析，不是简单地确定主要责任的归属，重要的是共同分析各相关工序应承担的义务，只有主观上重视，产品返工才会改善。在有条件的情况下，要把返工产品和当事人的返工分析装订成“返工录”供员工翻阅学习，温故而知新，提高质量防患意识，逐步营造人人关心质量的生产氛围。产品差错率便会逐步降下来。

④ 电分调色的质量管理。电分技术表现的是原稿色彩层次的还原性和艺术性，代表着产品的复制水平。如何提升电分调色的准确性，首先需要不遗余力地稳定色彩管理体系来提高原稿色彩层次的还原性；其次是在保证色彩还原性的基础上，对有些原稿的色彩层次进行艺术加工或色彩的修饰提升，使原稿的色彩层次和质感更能刺激消费者的审美。所以，电分调色人员必须有一定的美术欣赏能力、熟悉凹印工艺的特性、对凹印技术具有综合分析能力。

a．色彩管理设专人负责。要建立色彩管理技术档案，定期的对色彩还原的现状进行分析、研究和改善。当一套版辊追样不理想时，首先要对照色谱检查相应的电分调色数据是否合适，数码样是否标准；其次测量版辊的电雕数据和检查打样网点的转移效果。随着使用时间的延长，有些影响色彩还原的因素可能发生一些偏移，要定期校正数码样，一般3个月一次。定期校正电脑屏幕，一般6个月一次。定期打样检验标准色谱版，一般3个月一次，保证色彩管理的相对稳定性。

b．电分调色要实行个性化服务。印刷与制版是一个有机的整体，制版服务于印刷，而印刷则要正确表现版辊的层次、色彩和质感，制版的各项技术指标必须与印刷过程有机地融为一体，才能最大限度地发挥印刷过程的效能，生产出赏心悦目的产品。所以电分调色首先要适应印刷特性，其中包括充分了解高速印刷机和低速印刷机的网点转移特性，以及印刷环境、印刷油墨对色彩还原的影响，实行个性化服务。这对提高产品的竞争性和提高印刷效率无疑是相当重要的。

c．建立胶、凹印工艺转换曲线。用户在电脑屏幕上看到并认可的设计文件都是胶印模式，而凹印数码样表现的色彩层次已经增加了凹印工艺特性，如果直接用设计文件打印凹印数码样，则两者之间存在着很大的色彩差异，所以电分调色的作用之一就是特性转换，将外来的设计文件根据彩稿的色彩层次转换成适合本公司制版特性的电分文件。比较简单的方法是建立胶、凹印工艺转换曲线，这条转换曲线特性与电雕曲线特性具有互补性，在正常情况下电分调色只要在外来的设计文件上载入这条转换曲线，便可以得到与原文件基本相同的色彩层次，有效地避免反复追色的困难。

d．电分调色的一般规律。一是整体色调的调整一般用四色曲线根据原稿色彩需要调整量最少的一色确定，某些色彩的不足或过量分别用单色曲线进一步校正，最后对兼顾不了的色彩选出来进行局部校正。二是凹印工艺更注重柔和的层次风格，要适当加强暗调部分的反差对比，对次暗调和原稿隐约可辨的深层次要做工艺性提亮，而从高光到明亮的浅中调是原稿层次、质感、色彩表现的重点，也是视觉最敏感的部位，要注意层次衔接自然，反差清楚，颗粒细腻。三是电分调色要在同一条层次曲线或颜色曲线中校正直到满意为止。原文件经过电分调色已经进行了层次切割，如果打样效果不满意则要用原始的电分文件重新调整。四是清晰度的调整要求一次性到位。

e. 合理选择电分工艺。在原稿的彩色领域要大力提倡用三原色制版，基本色要足，保证色彩的鲜艳程度，亮调彩色部分的补色尽量少放或不放，突出色彩的亮丽感，尽量少用黑色。黑色的掺入容易发生撞网，色彩的明暗变化用补色替代黑更适于印刷。而深度混合色部位采用GCR工艺重用黑版则能够明显地改善原稿暗调层次，常使用的一组数据是K=90%～95%，C=50%～60%，MY=40%～50%，黑色量随彩色量的提高而降低。如果原稿层次差，可以将黑版层次计算在相应的色版上，改善原稿的层次变化。

f. 规范电分查色。查色以色谱为准，用原稿与色谱对照时，色谱应垂直放于日光灯下，查色者的观察角以45°较为理想，且不宜离色谱太近。印刷稿的色彩还原要以制版色谱为基准，印刷稿本身的网点百分数受印刷工艺特性和印刷墨层的影响，与本公司的制版特性很难吻合，只能作参考。

g. 数码样检查。数码打印机彩墨模拟了印刷油墨的特性，在正常情况下基本能够表达出原稿的色彩层次，只是印刷品的细微色彩层次变化和清晰度受浅网转移和印刷套印的影响，很难达到数码样的效果，原稿1%～2%小网点数码样可以表现出淡雅的色彩变化，但这些微妙的色彩层次却难以在印刷中表现出来，通常需要数码样在亮调和亮中调的层次力度比原稿有更明显的层次反差，以补偿印刷过程可能造成的损失。

h. 印刷稿扫描检查。印刷稿的层次范围较短，选用印刷稿制版要重视原稿扫描的质量，首先检查明暗两端层次不能过多损失，如果原稿的亮调层次丢失或暗调层次并级，后台处理将达不到如期的层次效果。其次是去网扫描则要注意对原稿清晰度的影响，不能顾此失彼，一般固定输出（OUTPUT）为175线或200线，分辨率为350dpi，而变动ORIGINAL数值为152线或178线。去网效果合适。

⑤ 电雕的质量管理。影响电雕质量的首要因素是电雕曲线的制作。原稿的灰平衡和还原性是制版与印刷共同遵循的技术指标，由于各制版公司都有各自的技术数据，色彩的再现特性不够规范，这样便造成同一个电分文件相同的网点数据在不同的制版特性条件下，色彩平衡数据和图像的色彩层次的再现效果相差很大，所以凹印工艺的色彩管理首先要选择一定品牌的三原色油墨和承印物的网点转移特性建立电雕曲线，在调试电雕曲线之前，还要先确定网线、网角、通沟、雕针角度、网值等基础数据，且试雕值一定要规范准确。对电雕曲线的调试则可以参照同行业的电雕曲线并结合本公司的打样特性，通过三原色油墨组成的等值灰梯尺检查。

a. 网点的最大再现范围。一般要求GMY=3%～85%，K=3%～75%。

b. 曲线形状。高调和暗调的层次反差要适当加强，补偿凹印工艺的层次缺陷。

c. 灰平衡。贯穿于制版印刷全过程，是检验色彩还原各个生产环节的重要标准，在相同网值的灰梯尺上，各级层次段应该呈现不同亮度的棕茶色。

d. 电雕曲线的修整。可以通过灰平衡分析检查电雕曲线各级层次段的灰平衡状态，为电雕曲线的修整提供理论根据。

对电雕曲线的修整要注意曲线的平滑度，防止过渡网出台阶。常用的电雕曲线一般有一条OPP膜的里印层次曲线和一条表印层次曲线，也可以再有一条青版与品红版互换网角的OPP膜里印层次曲线，用于人物原稿的雕刻。由于电雕曲线及雕刻的基础数据代表一定条件下的色彩还原特性，如果电雕曲线及雕刻的基础数据发生了变化，电分调色的色彩层次和灰平衡也就失去了依据，所以强调电雕曲线及基础数据的准确性和稳定性，是色彩还原的关键。

此外，合理的雕刻工艺也是影响电雕质量的一个重要因素。确定电雕工艺要着重考虑印刷工艺、原稿特性、承印物、油墨特性，使印刷品既可以获得足够的色彩饱和度和清晰的细小文字，又可以最大限度地避免撞网、色彩偏移（相同的网点设置，色彩表现不一样）、色彩组合粗糙和水纹的产生。另外，版辊的试雕与雕后网点测量，都是稳定电雕质量的重要措施。

确定雕刻工艺还要根据原稿的不同特点注意以下几点：

a．采用色彩再现性强的30°网角用在主色版上，人物肤色的主色版MY采用30°网角更细腻。

b．面积较大的底色（双色）用同网线、同网角容易产生色彩偏移，造成色彩不均匀发花，而当底色（双色）面积较小时用同网线、同网角则色彩非常细腻。

c．黑版特别是雕刻文件大的黑版一般主色用70线30°角，文字用100线30°角分雕，可以节省雕刻时间，如果原稿彩色部分由KCMY四色组成，黑版用70线30°角则容易产生色彩偏移。

d．专色版的网点要尽量雕大但要有一定的网墙，使原稿的实地部分墨层平整厚实没有水纹。

e．可以采用防出花工艺（100线/30°角）改善过渡网出花的缺陷。

⑥ 铜辊雕前和雕后的质量检查。按照过程控制的原则，编程人员雕前要检查下雕文件，重点检查下雕文件的成品尺寸、拼版方向、出血、无缝接、马克线、光标、文字线条的细笔画等符合制版要求。雕刻人员则要认真检查铜面的砂眼、划痕、台阶、粗糙度、厚度、硬度符合雕刻质量，并承担相应的质量责任。尽量减少下雕文件和铜辊的质量疏忽而造成意外返工。目前电雕打针也是造成版辊返工的重要因素，各制版公司都在积极地探讨和摸索电雕打针的起因。除了要注意铜层的硬度和铜液的杂质外，还要注意铜面上的抛光膏一定要擦干净，擦版要干净到卫生纸上没有残留的污垢，抛光膏的主要成分是金刚砂，金刚砂的硬度高，是造成电雕打针的另一个因素。粗糙的铜面更容易残留抛光膏，所以修补过的铜面要重新抛光。

（2）人员管理

生产过程中人是最重要、最关键和最活跃的因素。如果没有“质量第一”的指导思想，没有高度的责任感和爱岗敬业、专心致志的工作态度，再好的印刷设备和材料，也很难印出高质量的印刷产品。因此，必须充分调动员工的主观能动性，发挥他们在质量生产中的作用。

对于人员的组织与管理，可从以下几方面进行：

① 对员工进行定期的品质意识、品质测试方法、专业知识及操作技能等方面的培训。

② 对员工进行质量管理体系方面的培训，使其认识与理解品质全员参与的必要性。

③ 对员工进行质量管理工具的培训，提高其品质管理与学习的兴趣。

④ 与员工保持信息沟通，保证所有员工都能够充分理解体系方针、质量目标及客户需求，以树立“顾客满意”的最终目标。对此应根据各企业情况设立年度培训计划，提供培训资源，并实施培训工作。通过对员工的培训筛选，保证操作人员及品质人员良好的业务素质。

（3）设备管理

产品是通过人运用机器设备和生产工具加工而成的，许多印刷产品质量问题往往是由于印刷设备陈旧、精度低下造成的。为了排除或使这些影响达到最低程度，企业应健全设备管理的体制和责任制。为了使机器设备影响工序质量波动的因素得到较好的控制，建议做好以下几件事：

① 设备选用。制版企业在设备购置方面一定要结合企业自身的具体情况和产品要求合理选用。选择和配置时要考虑到设备的质量、成本、效率和利用率等方面，不能只减少投资而不顾质量，也不能只考虑质量而不顾成本和设备的利用率，盲目选用那些精、大、稀的昂贵设备。要根据本厂产品的特点和发展的方向合理选用相应设备，做到所选用的设备能得到充分利用。有的企业通过技改、设备的引进配置，提高了企业的综合能力，增强了市场竞争力，使企业得到了迅速发展；有的企业在技改后，不但不见成效，反而因为技改的投资和设备的盲目配置而陷入了更加沉重负债的困境，究其原因，是设备的选用配置不合理所致。

② 设备使用。正确使用制版设备是保证印版质量的重要因素。在生产过程中，操作者要严格执行安全操作规程和设备保养细则，对设备运行情况做好记录，发现异常情况及时报告，并进行检修，发现较大故障时应报请车间通知设备部门处理。操作者必须经培训熟悉设备的性能和操作方法，并不断学习提高操作技能。

③ 设备维修保养。认真做好设备维修保养工作，是保持设备精度和良好技术状态的一项重要措施。维修保养主要有日常检查、一二级保养和按计划定期检查维修等。如定期开展设备的预检预修，可以减少故障发生；定期的一二级保养可以保持设备的精度；每日按点检卡进行日常点检和润滑，可以保持设备的良好状态。另外，还必须做好设备的备件工作，以保证及时满足设备维修的需要。

④ 设备管理台账。是设备质量信息、进行质量控制和改进设备质量的重要依据。制版设备质量台账包括设备制造日期、制造厂家、机器型号、出厂编号、投入使用日期、使用部门、维修记录，故障情况、设备零部件寿命、设备事故原因、经济损失情况和精度变化情况等。如果对有关信息进行分析和处理，就可提高无故障运转周期，保持制版设备的精度和良好的技术状态。

（4）原材料管理

制版原料质量的好坏直接影响印版的质量，因此，必须从材料订购、进厂验收、入库保管、领料发料、标记移植以及材料使用等环节加以严格控制。物料的质量管理主要涉及进料验收、制程跟踪、超期复检等方面。

进料验收环节必须根据检验规程对物料进行外观、理化检验，同时必须对其检验记录进行验证，确保合格品入库。

超期物料由于其部分指标会随时间变化而出现衰变，因此，在重新使用前，必须重新进行全项检验，生产领料及仓库发料都需要注意其保质期的规定，超期物料一定要复检复测，合格后，方可正常投入使用。使用中还需特别注意是否有质量变化，若有异常发现，立即停车反馈处理，以减少损失及不合格品的产生。

确保合格物料投入生产，物料使用完毕，相应的标签应归入生产记录中，便于以后品质追溯。

（5）作业方法

作业方法是否科学合理，这对印版质量的优劣也是一个主要影响因素。一般产品或一般的工序可遵照一般的作业方法。但是对特殊、高要求、工艺复杂的产品，就必须制定出完整的工艺规程（或作业指导书）来指导生产。作业指导书应有正确的作业程序和每个程序中的操作要领。作业指导书应着眼于保证生产出质量稳定、客户满意的合格产品。

因此，在作业方法与工艺制定与监督方面，相关职能部门应切实落实工艺可行性及操作便捷性、特殊工艺的标注与监控力度。在实践中，一方面工艺部门应不断完善工艺水平及作业方法，保证工艺的准确性；另一方面需要在生产过程中进行监督工艺的执行性，加强工艺纪律检查。通过对工艺及方法的持续改善，给操作人员提供最合适的参数控制，减少质量波动，确保品质稳定。

（6）生产环境管理

环境对产品质量的影响大致有以下几个方面：

① 生活环境。要搞好员工之间、领导与被领导之间和班组之间的关系，使员工有一个心情舒畅的生活环境。只有好的生活环境才能带来好的产品品质，才能激发员工全部参与品质管理的积极性、主观能动性。因此，在生活上管理人员应积极与员工进行沟通，使其愉快地工作。

② 工作环境。印刷车间要实行定置管理、道路畅通、整洁卫生，材料、半成品、工作器具等物品堆放有序、整齐。时刻注意做好生产现场的整理、整顿和清扫工作。工序质量管理中，首先应做好现场内务管理，保证车间整洁、明亮的工作环境，对员工的工作产量及品质控制都将起到直接的影响。

因此，企业管理部门应切实参与对工作环境的整理整顿，落实与监督5S的效果，通过实施5S点检工作，督促整个生产环境的彻底变换。

③ 均衡生产。对稳定印刷产品的质量、降低生产成本、及时交货等广义质量有着积极而重要的作用。在生产调度方面，应该妥善安排好作业计划，充分做好原材料、设备和各项技术的准备工作，实现均衡生产，维持正常的生产秩序，确保产品质量的稳定和提高。

（7）品质检验管理

检验是对产品或服务的特性进行测量检查、试验、计量，并将这些特性与规定的要求进行比较，以确定其符合性的活动。印版质量检验时防止错、漏检至关重要。错检是指检验环节中的差错，导致检验结论的错误。漏检是指漏掉了检验工序或检验项目。错、漏产生的原因有技术性错漏检、管理性错漏检和过失性错漏检。

为了减少和防止错漏检的发生，要根据企业实际情况，采取针对性措施，加强操作人员及质检员的思想、素质和技术上的教育培训，规范质量检验管理，全员参与。强调并切实落实自检、专检和互检工作，做到从根本上杜绝这种不良情况的发生，实现工序质量的正常控制。

在检验过程中可采取相应的防错与激励机制相互结合，以充分提高员工检验的工作主动性。如采用以下措施：

① 工序品质自检。自检是所有检验工作的开始，操作人员应树立“质量第一”的品质意识，对钢管、镀铜滚、雕刻好的印版养成良好的品质自检意识。务必保证不合格品不转序的最基本的品质意识，将异常品控制在本工序内处理。

② 工序品质互检。下道工序对上道工序关键类指标进行互检，对因人为工作疏漏导致不合格品流转、转序等行为进行再培训，并对后道发现人员进行奖励，以表彰其互检工作的有效执行，对因工艺性疏漏导致不合格品的发现，企业应充分进行宣传与奖励，以促进公司内部良好的互检氛围及防错的品质意识。

③ 工序品质专检。品质专检人员应根据检验要求对产品进行首件及抽样巡检作业。

a．首件确认关键品质控制点。相关技术指标可以参考CY/T 6—1991《中华人民共和国行业标准—凹版印刷品质量要求及检验方法》及CY/T 9—2017《中华人民共和国行业标准—电子雕刻凹版质量要求及检验方法》的相关内容。

b．专检巡检关键品质控制点。如版辊机加工精度、电镀铜层、铬层厚度及硬度、雕刻网值等一系列制版工序常见品质问题，发现问题及时修正，避免产生不合格品。无论是首件检查还是巡检过程中发现的任何问题，都应及时反馈到生产机台或机台负责人，以便于及时获得品质信息、及时处理。工序质量管理只有切实贯彻人、机、料、方法、环境和检验六个方面的具体管理要求，并将其进行标准化管理、标准化作业，才能确保本工序品质的长期持续稳定。

3．车间质量管理的措施

凹印制版高效率生产运营系统，是将客户所要求的图案、文字、商标、条码等信息内容，通过生产过程的合理运营，制作出符合印刷客户要求的版辊过程。这一过程包括：公司与外部环境的信息传递（信息流）、各工序流程的运行（物流）、人员的组织与协作（人流）、资金的保证（资金流）。这四个方面缺一不可，相互依存。

（1）提升业务水平与服务意识

凹印制版其特点是定单式生产，没有业务员从客户那里得到制版的信息，后序工作将无从做起。这就要求业务员及时了解客户的相关信息，并准确地以最快速度反馈到公司内部。业务员一定要掌握相关的制版、印刷基础知识，做到与客户沟通无误。若有必要或碰到技术问题，可寻求公司内专业技术人员予以协助，直接与客户进行联系和沟通，就有关问题具体商讨。这样就可以减少错误的发生，也可以就客户稿件不完美的地方提出合理的建议。

制版是为印刷服务的，要满足印刷的使用要求。印刷对制版是否满意是一个相对概念。它因客户的不同而异。同样的雕刻工艺，一样的缩放倍率，相同的镀铬硬度，在不同的厂家可能会产生不同的印刷效果。每个客户都是按照自己的需求来定义质量标准。这就需要业务员或公司生产、稿件人员尽可能详尽地了解客户的相关资料，包括印刷机的型号与特点、所用油墨的特性、生产车间的环境条件、操作工的技术水平、客户的特殊要求、规矩线的规格等，将其整理成册，并及时增、删和更新。业务员通常也要做好客户资料记录，便于自己查询和与客户沟通。

一个重要的观念是，在追求满足客户需求时不一定会牺牲效率，相反，顾客是减少过程浪费和提高过程效率的重要因素。凹印制版企业有必要与印刷客户进行技术性的沟通，了解他们遇到的技术难题，学习他们的实践经验，而且要尽最大努力指导、服务客户，共同提高，真正做到“量身定制”。

（2）流程是生产运营中各个工序执行的标准和规范

凹印制版生产过程属于线型流程，其特点是将原材料按照预定的顺序从一个工序流转到下一个工序，各个工序之间紧密关联，并且按任务大小应力求平衡，以避免出现一个工序耽搁下一个工序的情况。

根据凹版制作的工序流程，严格加以执行，培养员工养成良好的习惯，提高精细度，加强各工序作业的原始数据记录，以便控制质量，核查、统计有关数字，分析异常原因。为了进一步从源头上减少错误的发生，稿件科实行了互检制度，以避免因人员疏忽或粗心造成不必要的返工。检验部在印前车间设了专职检验，专门检查印前制作好的稿件。

业务员将排版图传至公司后，开始计时，由生产部调度人员根据客户要求，统一调配各车间进度，各车间一定要安排日程进行生产。对于版辊的加工，各车间都有相应的时间规定，所有工序必须从上到下作业，干完一套方可干下一套，严禁跳着干。这样下来，就使各工序都能畅通地运行，不至于打样车间放置许多不成套的版辊发不走。

返工版辊上有卡片，上面列出到各工序的时间及接版人员的签名，并规定各车间的加工时间，原则上见卡即处理，一路绿灯，以最快速度赶出来。通过时间管理，缩短了加工周期，也相应地解决了某些生产瓶颈问题。

（3）注重人才，人性化管理

人是生产运作中最重要的资源。由于凹印制版行业，有专业知识的或有经验的现成员工不多，这就需要招聘新人，大多数新员工要重新学习。要让员工认同精心制版的环境氛围和战略目标，从思想上与公司理念保持一致，生产更多更好的、顾客需要的且具有竞争力的产品，认同企业的远景目标，才能做出符合公司文化的行为。培训内容是保证新员工在上岗前能胜任工作的关键，不仅要从专业知识上进行系统的培训，还要从思想上将员工的观念统一起来，规范员工的职责。另外，对员工的培训应该是持续不断地进行，使员工不断进步、不断提高职业素质。经过对印前电分人员的不断培训和演练及对制版相关知识的学习，员工对图文颜色的把握有了很大提高，对凹印制版专业和印刷相关知识有了进一步的理解和掌握。

（4）优化生产组织结构

生产的组织结构，原则分为主管生产的副总经理、中层干部、员工3个层次，把便于控制和管理的岗位安排在一个部门。岗位定员，以精悍、人少为原则。部门之间、员工之间的协作与配合，对工作的顺利开展也是至关重要的，部门之间的利益往往是协作的障碍，需要消除这种矛盾，培养大局观念，共同为完成一个目标而努力。

（5）印刷质量是印刷生产之生命

随着技术的不断进步，印刷质量的控制检测方法日趋完善。但要保证良好的印刷质量必须做好以下工作：

① 建立符合国际标准的印刷质量标准与规范。随着中国加入WTO和世界经济的全球化，只有按照国际标准建立符合中国条件的规范，才能引导印刷行业融入国际经济洪流中，并不断提高自身的创新能力，扩展市场份额，使印刷业从市场大国走向技术大国。

② 强化过程控制与管理，提高工艺水平。印刷质量是印前、印刷、印后相结合所表现的结果。印刷过程的多变性要求必须强化过程控制，使工艺的各个环节处于预期目标之内，并不断改善工艺过程，提高工艺水平，真正实现一流设备、一流物资、一流产品的目标，并培养造就一批与世界先进水平同步的技术、工艺与管理队伍。

③ 重视工艺研究，优化物料匹配。新工艺是高质量、新产品的基础，也是企业创新发展的基础。只有重视工艺研究，才能找出设备、物料、人员、管理间的合理匹配及规律。应用先进的检测方法与手段，以最低成本、最高效益来获取最高印刷质量。

（6）印刷制版企业常用管理方法

① 引进“无缺点运动”“案例讲解”“提案制度”，建立生产、生管、品管、物管、人事、会计制度，并且聘请国内外的专业顾问指导，以加强技术水平方面的提升和设备流程的规划。为校正技术、设备、人员的缺点，制定各项作业标准及产品规格标准。

② 制定“人事评议制度”，做到奖惩分明，让员工公平地展开竞争，使员工有参与意识，采用组织式管理体系和参与式制度管理，以提升组织力。

③ 薪资改为采用“密薪制”，以便于奖优罚劣。“薪资结构”简化，打破等级间的级距，改为弹性间距设定，便于弹性考核。

④ 推行“5S、6S运动”“全员IE改善”全员CD（Cost Down）活动以及“色彩管理”。“5S”整理、整顿、清扫、清洁、自律，再加上“安全”演变成“6S”，并进行颜色管理等合理化运动。

⑤ 由品质管理圈活动（QCC），提升至（TQC）、（CWQC）活动，“提案改善活动”。由QCC作业层的自主管理提升至“TQC”“CWQC”，管理层主动参与解决较大品质问题，包括交货准时、数量准确、品质稳定、服务完善。并引进品管制度，推动实施品质保证的目标。

⑥ 实施“轮调制度”“一人多职能制度”。“轮调”及“多职能”使人员合理化，培训人才，追求长久经营。

⑦ 推动“利润中心制度”“目标管理制度”“绩效衡量体系”“利润中心”即责任中心，制定作业标准、品质、成本标准，以“目标管理”进行能力考核，推行“绩效衡量”，配合绩效奖金制度作为奖励。

⑧ 重视能力的程度高于工龄，薪资结构强调绩效及考核奖金，薪资结构改为“薪资级距表”（取消逐年加薪制度）。

⑨ 推动“生产管理系统电脑化”“办公用品标准成本系统”“办公自动化（OA）”“管理资讯化（MIS）”。电脑化能提供争取有利订单及提高订单利润的管理决策功能。

⑩ 发掘“潜藏利润运动”，引进“ISO9002”认证，推动“TPM生产自主保全管理系统”，推行符合“环保标准”的产品。挖掘人、事、物等事务的缺乏与浪费，ISO的认证，全面

性品质保证系统，让所有员工达成言行一致，建立全公司品质制度化、标准化，全员参与“TPM”保养体系，使设备发挥到最高综合效率。

⑪ 当今是e化利润，e化主导的时代，“以e化创新的竞争”，称为展望期。利润可望提升至10%上下。

⑫“ISO14000”环境管理系统，“OHSAS18001”职业安全卫生管理系统。

⑬“OJT”活动，即全员参与在职训练。工业安全三护：自护、互护、临护的自护制度。

⑭ 企业转型期，E世代崛起，工时愈来愈短，工资日益高涨，迈入薪资低成长时期，重视利润的程度大于持效，强调以利润贡献为导向的给薪办法。

⑮ 进行运用“网际网路电子化”的规划。首先设立企业网站、网址，利用知识平台建立教育训练网；建立ERP（企业资源规划）、SCM（供应链管理系统）、CRM（顾客关系管理系统）和KMC（知识管理系统）、电子商务（B2B）和电子交易市集（B2C）等。

⑯ 以平衡计分卡进行考核，针对财务面、顾客面、内部流程面、学习成长面来整合、串连策略与组织，发挥经营的综合效益。

4．供应商关系管理和质量管理

（1）供应商关系管理（SRM）

SRM是一种用来改善企业与供应商关系的管理理念。

① 供应商关系管理在供应链中的作用及重要性

a．SRM是供应链上企业与其上所有成员之间的接口。

b．SRM可以增强供应链的核心竞争力。

c．SRM的发展创新了企业间的合作模式。

② 建立供应商关系管理的途径。首先，与一般供应商建立合作伙伴关系。合作伙伴关系是在相互信任、公开、共担风险、共享利益的基础上，建立的一种定制化的商业关系。这种关系会创造竞争优势，产生比单个公司所能达到的更大绩效。采购方和供应商是同一个供应链上的两个节点成员，这个供应链是一个有机联系的整体。在这个供应链上，产品和服务的最终消费者对成本、质量、服务等要求成为链中所有参与成员共同追求的绩效管理目标。作为链上的成员，在考虑自身利益的同时，要兼顾其他成员的利益。供需双方必须充分考虑这一原则，建立良好的合作关系。同时，采购方式的转变推动供需双方从传统的竞争走向竞合。

其次，发展战略供应商，建立战略协作伙伴关系。为企业提供战略性物资的供应商即为战略供应商。战略物资往往是具有其特殊标准，具有差异性和定制性的产品，或者是一些紧缺物资。对于这种产品，厂商与供应商的合作极为关键，这种产品往往能够决定厂商在其下游市场中的销售状况，它直接关系到企业的收益；同时，对于上游的供应商来说，生产这种产品可以在同行业的竞争中占据独特的优势。因此，供需双方都希望能够建立起更紧密的合作关系，从而达到双赢的目的。这种战略性伙伴关系，需要供需双方更高程度地协作，为自身发展创造有利条件，谋求更高利益。

③ 供应商关系管理的基本功能。SRM是以一种全新的管理模式，集成协同和决策支持解决方案，提供策略性的设计、策略性的货源组织、供应计划和采购等功能，可帮助企业优

化战略性决策。这些决策可帮助企业的管理人员了解并回答许多重要问题，从而对企业的经营目标产生重大影响。

SRM弥补了ERP与客户关系管理的不足。它集成了整个供应链的设计、货源组织和采购等功能，使企业和它们的供应商采用紧密的合作方式，以最低的总采购成本更快地设计并制造出产品。

（2）供应商质量管理（SQM）

① 供应商质量管理的含义及内涵。质量的含义被定义为公司提供的产品和服务应与需求一致或超出客户的期望。从质量的观点出发可以得出供应商质量的定义：在特定的绩效范围内，符合或超过现有和未来客户期望或需求的能力。这个定义有3个主要内容：

a．一贯符合或超出标准绩效的能力。

b．现在或未来的客户期望或标准。

c．供应商质量不仅仅是指产品的实体特性。

② 供应商质量管理的意义。质量专家飞利浦・克鲁斯比认为，供应商对相对产品的质量问题负50%的责任。此外，每个生产单位在购买的物品和服务上要花费约55%的销售额。如果只注意内部质量问题的话，供应商降低质量会破坏公司全部质量改进的努力。供应商质量的高低会影响到供应商现在及未来的绩效水平。一般来讲，可以从以下三个角度观察供应商的绩效：供应商对设计和计划变动的应变能力、实体产品质量及物料配送。供应商的质量管理是供应商持续改善的必要途径，有效的质量管理是公司企业持续改善的一个途径。多公司从供应商那里采购完全配件甚至最终产品。因此，出现了许多依靠具备设计生产能力的供应商的公司，他们甚至要求供应商提高新技术或复杂部件。供应商提供的产品占最终产品的比例越大，他们对公司全部产品成本或质量的影响越大。

5．供应商资质评定

对供应商的评定包括两种：一种是对新供应商的评定；另一种是对现有合格供应商的例行评定，其实就是对现有供应商绩效的评估。

（1）新供应商的评定

① 获得质量管理体系认证或产品认证合格且体系维护好的供方作为首选供应商。

② 样品。由品质部对其检验，对供方进行能力调查（如问卷调查、资料收集、现场审核等）。

③ 检查。了解供方企业概况、质量保证、生产能力。

④ 审核新供方质量系统运行的有效性，供方必须提供有效、合法证件或证书。

⑤ 由采购部通知供方提供小批量物资实行试用，连续3批使用及测试合格，则可以批准列入合格供方名单。

（2）现有合格供应商的评定

对现有合格供应商的例行评定一般包含两个方面：对供应商工厂的评定和对供应商的绩效评估。

① 对供应商工厂的评定。对供应商工厂的例行评定有定期评定和不定期评定两种方式。在实际操作中定期评定一般一年一次或半年一次，具体应根据企业对该原物料质量管理

的需求。一个企业可能有数百家供应商（跨国公司往往有数千家供应商），如果审核频率太高，工作效率太低；而审核不到，会造成供应商质量管理的疏漏。实际操作中时可以将供应商按照原物料重要程度进行分类，例如分为A、B、C三类。其中，A类为最重要并以此类推。只对A类及极少数B类供应商进行一年一次或半年一次的工厂审核。把有限的精力放在关键原物料处才能提升整体采购管理绩效。

例行的供应商现场审核的内容与审核新供应商有所不同，例行现场审核所关注的点和面比审核新供应商要少但更具体，通常关注供应商的品质管理体系运作的有效性及适宜性。实际操作中，例行工厂评定的关注点主要有下列内容，但不局限于此：

a．生产设备的维护及其记录。

b．生产过程的监控及发生问题时的处理方式。

c．检验与试验情况。

d．测量仪器是否经过具有校准资格单位、人员的校准。

e．品质记录的真实性与完整性（包括IQC，PQC，OQC等）。

f．新进人员与新调任人员的上岗培训，人员的再培训，重要岗位的考核情况。

g．客户提供的图纸、技术文件及样品的保管与分派。

h．客户投诉处理情况及其记录等。

② 对供应商的绩效评估。一般采取月评及年评的方式来进行。往往把企业对供应商所期望或最关心的东西放进评估报告中，以推动供应商持续改善。不同的企业对供应商的评估侧重点有所不同，大部分评估报告中包括了价格、品质、交货准时率、配合度这些基本要素。

以下是供应商月评（年评）100分计算方法参考程序示例：

a．采购价格（30分）。

第一，已经确认的可接受的物料合理价格为标准价格，标准价格对应的满分为30分。

第二，供应商的实际价格每高于标准价格1%扣2分，扣完为止。每低于标准价格1%加2分，最高加分为10分。

第三，若供应商供应几种物料，则最后价格得分为几种物料价格得分的平均得分。

b．来料品质（30分）。

品质得分=来料数量合格率×30

其中：来料数量合格率=（合格批的数量/总交货批的数量）×100%（品管部或QC应向采购部每月提供此数据）。

c．交货准时率（30分）。

交货准时得分=（1–逾迟率）×30

其中，逾迟率=（逾迟交货批数/总交货批数）×100%。

d．配合度（10分）。

第一，积极主动提供服务，加2分。

第二，出现问题不积极配合解决，每次扣2分，扣完为止。

第三，在企业的正式会议上被批评或投诉，每次扣2分，扣完为止。

第四，发生客户正式投诉，每次扣5分，发生客户非正式投诉（如电话提醒等），每次扣2分，扣完为止。

e．评定等级划分。总得分为采购价格、来料品质、交货准时率与配合度得分之和。

第一，91～100分为A级，即优秀供应商，可加大采购量。

第二，71～90分为B级，即合格供应商，可正常采购。

第三，60～70分为C级，即勉强可接受供应商，这种供应商的表现已较差，须加以辅导或给予警告，应减少采购量或暂停采购。

第四，60分以下为D级，即不合格供应商，应根据实际情况经相关部门讨论取消其供货资格，把订单分配给其他供应商或开发新的供应商。

6．设备验收的流程和内容

为提高设备验收效率，保障设备订购、验收、使用等环节顺畅，保证所有生产设备（设施）的运行满足加工产品的要求，公司要制定规范的设备验收流程，包括新购设备或经过大修、改装的设备，在投入使用前必须进行检查、鉴定和试运转，以测定设备的各项技术性能和工作性能。设备调试和验收应当按技术协议要求，并遵循《设备检验通则》标准规范进行验收。

设备调试验收的流程就验收过程而言，设备验收可以分为两个环节：

（1）在供应商处预验收

预验收主要由采购人员及其他部门相关人员组成。其目的是检查、验证雕刻机能否满足用户的加工工艺、加工质量及生产率，检查供应商提供的资料、备件。对设备的安装、出厂精度检测、调试、加工产品试件精度检测等全过程进行监督，为设备的终验收提供准确的技术依据。其主要工作包括：

① 检验雕刻机主要零部件是否按合同要求制造。

② 各雕刻机参数是否达到合同要求。

③ 检验雕刻机几何精度及位置精度是否合格。

④ 雕刻机各动作是否正确。

⑤ 对试件进行加工，检查是否达到精度要求。

⑥ 设备几何精度的检测。

⑦ 设备几何精度检测的主要内容包括：直线运动的平行度、垂直度；回转运动的轴向及径向跳动；主轴与工作台的位置精度等。

⑧ 设备定位精度的检测。雕刻机定位精度是数控雕刻机各坐标轴在数控装置控制下达到的运动位置精度。雕刻机的定位精度取决于系统和机械传动误差的大小，能够从加工零件达到的精度反映出来。

⑨ 做好《预验收记录》，包括精度检验及要求改进之处，并由生产厂家签字。

（2）在设备入厂后的验收

设备入厂安装后，由设备采购部门、设备管理部门、设备使用部门共同到场，根据雕刻机采购（维修）技术协议和合同、（新购设备）出厂合格证上规定的验收标准及用户实际能提供的检测手段，测定雕刻机合格证上各项指标。检测结果作为该雕刻机的原始资料存入技术档案中，作为今后维修时的技术指标依据。

调试验收应该包括的内容如下：

① 开箱验收。设备开箱后由经营管理部、制造工程部设备科、分厂人员、档案人员在场，并由档案人员填写《开箱验收单》进行资料归档。应该归档的开箱检验资料包括：

a．箱单、出厂合格证。

b．出厂精度检验报告。

c．随机中文操作手册、维修手册、说明书、机电图纸资料、易损件明细、供应商计算机资料及设备系统软件等技术文件，技术资料均要求有电子档文件。

d．设备开箱验收单。

e．设备生产商应将设备的机、电系数，整机寿命年限，易损件寿命周期提供至设备使用方，以便于日后的管理、维修、保养、易损件的储备。

② 外观质量。主要检查装配是否正确，是否有缺件漏装，润滑部位是否涂油或注油，螺纹连接是否紧固，设备是否有设备润滑图表标牌等。

③ 附件和工具的检验。

④ 参数的检验。

⑤ 雕刻机的工作试验。雕刻机的工作试验主要指雕刻机的空负荷和有负荷试验，一般由经营管理部、制造工程部设备科、分厂人员、安技部门在场，主要是试验机械设备的工作性能，包括机械设备的起动性能、动力性能、制动性能、操作性能和安全性能等，是否达到正常使用的技术要求。主要是采用雕刻机切削精度的检测；主要是按工艺要求进行调试验收，并填写《设备调试报告单》。

⑥ 雕刻机综合性能的检验。雕刻机综合性能主要包括主轴系统性能、进给系统性能、自动换刀系统、电气装置、安全装置、润滑装置、气液装置及各附属装置等性能。

⑦ 新设备由设备制造厂对分厂操作者、分厂措施、设备部门做相应的培训工作。

⑧ 调试完成后，需连续开动并试加工3～6个月，各项加工和技术指标符合技术协议、出厂标准和使用要求。经营管理部组织设备的终验收工作；设备使用部门、制造工程部及质保部共同确认。如有问题，由经营管理部门与厂家联系解决。大修设备由联系大修人员与维修单位联系解决。确认正常使用后，经营管理部将设备采购合同、设备厂家开具的发票按财务部门的要求上报财务部门报账，按合同履行设备货款的支付。并将《设备调试报告单》《固定资产设备验收单》一并归档。

⑨ 验收结束，设备正常运转后，根据使用情况，组织采购相应的备用零配件。

设备验收后由制造工程部建立固定资产编号，张贴固定资产编号牌；纳入固定资产；移交使用单位正常使用和维护；并由制造工程部设备管理科及使用部门进行日常维护管理。

第二节　生产与环境管理

学习目标

1. 了解制版成本的构成和计算方法，在保证制版质量的前提下能提出节能减排和提高设备利用率的措施。
2. 了解国际通行环保标准和环保管理体系，掌握建立企业环保管理体系的程序、方法和措施。
3. 了解现场管理的评价机制（5S），能对现场管理的等级进行评测。

一、操作步骤

① 了解制版成本的构成。
② 学习制版成本的计算方法。
③ 了解节能降耗的管理知识，并结合生产实践提出提高设备利用率的措施。
④ 了解ISO 14000环保标准。
⑤ 熟悉凹版制版生产作业的环境管理，并建立环境保护体系。
⑥ 评测现场管理的等级。

二、相关知识

1. 制版成本的构成与计算方法

成本是产品价值一部分的货币表现，包括过程中所消耗生产资料的价值和劳动者的劳动报酬。生产企业在计划和核算工作中所计算的成本，是指企业制造和销售产品所发生的费用。成本是衡量企业工作质量的一个重要标志。降低成本可以增加累积，促进生产的发展，其主要途径是提高劳动生产率，节约原材料和企业的管理费用。

（1）印刷品的生产成本

印刷产品生产成本是指生产一定种类和数量的产品所直接支出的各种费用的总和。包括直接材料、直接工资和制造费用等。

① 直接材料。包括印刷企业生产经营过程中实际消耗的原料（铁板、钢管、铜等），辅料材料（镀铜、镀铬的电镀液），备品配件、外购半成品、燃料、动力、包装物（打包用胶带、包装纸箱等）以及其他直接材料。

② 直接工资。包括印刷企业从事产品生产的基本工人和辅助工人的工资、奖金、津贴和各种补贴。

③ 制造费用。包括企业各生产单位（如车间）为组织和管理生产所发生的生产单位管理人员的工资、职工福利、生产单位房屋建筑物、机器设备等的折旧费、修理费、物料消耗、低值易耗品、取暖费、水电费、试验检验费、劳动保护费和修理期间的停工损失以及其

他制造费用。

（2）生产经营过程中发生的费用

企业生产经营过程中发生的管理费用、财务费用和销售费用，这些费用作为期间费用，不计入产品的生产成本，但直接体现为当期的损益。

① 管理费用。是指企业行政管理部门为管理和组织经营活动的各项费用。管理费用包括企业经费、工会经费、职工教育经费、劳动保险等，如：

a. 企业经费。指企业一级管理人员工资、职工福利费、差旅费、办公费、折旧费、修理费物料消耗、低值易耗品摊销以及其他企业经费等。

b. 工会经费。通常指按职工工资总额的2%拨交给工会的经费。

c. 职工教育经费。指企业为职工学习先进技术和提高文化水平而支付的费用，通常按职工工资总额的1.5%提取。

d. 劳动保险费。指企业支付离退休职工的退休金、价格补贴、医药费、职工退休金、职工死亡丧葬补助费、按照规定支付给离休干部的各项经费等。

e. 待业保险费。指企业按照国家规定应缴纳的待业保险基金。

f. 董事会费。指企业最高权力机构董事会及其成员为执行职能而发生的各项费用，如差旅费、会议费。

g. 技术转让费。指企业使用非专利技术而支付的费用。

h. 技术开发费。指企业研究开发新品、新技术、新工艺，所产生的新产品设计费、工艺规程制定费、设备调试费、原材料和半成品的试验费、技术图书资料费、研究人员工资研究设备的折旧、与新产品试制及技术研究有关的鉴定费等。

i. 无形资产摊销费。指专利权、商标权、著作权、土地使用转让权、非专利技术等无形资产的摊销费用。

j. 业务招待费。指企业为经营的合理需要而支付的费用。

② 财务费用。是企业为筹集资金而发生的各项费用。包括企业生产经营间发生的利息净支出、汇兑净损失、调剂外汇手续费、金融机构手续费以及筹资发生的其他财务费用。

③ 销售费用。是指企业在销售产品或提供劳务过程中，发生的应当由企业负担的运输费、装卸费、包装费、保险费、展览费、差旅费、广告费，以及专设销售机构的人员工资和其他经费等。

（3）制版成本管理

若以生产单个印版的成本核算，印版主要成本在印版生产的物资费用、人员费用和生产费用等，其他费用一般属于投资费用。所以，制版成本的控制主要反映在物资的管理上。以下重点介绍印刷物资管理方面的知识。

① 物资管理的意义。物资管理是合理组织生产的前提条件。制版企业的生产由图文处理、滚筒加工、滚筒电镀、滚筒雕刻等一系列过程构成，其各阶段、各工序之间紧密衔接，一环扣一环，不断地消耗着原材料、辅助材料、配件等物质资料。要使各阶段、各工序都获得正常生产产品的条件，达到生产能力的平衡，就必须按时、按量、按质地保证物料的正常供应。所以，成本管理的首要是物资管理，就是要从物资上保证生产过程的连续性、比例

性、节奏性和平行性，它是合理组织生产的保证。

物资管理是降低成本、提高企业经济效益的重要途径。企业为了得到最佳的经济效益，必须尽可能地做到压缩物资的消耗和资金占用，加速物资的周转。做到生产需要的物资，事先有计划，消耗不浪费，降低企业产品成本，减少流动资金积压。提高企业经济效益的途径，一是靠技术进步，二是靠物资管理，即科学地供应物资，合理地利用物资，加速资金周转，降低物资消耗。

物资管理是提高劳动生产率的物质基础。影响劳动生产率的因素主要有人和物等因素，人的因素有人员的技术水平、文化素质、敬业精神等；物的因素有设备的先进性仪器仪表的精确性、原材料的适用性和优质性等。加强物资管理，保证设备先进、仪器设备精确和各种物资适用，生产出优质的产品。

② 物资管理的任务。制版企业物资管理的目的是保证生产物资供应全、周转快、消耗低、费用省，从而提高经济效益。制版企业物资管理的任务是在国际、国家物资信息指导和市场信息的引导下，根据客观经济规律的要求，按质、按量、按品种、按时间，成套地供应企业生产经营活动所需的各种物资，并且通过有效的组织形式和科学的管理方法，监督和促进企业合理使用物资，降低物资消耗，提高经济效益。制版企业物资管理的具体任务有以下几个方面：

a. 及时准确、按质按量地将物资组织到现场，保证印刷生产经营活动的顺利进行。

b. 控制库存，减少积压，加速物资和流动资金的周转，定期回顾检查缩短物资储备时间的工作现状。

c. 监督和促进印刷过程中合理使用物资，不断采取各种措施降低印刷物资消耗，及时总结降低材料消耗的经验。

d. 科学地管理好物资的采购、运输、仓储、领退、利用的工作，节省物资管理活动的经营费用支出。

③ 印刷企业物资分类。印刷企业过程中使用的物资，按其在生产中的作用可以分为以下几类：

a. 主要原材料。指构成成品实体的物资，如铁板、钢管、铜等。

b. 辅助材料。指用于产品生产过程，有助于产品形成，但不构成产品实体的物资，如镀铜电解液。

c. 能源。指产生热能、光能、机械能的能源，如电、水、煤、气、油等。

d. 配件。准备更换设备中已磨损和老化的零件和部件的各种专用备件。

e. 包装物。成品的包装用品，如包装用缠绕膜、包装纸箱、包装袋、封箱胶带等。

f. 低值易耗品。指价值低于固定资产限额和使用年限在一年以下的物质。

④ 物资定额消耗管理。物资消耗管理的主要内容是制定物资消耗的定额。物资消耗定额是指在一定的生产技术组织条件下，生产单位产品或完成单件生产任务所必须消耗的物资数量的标准。它是衡量物资利用和是否降低了印刷消耗的一个标尺。印版物资消耗的高低，是综合反映制版企业生产技术水平和管理水平的重要标志。制版企业为了促使自己不断地提高生产技术水平，努力降低单位产品的物资消耗，就必须制定先进合理的物资消耗定额，为

企业节能降耗建立稳定的基础。制定物资消耗定额的意义在于：物资消耗定额是编制制版物资供应的依据；制版物资定额消耗是降低印版生产成本、提高利润的重要手段；制版物资定额消耗对促进企业制版技术水平、经营管理水平和员工操作技术水平的提高有着重要作用。

a．影响物资消耗定额制定的主要因素。

第一，制版技术水平。随着生产技术水平的提高，在一定程度上可以降低制版物质消耗的定额。如设备自动化水平高，可以降低废品率，同时有效降低基材消耗，节约基材。

第二，生产管理水平。随着生产管理水平的提高，在企业内部物资供应中可以避免大材小用、优材劣用，减少印刷材料消耗，从而降低消耗定额。

第三，生产员工的技术熟练程度和工作积极性。使用物资的人直接影响到物资的消耗。人员技术熟练、生产积极、敬业精神好，生产物资的消耗就少。物资的消耗定额水平的高低，还受到其他许多因素的影响。

b．生产中应依据实际情况制定定额帮助降低制版成本。制版企业制定和执行合理的物资消耗定额，对加强物资的管理，保证和加速生产过程的进行，降低生产消耗，降低生产成本，提高企业经济效益具有十分重要的作用。随着制版企业生产技术和管理水平的不断提高，物资消耗定额水平在实施中也应不断修正和提高。

2．节能降耗管理

（1）节能降耗管理

① 基本概念。节能降耗是节约能源使用、降低生产消耗的简称。节能的概念从能源的角度是指节约能源消费。即从能源生产开始，一直到最终消费为止，在开采、运输、加工、转换和使用等环节上都要减少损失和浪费，提高其有效利用程度。从经济学角度是指通过合理利用、科学管理、技术进步和经济结构合理化等途径，以最少的能耗取得最大的经济效益。

我国在1997年制定、1998年正式施行《中华人民共和国节约能源法》，首次将节约能源赋予法律地位。法规内容涉及节能管理、能源的合理利用。促进节能技术进步、法律责任意识增强等。该法明确了我国发展节能事业的方针和重要原则，确立了合理用能评价、节能产品标志、节能标准与能耗限额、淘汰落后高能产品、节能监督和检查等一系列法律制度。

② 节能方法。节能就是要降低能源消费系数，目的是实现同样国民经济产值下消耗最少的能源量，节能方法主要包括以下几种方法：

a．技术节能。提高用能设备的能源利用效率，直接减少能耗。

b．工艺节能。采用新工艺降低产品的有效能耗。

c．间接节能。加强组织管理，通过各种途径减少原材料消耗，提高产品质量，减少间接能耗。

d．结构节能。调整工业结构或产品结构，发展耗能少的产品。

③ 节能类型。运用价值工程的观点，将用能效益相对于价值，能源消耗相对成本，就能算出用能效益，即：用能效益=产品功能/能源消耗。因此，根据产品功能和能耗的改变情

况，可以有以下几种节能类型：

a. 纯节能型。功能不变，能耗降低，是目前普遍采用的节能形式。

b. 增值节能。功能增强，能耗不变，是值得提倡的节能方式。

c. 理想节能。功能增强，能耗降低，只有在改革工艺方法后才能达到。

d. 相对节能。功能大幅度增强，能耗略有提高。

e. 简单节能。功能略有减弱，能耗大量降低，是在能源短缺时不得已才允许采取的方式。

f. 零点节能。也称超理想节能，功能或增强或不变或减弱，但能耗为零，如工艺中省去一道工序。

（2）制版企业主要节能措施

① 电能节约。电能作为全球应用最广的二次能源，已得到普遍应用。但在传输和使用中不可避免地会有损耗。提高输电效率、提高用电设备的利用率，将对节约能源起到重要作用。制版企业作为终端用电户，节电措施应为淘汰低效电机或高耗电设备，改造原因有电机系统调节方式，推广变频调速、独立驱动等先进用电技术，正确选择电加热方式，降低电热损失等。

② 水能节约。水资源短缺是我国尤其是北方地区社会经济发展的严重制约因素，我国已经开始进入用水紧张时期。制版企业在生产中的镀铜、镀铬、镀镍过程中大量用水，提高用水设备的能源利用率，采用新工艺降低产品生产的有效用水，从而能够直接节约水能。

（3）印刷企业降低损耗的方法

应用科学的方法加强企业管理，通过各种途径减少原料消耗，如版辊、铜等。同时在保证印版质量的前提下，既要减少生产的直接能耗，还要减少生产的间接损耗。

3. 设备利用率的提高措施

先进制版设备的投资巨大，每年的设备维护、维修费用也不小，如何充分利用好印刷设备，发挥好印刷设备的全部功能，使其达到最大限度地使用，减少设备的非工作时间是十分重要的工作。

（1）设备利用率概念

设备利用率是表明设备在数量、时间和生产能力等方面利用状况的指标。主要分为生产设备利用率和使用设备利用率。

① 生产设备利用率。

生产设备利用率=实际使用生产设备台数/在册生产设备台数×100%

在册生产设备是指已列入企业固定资产清单中的设备。通常包括企业自有或租用的已安装设备、未安装设备和修理中的设备，而不包括报废、出租设备和尚未运达企业的设备。

② 使用设备利用率。

使用设备利用率一般采用“设备时间利用率”“设备能力利用率”和“设备综合利用率”3个指标来表示。

a. 设备时间利用率。

设备时间利用率=设备的实际工作小时数/设备的最大可能工作小时数×100%

b．设备能力利用率。

设备能力利用率=设备在单位时间内平均的实际生产量/设备在单位时间内的最大可能生产量×100%

c．设备综合利用率。

设备综合利用率=设备实际生产总量/设备最大生产总量×100%

设备的综合利用率也可以用设备时间利用率与设备能力利用率的乘积表示。

（2）提高设备利用率的措施

提高设备利用率是提高制版企业经济效益的重要目标，而提高设备利用率的措施则是实现这一目标的重要内容。

① 设备效率。是可利用的操作时间的百分比与设备性能百分比和合格产品的百分比的比率。即：设备的实际性能必须包括设备可操作和生产合格产品的实际时间，设备在生产中的实际性能和设备生产的合格产品的数量。所谓合格产品，也就是客户可以接受的产品。

设备利用率低下的六大因素是设备故障造成的停机、设备设置和调整的非生产时间（即印刷准备时间）、设备空转和短暂停机、降低运转速度、生产有缺陷的产品和降低设备的产量（开机造成的损失）。

a．设备故障造成的停机损失。设备故障有两种基本类型，即偶发性故障和经常性故障。偶发性故障造成的停机，在时间发生上非常突然，始料不及。偶发性故障通常会造成一台设备的完全停机。通常情况下，虽然偶发性故障及其损失很少出现，但后果却非常明显，经常会导致设备的机械和电子部件受到损坏。采取纠正措施，把设备恢复到正常的运行状态是解决偶发性故障的关键所在。

经常性故障造成的停机，时间损失比较小，但是发生的频率非常高。经常性故障一般是由于设备、工具、材料和操作方法存在缺陷所造成，发生频率较高，每次出现故障时造成的时间损失不大，造成的损失很难量化。一般来讲，经常性故障发生时，管理和操作人员能够很快使设备恢复运行。因此，管理者和生产人员通常把这种故障看作是生产过程中不可控的变量而接受。经常性故障的发生频率不断增加，会造成更多的偶发性故障，并极有可能是重大故障的预兆。消除设备故障造成的停机，可提高设备的利用率。另一方面减少任何设备故障能够获得更多生产时间，即提高了设备的利用率。

b．设备的设置和调整造成的非生产时间损失（准备时间）。为了适应快速变化的市场特性，多品种小批量印刷品越来越多，一次印量变得更小，用于准备的辅助时间越来越多。设备准备时间是机器在更换产品过程中停机的时间。缩短制版换单时间，一是尽量把机上准备时间转换到机下预先准备；二是减少符合雕刻要求的调机时间，从而缩短准备过程，提高设备利用率。

c．设备空转和短暂停机造成的时间损失。设备空转和短暂停机是造成印刷机停机的另外两个较大原因。当设备的生产过程被很小的装置故障、欠佳的设备设置或材料异常所打断时，就会发生短停机。另一方面，设备外部操作的低效率也会导致设备的短暂停机，如等待材料和印版活件信息不完全、不清楚或遗漏的印版活件信息。等待客户签样、材料采购不足等。

d．降低生产运转速度造成的速度损失。设备没有能够按其指定的生产速度运转，设备速度较低也是设备的利用率损失。设备速度降低被定义为设备生产商的设备额定速度和设备在正常生产过程中的实际运转速度之间的差值。制版企业的主要目标是使设备的实际生产速度更加接近设备最佳或可能的额定速度。造成设备运转速度低于额定速度的原因很多，其中包括工艺问题或材料问题、机械问题等，以及担心设备过大磨损和对产品质量的无效检测。只要适当提高机器的生产速度，也许就能及时发现隐藏的问题，通过解决问题而提高设备生产速度，提高设备利用率。

e. 产品合格率造成的设备有效生产损失。产品合格率及制版设备产出的印版残品以及由此造成的设备产量降低。产品合格率是指在所有生产产品中去掉不合格品之后，所剩的可接受的合格产品。

f. 设备产量降低造成的设备有效生产损失。设备开始损失的特征表现为印刷准备工作完成和正式印刷生产开始计数后的时间损失和材料损失。设备经常需要在减速或低速状态下运转，进行印刷中的残品（色偏、印版上脏、印刷表面粘脏等）识别，并从收卷台取出加以处置。同时还要进行套色调整和颜色纠正，以稳定印刷生产运行。影响开机损失的因素包括设备的状态、材料是否合适、操作程序制定是否合理以及操作人员的知识和技能。开机损失通常表现得相当隐蔽，但所造成的损失数量却往往很高。造成印刷设备利用率六大损失的主要原因和设备无效的核心因素是设备管理者缺乏对效率的综合理解能力，未能克服不良的操作控制、缺乏针对性的培训和教育计划。

② 全面提高设备生产利用率的方法

a. 加强设备日常维修保养是提高设备利用率的保证。应采取的措施，一是建立一支高水平的维修队伍，加大专业技术人员培训力度，保持技术队伍稳定。二是完善相关管理制度，加强设备故障的动态管理，对关键设备进行状态监测，减少故障停机时间。三是健全设备维修档案，对设备发生故障的时间、部位、原因及解决方法和解决过程予以详细记录和保存，以便在日后的维修工作中参考、借鉴。四是确保维修配件的供应。具有必要的易损件、常用件的备件库存及购置渠道。五是正确有效地运用设备保养、维修手段，科学地对在用设备作出技术经济分析，合理确定对设备的投入。

b. 加强设备综合管理是提高设备利用率的基础。一是加强前期管理，严格把关，给设备的使用、维修、保养创造一个良好的"先天"条件。选购设备做到生产上适用、经济合理、技术先进、运行可靠、维修方便。二是对每道工序的设备加工质量进行分析和统计，不断改善和提高设备的性能、精度和效率。设备修理严格按照修理规范、技术标准进行。在设备修理中积极采用新技术、新工艺、新材料，把修理与改造、挖潜、增效结合起来，达到缩短修理周期、降低成本、保证质量的目的。三是广泛开展设备点检，在采用设备状态监测、故障诊断等技术的基础上，坚持以状态维修为主的维修方式，努力缩短停修时间，降低修理成本。

c. 建立严格考核、全方位的约束激励机制，认真落实岗位质量责任制。企业应从基础工作入手，加大设备管理工作力度，实行设备专业技术人员分片管理，责任落实到人。各分厂、车间都设专业技术人员负责管理，并以强化监察、严格管理为原则，以设备保养、润滑、操作、交接、安全为主要内容，加大设备现场管理检查考核力度。同时坚持"点检""巡检”“定检”制度，严格按照“三好、四会”“两定、三包”的标准执行，规范设备保养内容，明确保养分工，确定验收标准，不断提高设备使用质量和养修能力。

d. 加强设备资产管理，提高设备运营效率。应转变观念、提高认识，加强管理、盘活存量资产，不断提高设备资产运营效率，确保国有资产保值增值。针对不同设备的有形、无形磨损状况，适时进行技术改造。对闲置设备应及时调剂，以利于设备资产发挥最大效益。

e. 加强制度建设，确保生产设备安全正常进行。

4. ISO 14000环境保护管理标准

ISO 14000系列环境管理标准是ISO国际标准组织在成功制定ISO 9000族标准的基础上，设立的管理系列国际标准。我国等同采用该标准并颁布了GB/T 24001—2016《环境管理体系 要求及使用指南》。

（1）ISO 14000系列标准的组成

ISO 14000系列标准是国际标准化组织ISO/TC 207负责起草的一份国际标准。ISO 14000是一个系列的环境管理标准，它包括了环境管理体系、环境审核、环境标志、生命周期分析等国际环境管理领域内的焦点问题，旨在指导各类组织（企业、公司）取得和表现正确的环境行为。

（2）ISO 14000系列标准的作用与意义

① 助于提高企业的环境意识和管理水平。ISO 14000系列标准是关于环境管理方面的一个体系标准，ISO 14000系列标准融合世界许多发达国家在环境管理方面的经验，具有较强的可操作性。企业在环境管理体系实施中，首先对环境现状进行评价，确定重大的环境因素，对企业的产品、活动、服务等方面，各层次的问题进行策划，并且通过文件化的体系进行培训、运行控制、监控和改进，实行全过程控制和有效管理。同时，通过建立环境管理体系，使企业对环境保护及环境的内在价值有进一步的了解，增强企业在生产活动和服务中对环境保护的责任感，对企业本身和与相关方的各项活动中所存在的、潜在的环境因素有充分的认识。该标准作为一个有效手段和方法，在企业原有管理机制的基础上建立起一个系统的管理机制，从而提高环境管理水平，并促进企业整体管理水平。

② 有助于推行清洁生产，实现污染预防。ISO 14000环境管理体系高度强调污染预防，明确规定企业的环境方针中必须对污染预防作出承诺，推动了清洁生产技术的应用，在环境因素的识别与评价中全面地识别企业的活动、产品及服务中的环境因素。对环境的不同状态、时态可能产生的环境影响，以及对向大气、水体排放的污染物、噪声的影响以及固体废物的处理等逐项进行调查和分析，针对现存的问题从管理上或技术上加以解决，使之纳入体系的管理，通过控制程序或作业指导书对这些污染源进行管理，从而体现了从源头治理污染，实现污染预防的原则。

③ 有助于企业节能减排，降低成本。ISO 14000标准要求对企业生产全过程进行有效控制，从最初的设计到最终的产品及服务都要考虑减少污染物的产生、排放和对环境的影响，以及能源、资源和原材料的节约，废物的回收利用等环境因素。并通过设定目标、指标、管理方案以及运行控制，对重要的环境因素进行控制，达到有效地减少污染、节约资源和能源，有效地利用原材料和回收利用废旧物资，减少各项环境费用（投资、运行费、赔罚款、

排污费），从而明显降低成本，不但获得环境效益，而且可以获得显著的经济效益。

④ 减少污染物排放，降低环境事故风险。由于ISO 14000标准强调污染预防和全过程控制。因此，通过体系的实施可以从各个环节减少污染物的排放。许多企业通过体系的运行，有的通过替代避免了污染物的排放；有的通过改进产品设计、工艺流程以及加强管理，减少了污染物的排放；有的通过治理，使得污染物达标排放。实际上ISO 14000标准的作用不仅是减少污染物的排放，从某种意义上，更重要的是减少了责任事故的发生。因此，通过体系的建立和实施，企业针对自身的潜在事故和紧急情况进行了充分的准备和妥善的管理，可以大大降低责任事故的发生。

⑤ 保证符合法律、法规要求，避免环境刑事责任。世界各地各种新的法律、法规不断出台，而且日趋严格。企业只有及时地获得客户所在地的法规，通过体系的运行，才能符合要求。同时由于进行了妥善有效地控制和管理，可以避免较大的事故发生，从而避免承担环境刑事责任。

⑥ 满足顾客要求，提高市场份额。虽然目前ISO 14000标准认证尚未成为市场准入条件之一，但许多企业和组织已经对供货商或合作伙伴提出认证要求，一些国际知名公司鼓励合作公司按照ISO 14000的要求，比照自己的环境管理体系，力争取得认证，以扩大市场企业的份额。

⑦ 取得绿色通行证，走向国际贸易市场。从长远来看，ISO 14000系列标准对国际贸易的影响是不可低估的。目前，国际市场上兑现的“绿色壁垒”多数是由企业向供应商提出的对产品或生产过程的环境保护要求，ISO 14000系列标准将会成为国际贸易中的基本条件之一。

ISO 14000系列标准为组织、特别是生产型企业提供了一个有效的环境管理工具，实施标准的企业普遍反映在提高管理水平、节能降耗、降低成本方面取得不小的成绩，提高了企业产品在国际市场上的竞争力。

5. 凹版制版环境管理体系的建立

（1）企业环境管理体系

ISO 14000环境管理标准中的“运行”指一个企业各种活动的集合，环境可以理解为一个企业活动的外部存在。外部存在包括水、空气、土地等介质及其组合，也包括当介质改变时会受到影响的群体，如动物、植物、人，往往是被保护的对象。石油、煤、各类矿物、水、海洋等自然资源也是环境的组成部分，是人类生存的基本条件。

环境管理体系是企业质量管理体系的一个组成部分。环境管理体系的实施，主要是实现环境方针，管理环境因素。实施环境管理体系应包括制定、实施、实现、评审和保持环境方针的全过程。

制版企业推行ISO 14000环境管理体系意义重大，将有助于有效缓解地区环境压力，减少为环境污染所付出的代价，节能降耗、降低成本，为企业的可持续发展提供有力保障。制版企业推行ISO 14000环境管理体系就是通过建立结构化的管理体系，确保企业的产品、活动和服务满足法规和方针的要求。进而达到环境目标的要求，并使制版企业环境评审和审核有明确的衡量标准和系统化，以持续满足法律和方针的要求。环境管理体系标准可以指导企业建立有效的、可执行的、完整的环境管理体系，从而使企业能将环境管理贯彻到日常的作业活动中。

（2）环境管理目的

通过环境目标、指标和环境管理方案的制定，使得凹版印刷工序的作业环境管理有章可循。

（3）环境目标

环境目标是指减少污染，杜绝浪费，在规定的时间内达标。环境目标适用于印刷作业及相关环境。

（4）环境指标

环境指标的具体内容是环境因素、以往记录、环境指标、启动日期、预定所需时间。

（5）制版企业环境管理体系的建立

按照ISO 14000标准的规范要求实施适用于企业自身的环境管理体系（Environment Management System，简称EMS）。EMS是个动态的，需不断发展和完善的体系，建立程序与其运行模式没有本质的区别，都遵循著名的PDCA循环管理理论，PDCA（P-Plan，计划；D-Do，执行；C-Check，检查；A-Act，处理）是全面质量管理所应遵循的科学程序。全面质量管理活动的全部过程，就是质量计划的制定和组织实现的过程，这个过程就是按照PDCA循环，不停顿地周而复始地运转的。通常可分解为7个阶段和过程（图5-6-1）。

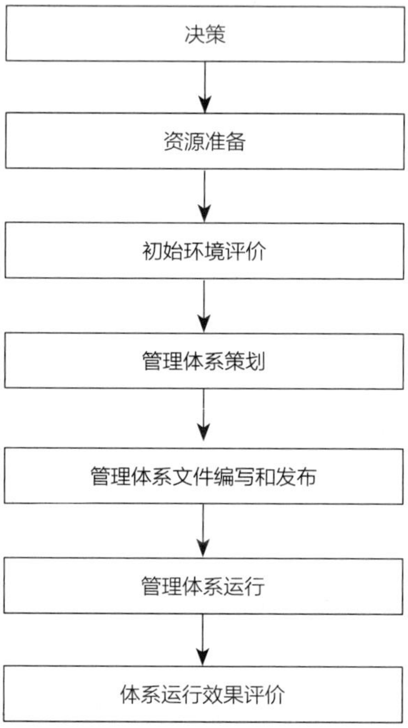

图5-6-1 企业环境管理体系建立流程

6. 现场管理的评价机制（5S）

现场管理的目的是为提高生产现场整体管理水平和工作效率，为员工创造一个干净、整洁、舒适、安全、合理的工作场所和空间环境。通常现场管理是指公司所属生产现场和办公等公共场所，常用的现场管理评价机制是5S。

5S管理是指整理、整顿、清扫、清洁、素养。整理是将工作场所中的物品区分为必要的和不必要的，必要的物品保留，不必要的物品清除。整顿是将必要的物品分门别类，按照规定的位置合理摆放，并加以标识。清扫是清除并防止工作场所内的脏污，保持其干净整洁。清洁是将所做的工作制度化、程序化，并将工作职责落实到每个岗位、每位员工。素养是养成良好习惯，自觉遵章守纪，培育进取精神，树立团队意识。

5S管理的具体规定为："5S现场改善小组组织每周五进行不定期检查及不定时抽查。"每月对每个工作岗位重复检查次数不低于5次，对检查结果进行整理公示，纳入个人及团队月度综合评价。每月底组织一次全面检查，对检查结果进行评比奖罚并通报。评比打分纳入月度综合评价。每月平均分得分最高者即为5S管理优秀车间，每月平均分得分低于60分者即为限期整改车间，对平均得分最高者和月度改善率最高者予以奖励，奖励300元；对这两项最低者予以处罚，处罚金额300元，对严重个例单独考核，以上奖罚均由各车间兑现至个人。月度评比结果作为年度评优依据。

第三节　工艺控制

学习目标

1. 能使用分光光度计和密度计对凹印预打样和上机凹印样进行评价。
2. 能完成数码打样、凹印预打样、上机凹印样之间的质量评价。
3. 掌握工艺标准制定的原则，能完成数码打样和凹印预打样工艺标准的制定。
4. 能制定工艺升级和创新方案。

一、操作步骤

① 使用密度计或分光光度计完成凹印预打样和上机凹印样相关数据的检测，并完成检测数据的评价。

② 熟悉工艺标准制定的思路，完成数码打样和凹印预打样工艺标准的制定。

③ 了解数码打样、凹印预打样和上机凹印样的质量要求，并对三者之间的质量作出评价。

④ 根据产品要求制定工艺升级和创新方案。

二、相关知识

1．凹版印刷机的种类和结构

凹版印刷机是采用圆压圆直接印刷方式印刷，印版直接制在印版滚筒上，采用浸墨或喷墨方式给墨，没有匀墨机构；由于墨层厚，使用挥发性强的快干油墨，且须有烘干装置。凹印机按使用纸张的不同分为单张纸凹印机和卷筒纸凹印机；按机组运行一次印刷的色数分为单色凹印机、四色凹印机、五色凹印机、六色凹印机等，又有单面印刷和双面印刷之分。

凹版印刷机主要由给纸部分、给墨部分、印刷部分、烘干部分、收纸部分五部分组成。

（1）给纸部分

给纸部分分两种，单张纸凹印机是纸堆式单张连续给纸，卷筒纸凹印机是用卷筒纸连续给纸。

（2）给墨部分

给墨装置有将印版滚筒部分浸在墨槽内的直接给墨和由浸在墨槽内的出墨辊将油墨传给印版滚筒的间接给墨，高速机上有的还采用喷墨方式。

（3）印刷部分

印刷部分中印版滚筒与压印滚筒的排列有垂直、水平、倾斜3种，印版滚筒排列在下方。一般每个机组都有1个印版滚筒和1个压印滚筒。为了增大印刷压力，有的装有2个压印滚筒。

（4）烘干部分

烘干部分是利用电或蒸汽加热的热风，有的用红外线或远红外线灯用于印刷品干燥。

（5）收纸部分

单张纸是堆积成纸堆，卷筒纸是将纸带裁切折页堆集好或复卷成纸卷。卷筒纸多色凹印机印刷部分的结构有机组型和卫星型两种。前者是按所需色数设置机组，每个机组中各有1个印版滚筒和1～2个压印滚筒，收纸部分是采用复卷方式。卫星型四色凹印机，印刷部分有1个大压印滚筒和4组印版滚筒。还有将凹版印刷与平版印刷或凸版印刷、模切等组合，以适应印刷品的不同要求。

2. 凹版印刷工艺基本知识

（1）刮刀角度

凹版印刷的供墨系统由墨槽、版辊、刮墨刀三部分组成。印刷时，油墨通过版辊直接转移到承印材料上，刮墨刀在高速运转的版辊上做周期性轴向移动。其移动行程约为10mm。这种周期性运动的目的是部分消除因油墨中颗粒或杂质粘在刮墨刀刀刃下面形成的刀线。

刮刀接触角指刮刀与印版滚筒接触点处的切线与刮刀之间的角度。根据经验，刮刀的接触角度一般以55°最为理想。刮刀安装适当，刀片在负载时应弯曲5°左右，因此，安装的接触角度为60°。但在实际生产过程中不应墨守成规，可根据实际情况调整角度，保证印刷品质量。

（2）油墨黏度

黏度是流体分子间相互吸引而产生阻碍其分子相对运动的能力，即流体流动的内部阻力的量度。凹印油墨的黏度是否合适，是保证其具有良好的传递性能，得到优良印品的关键。并且黏度还能够决定油墨的转移率，黏度大，转移率就有所下降。影响凹印油墨黏度的因素如下：

① 树脂溶液黏度大小。树脂溶液系一定量树脂溶于溶剂的溶液。此溶液黏度小，则油墨黏度也小；反之则大。

② 颜料与连接料的匹配性。颜料与连接料若不发生凝结性反应，则体系黏度比较小；反之则大。

③ 溶剂和树脂的混溶性及相溶性。溶剂若能以任何比例稀释分散树脂，则黏度随溶剂含量增大而有规律地减少。在配制凹印油墨时，油墨的“使用黏度”（在印刷过程中油墨的实际黏度）应控制在18～30s/25℃范围内。

（3）刮刀压力

刮墨刀刮墨时，实际上也将网穴内的油基刮去一部分。刮刀压力较大或刮刀角变较脆时，网穴内的油墨被刮去的较多，油墨的转移量也就变小，色浓减淡。刮刀压力较小、角度较平，则网穴内的油墨被刮去的较少，油墨的转移量相对也就大些，色浓度也大些，但图文边角易出现模糊。刮墨刀在装配时，一定保证其刃口线与印版的母线平行，否则会因为两端的印刷距离、角度、压力的不同，而使印版两端图案颜色不一致。

刮刀加在印版滚筒上的压力依据实际需要进行设定，一般情况下刮墨刀压力设定在200～250N/m，使刮刀在印版上运动时保持一定的弹性，有利于刮刀作业。在印刷过程中保证有效地刮墨并控制出墨量的前提下，刮墨刀与四版滚筒表面的接触压力应尽可能地轻，以减少刮刀对印版无谓的磨损。

（4）蔡恩杯的种类与应用

流出式黏度杯是条件黏度测定中较为常用的一类仪器，其测量原理为：在一定温度条件下，测量定量试样从规定直径的孔全部流出的时间，以秒（s）表示。作为一种浸入式流出杯，蔡恩杯（Zahn Cup）主要适用于车间、工厂以及实验室对存放在不同类型的罐体内多种不同流体（牛顿型或近似牛顿型）黏度的快速测定或调节。它由一组不同编号的杯组成，不同编号对应杯的不同的流出孔的孔径，可满足黏度在5～1800mm/s范围内的流体黏度测定。

蔡恩杯是用液体流动速度表示黏度的一种检测仪器，蔡恩杯一般有2#～7#的蔡恩杯。塑料印刷行业一般使用2#、3#、4#蔡恩杯配合秒表来测定油墨及黏合剂的黏度。蔡恩杯型号特点及应用范围见表5-6-1。

表5-6-1　蔡恩杯型号特点及应用范围

型号	测量范围 /（mm · s^{-1}）	流嘴直径 /mm	应用	温度测定
2号	约0～70	2	稀油，混合涂料，清漆	室温
3号	约20～250	3	中黏度，混合涂料，清漆，油墨	室温
4号	约80～700	4	较稠的流体和混合物	室温
5号	约200～1000	5	特别黏稠的流体和混合物	室温
6号	约400～2000	6	—	室温
7号	约900～3000	7	—	室温

3. 工艺标准制定的原则

① 贯彻国家和行业的有关标准化工作的方针、政策、法律、法规和规章。

② 积极采用国际标准和国外先进标准。

③ 技术先进、经济合理。

④ 与有关标准相协调。

4. 凹印预打样和上机凹印样的评价指标

凹印预打样和上机凹印样的评价指标见表5-6-2。

表5-6-2　凹印预打样和上机凹印样的评价指标

检查项目	标准	检测工具	检测方法	备注
套准	马克线横向、周向误差≤0.1mm	40倍放大镜	目测	细小图文的稿件以小图文套准为准
样张版面	无雾版、刀丝、窜墨、灰尘、打脏、刀口	—	目测	—
电分图	90%以上还原样品或彩稿效果，色差ΔE≤2	Exact分光光度仪	目测、色差仪与依据对比	—

续表

检查项目	标准	检测工具	检测方法	备注
专色	专色接近样品、色标或彩稿；实地无拖墨、墨流、粘版、水纹、拉丝，色差ΔE≤2	Exact分光光度仪	目测、色差仪与依据对比	—
图文	色相准确、清晰，无拖墨、刮墨	—	目测与依据对比	—
浅网转移	10%浅网全部转移，无掉点；过渡无断茬	—	目测	—

注：根据委托书指示选取承印物，或使用客户所带特殊承印材料和油墨打样。

5. 印刷的新技术和新工艺

（1）凹版印刷机全自动上下卷技术

在生产过程中，全自动上下卷技术通过精确测量检测，将不同卷径、不同料宽的卷筒料自动升至装夹工位，然后升降装置自动将成品卷筒料由设备工位移出，在升降过程中自动检测原料和成品的重量，与生产管理工作相互衔接，替代了人工搬运的方式，不仅解决了凹版印刷机要发挥正常效率而辅助功能无法满足的瓶颈，而且大大提高了生产效率，减少了操作人员的劳动强度。

（2）凹版印刷机全自动裁切技术

采用全自动裁切技术后，整个全自动裁切过程只需将料卷放置在放料架上，之后的裁切过程无需人工参与，即可完成整个裁切动作。以厚度为0.018mm的BOPP薄膜为例，全自动裁切可将料卷残料长度控制在10m以内。全自动裁切技术在凹版印刷机设备上的应用，减少了设备对操作人员的依赖，提高了工作效率。

（3）凹版印刷机智能预套印技术

智能预套印技术的应用主要是在初期对版过程中，减少操作人员使用标尺手动对版的步骤，直接利用版辊上的键槽和版面上的马克线一一对应的关系，通过版辊机械零位的自动确认，实现初期对版过程。初期对版过程完成之后，系统根据色间料长的计算，版辊的相位自动旋转到可实现自动预套准的位置，自动实现预套准功能。

（4）凹版印刷机带有下递墨辊的半封闭墨槽

凹版印刷机的主要特点：可有效防止在高速运转状态下的甩墨现象。半封闭墨槽可减少有机溶剂的挥发，保证在高速印刷过程中油墨的稳定性。油墨的循环使用量由原来的18L左右减少到现在的9.8L左右。由于下递墨辊和版辊之间始终保证有1.0～1.5mm的间隙，在下递墨辊和版辊对滚过程中，可有效地促进油墨转移到版辊的网穴中，从而更好地实现浅网阶调还原。

（5）凹版印刷机智能数据管理系统

凹版印刷机的主要功能：现场智能数据平台可读取选定机台控制系统的运行参数和状态，实现必要的监控和参数备份存储。现场智能数据平台可接受远端智能数据平台下达的工艺参数和相关订单要求，并实施授权来决定是否将远端智能数据平台下达的工艺参数下达到控制系统HMI等。

（6）凹版印刷机数字化张力

数字化张力是将手动阀设定气压更新为人机界面直接设定所需张力值，设备每段的张力值在人机界面中通过数字形象准确地表达出来，不仅减少了设备在生产过程中对操作人员的依赖，而且提高了设备的智能化操作。

（7）凹版印刷机热风节能技术

目前，在凹版印刷机设备上应用的热风节能技术主要有热泵供热技术、热管技术和带有LEL控制的全自动热风循环系统3种。热泵供热技术。热泵能效远高于电加热，目前凹版印刷机设备上使用的热泵一般为空气能热泵，实际测试可节能60%～70%。热管技术。采用热管技术的热风系统在运行时，热风进入烘箱，经出风口排出，出风口处配置二次回风装置，一部分出风参与二次热能循环直接利用，另一部分出风作为安全排风排出系统。作为安全排风的这部分热风，采用热管换热器对其余热进行高效回收利用。带有LEL控制的全自动热风循环系统。采用带有LEL控制的全自动热风循环系统，可以达到以下效果：在满足LEL最低爆炸极限和残留溶剂不超标的前提下，最大限度地对二次回风进行利用，可节能45%左右，尾气减排30%～50%。排风量相应减小，对于今后的禁排，可以大幅缩减30%～40%尾气处理投资。

参考文献

[1] 殷幼芳. 凹版制版和颜色管理[J]. 印刷质量与标准化，2006(09)：60-64.

[2] 崔剑. 电雕凹版生产过程中质量控制方法的应用研究[D]. 武汉大学，2005.

[3] 雷沪. 如何做好电雕层次曲线[J]. 印刷技术，2007(17)：39-41.

[4] 陈乃平. 电雕层次曲线的调整[J]. 今日印刷，1999(04)：86-89.

[5] 雷沪，董锐. 软包装凹印制版工艺数字化控制集成研究[J]. 天津职业院校联合学报，2014，16(12)：89-93.

[6] 李怡，黄蓓青. 试雕参数对电子雕刻凹版制版质量的影响[J]. 印刷工业，2010，5(05)：77-80.

[7] 黄蓓青，戴维，魏先福，等. 色彩管理在电子雕刻凹版制版中的应用[J]. 中国印刷与包装研究，2010，2(S1)：119-121.

[8] 陈家斌，陈蕾. 电工快速入门图解[M]. 郑州：河南科学技术出版社，2008.

[9] 曹晓艳. 国外机械图纸的识读方法介绍[J]. 无锡商业职业技术学院学报，2007(06)：7-9.

[10] 樊宁，何培英. 机械图识读从入门到精通[M]. 北京：化学工业出版社，2018.

[11] 梁德本，叶玉驹. 机械制图手册[M]. 北京：机械工业出版社，2002.

[12] 李志江，戴雪芬，宋敏，等. 机械基础(少学时)[M]. 北京：北京理工大学出版社，2015.